2017 年度

中国科技论文统计与分析

年度研究报告

中国科学技术信息研究所

科学技术文献出版社

SCIENTIFIC AND TECHNICAL DOCUMENTATION PRESS

·北京·

图书在版编目（CIP）数据

2017年度中国科技论文统计与分析：年度研究报告 / 中国科学技术信息研究所著 . —北京：科学技术文献出版社，2019.6

ISBN 978-7-5189-5551-0

Ⅰ.①2… Ⅱ.①中… Ⅲ.①科学技术—论文—统计分析—研究报告—中国—2017 Ⅳ.① N53

中国版本图书馆 CIP 数据核字（2019）第 091987 号

2017年度中国科技论文统计与分析（年度研究报告）

策划编辑：张 丹　责任编辑：马新娟　责任校对：文 浩　责任出版：张志平

出 版 者	科学技术文献出版社
地　　址	北京市复兴路15号　邮编　100038
编 务 部	（010）58882938，58882087（传真）
发 行 部	（010）58882868，58882870（传真）
邮 购 部	（010）58882873
官 方 网 址	www.stdp.com.cn
发 行 者	科学技术文献出版社发行　全国各地新华书店经销
印 刷 者	北京地大彩印有限公司
版　　次	2019 年 6 月第 1 版　2019 年 6 月第 1 次印刷
开　　本	787×1092　1/16
字　　数	516千
印　　张	22.75
书　　号	ISBN 978-7-5189-5551-0
定　　价	150.00元

目　录

1 绪论

　　"2017年度中国科技论文统计与分析"项目现已完成，统计结果和简要分析分列于后。为使广大读者能更好地了解我们的工作，本章将对中国科技论文引文数据库（CSTPCD）的统计来源期刊（中国科技核心期刊）的选取原则、标准及调整做一简要介绍；对国际论文统计选用的国际检索系统（包括 SCI、Ei、Scopus、CPCI–S、SSCI、MEDLINE 和 Derwent 专利数据库等）的统计标准和口径，论文的归属统计方式和学科的设定等方面做出必要的说明。自1987年以来连续出版的《中国科技论文统计与分析（年度研究报告）》和《中国科技期刊引证报告（核心版）》，是中国科技论文统计分析工作的主要成果，受到广大的科研人员、科研管理人员和期刊编辑人员的关注和欢迎。我们热切希望大家对论文统计分析工作继续给予支持和帮助。

1.1　关于统计源

1.1.1　国内科技论文统计源

　　国内科技论文的统计分析是使用中国科学技术信息研究所自行研制的中国科技论文与引文数据库（CSTPCD），该数据库2017年选用我国2447种中国科技核心期刊（中国科技论文统计源期刊），其中含106种英文版期刊。中国科技核心期刊在自然科学领域有2054种、社会科学领域有400种，其中少量交叉领域的期刊同时分别列入自然科学领域和社会科学领域。中国科技核心期刊遴选过程和遴选程序在中国科学技术信息研究所网站进行公布，同时通过每年公开出版的《中国科技期刊引证报告（核心版）》和《中国科技论文统计与分析（年度研究报告）》，公布期刊的各项指标和相关统计分析数据结果。此项工作不向期刊编辑部收取任何费用。

　　中国科技核心期刊的选择过程和选取原则如下：

　　一、遴选原则

　　按照公开、公平、公正的原则，采取以定量评估数据为主、专家定性评估为辅的方法，开展中国科技核心期刊遴选工作。遴选结果通过网上发布和正式出版《中国科技期刊引证报告（核心版）》两种方式向社会公布。

　　参加中国科技核心期刊遴选的期刊须具备下述条件：

　　①有国内统一刊号（CN–××××）；

　　②属于学术和技术类科技期刊，不对科普、编译、检索和指导等类期刊进行遴选；

　　③期刊刊登的文章属于原创性科技论文。

二、遴选程序

中国科技核心期刊每年评估一次。评估工作在每年的 3—9 月进行。

1. 样刊报送

期刊编辑部在正式参加评估的前一年，须在每期期刊出刊后，将样刊寄到中国科学技术信息研究所科技论文统计组。这项工作用来测度期刊出版，是否按照出版计划定期定时出版，是否有延期出版的情况。

2. 书面申请

期刊编辑部须在每年 3 月 1 日前，向中国科学技术信息研究所科技论文统计组提交书面申请一份和上一年度期刊合订本一套。书面申请须包括下述内容：

（1）期刊介绍

包括期刊的办刊宗旨、目标、主管单位、主办单位、期刊沿革、期刊定位、所属学科、期刊在学科中的作用、期刊特色、同类期刊的比较、办刊单位背景、单位支持情况、主编及主创人员情况。

（2）稿件审稿流程说明

主要包括期刊的投稿和编辑审稿流程，是否有同行评议、二审、三审制度。编辑部需提供审稿单的复印件，举例说明本期刊的审稿流程，并提供主要审稿人的名单。

（3）期刊编委会组成

包括编委会的人员名单、组成，编委情况，编委责任。

（4）证明期刊质量的其他书面材料

如期刊获奖情况、各级主管部门（学会）的评审或推荐材料、被各重要数据库收录情况。

3. 定量数据采集与评估

①中国科学技术信息研究所制定中国科技期刊综合评价指标体系，用于中国科技核心期刊遴选评估。中国科技期刊综合评价指标体系对外公布。

②中国科学技术信息研究所科技论文统计组按照中国科技期刊综合评价指标体系，采集当年申报的期刊各项指标数据，进行数据统计和各项指标计算，并在期刊所属的学科内进行比较，确定各学科均线和入选标准。

4. 专家评审

①定性评价分为专家函审和终审两种形式。

②对于所选指标加权评分数排在本学科前 1/3 的期刊，免于专家函审，直接进入年度入选候选期刊名单；定量指标在均线以上的或新创刊 5 年以内的新办期刊，需要通过专家函审，才能入选候选期刊名单。

③对于需函审的期刊，邀请多位学科专家对期刊进行函审。其中，若有 2/3 以上函

审专家同意，则视为该期刊通过专家函审。

④由中国科学技术信息研究所成立的专家评审委员会对年度入选候选期刊名单进行审查，采用票决制决定年度入选中国科技核心期刊名单。

三、退出机制

中国科技核心期刊制订了退出机制，综合指标连续两年排在本学科末位的期刊将自动退出。存在其他违反出版管理各项规定及存在诚信问题的期刊也会退出。对某些指标反映出明显问题的期刊，我们会采用预警信方式与期刊编辑部进行沟通，若期刊接到预警后没有明显改进，也会退出中国科技核心期刊。

1.1.2 国际科技论文统计源

考虑到论文统计的连续性，2017 年度的国际论文数据仍采集自 SCI、Ei、CPCI-S、SSCI、MEDLINE 和 Scopus 等论文检索系统和 Derwent 专利数据库等。

SCI 是 Science Citation Index 的缩写，由美国科学情报所（ISI，现并入科睿唯安公司）创制。SCI 不仅是功能较为齐全的检索系统，同时也是文献计量学研究和应用的科学评估工具。

要说明的是，本书所列出的"中国论文数"同时存在 2 个统计口径：在比较各国论文数排名时，统计的中国论文数包括中国作为第一作者和非第一作者参与发表的论文，这与其他各个国家论文数的统计口径是一致的；在涉及中国具体学科、地区等统计结果时，统计范围只是中国内地作者为论文第一作者的论文。本书附表中所列的各系列单位排名是按第一作者论文数作为依据排出的。在很多高等院校和研究机构的配合下，对于 SCI 数据加工过程中出现各类标识错误，我们尽可能地根据原文做了更正。

Ei 是 Engineering Index 的缩写，创办于 1884 年，已有 100 多年的历史，是世界著名的工程技术领域的综合性检索工具。主要收集工程和应用科学领域 5000 余种期刊、会议论文和技术报告的文献，数据来自 50 多个国家和地区，语种达十余个，主要涵盖的学科有：化工、机械、土木工程、电子电工、材料、生物工程等。

我们以 Ei Compendex 核心部分的期刊论文作为统计来源。在我们的统计系统中，由于有关国际会议的论文已在我们所采用的另一专门收录国际会议论文的统计源 CPCI-S 中得以表现，故在作为地区、学科和机构统计用的 Ei 论文数据中，已剔除了会议论文的数据，仅包括期刊论文，而且仅选择核心期刊采集出的数据。

CPCI-S（Conference Proceedings Citation Index）目前是科睿唯安公司的产品，从 2008 年开始代替 ISTP（Index to Scientific and Technical Proceeding）。在世界每年召开的上万个重要国际会议中，该系统收录了 70% ～ 90% 的会议文献，汇集了自然科学、农业科学、医学和工程技术领域的会议文献。在科研产出中，科技会议文献是对期刊文献的重要补充，所反映的是学科前沿性、迅速发展学科的研究成果，一些新的创新思想和概念往往先于期刊出现在会议文献中，从会议文献可以了解最新概念的出现和发展，并可掌握某一学科最新的研究动态和趋势。

SSCI（Social Science Citation Index）是科睿唯安编制的反映社会科学研究成果的大

型综合检索系统，已收录了社会科学领域期刊 3000 多种，另对约 1400 种与社会科学交叉的自然科学期刊中的论文予以选择性收录。其覆盖的领域涉及人类学、社会学、教育、经济、心理学、图书情报、语言学、法学、城市研究、管理、国际关系和健康等 55 个学科门类。通过对该系统所收录的中国论文的统计和分析研究，可以从一个方面了解中国社会科学研究成果的国际影响和国际地位。为了帮助广大社会科学工作者与国际同行交流与沟通，也为了促进中国社会科学及与之交叉的学科的发展，从 2005 年开始，我们对 SSCI 收录的中国论文情况做出统计和简要分析。

MEDLINE（美国《医学索引》）创刊于 1879 年，由美国国立医学图书馆（National Library of Medicine）编辑出版，收集世界 70 多个国家（地区），40 多种文字、4800 种生物医学及相关学科期刊，是当今世界较权威的生物医学文献检索系统，收录文献反映了全球生物医学领域较高水平的研究成果，该系统还有较为严格的选刊程序和标准。从 2006 年度起，我们就已利用该系统对中国的生物医学领域的成果进行统计和分析。

Scopus 数据库是 Elsevier 公司研制的大型文摘和引文数据库，收录全世界范围内经过同行评议的学术期刊、书籍和会议录等类型的文献内容，其中包括丰富的非英语发表的文献内容。Scopus 覆盖的领域包括科学、技术、医学、社会科学、艺术与人文等领域。

对 SCI、CPCI-S、MEDLINE、Scopus 系统采集的数据时间按照出版年度统计；Ei 系统采用的是按照收录时间统计，即统计范围是在当年被数据库系统收录的期刊文献。

1.2　论文的选取原则

在对 SCI、Ei、CPCI-S 和 Scopus 收录的论文进行统计时，为了能与国际做比较，选用第一作者单位属于中国的文献作为统计源。在 SCI 数据库中，涉及的文献类型包括 Article、Review、Letter、News、Meeting Abstracts、Correction、Editorial Material、Book Review、Biographical-Item 等。从 2009 年度起选择其中部分主要反映科研活动成果的文献类型作为论文统计的范围。初期是以 Article、Review、Letter 和 Editorial Material 四类文献按论文计来统计 SCI 收录的文献，近年来，中国作者在国际期刊中发表的文献数量越来越多，为了鼓励和引导科技工作者们发表内容比较翔实的文献，而且便于和国际检索系统的统计指标相比较，选取范围又进一步调整。目前，SCI 论文的统计和机构排名中，我们仅选 Article 和 Review 两类文献作为进行各单位论文数的统计依据。这两类文献报道的内容详尽，叙述完整，著录项目齐全。

同时，在统计国内论文的文献时，也参考了 SCI 的选用范围，对选取的论文做了如下的限定：

①论著：记载科学发现和技术创新的学术研究成果；
②综述和评论：评论性文章、研究述评；
③一般论文和研究快报：短篇论文、研究快报、文献综述、文献复习；
④工业工程设计：设计方案、工业或建筑规划、工程设计。

在中国科技核心期刊上发表的研究材料，以及标准文献、交流材料、书评、社论、消息动态、译文、文摘和其他文献不计入论文统计范围。

1.3　论文的归属（按第一作者的第一单位归属）

　　作者发表论文时的署名不仅是作者的权益和学术荣誉，更重要的是还要承担一定的社会和学术责任。按国际文献计量学研究的通行做法，论文的归属按第一作者所在的地区和单位确定，所以我国的论文数量是按论文第一作者属于中国大陆的数量而定的。例如，一位外国研究人员所从事的研究工作的条件由中国提供，成果公布时以中国单位的名义发表，则论文的归属应划作中国，反之亦然。若出现第一作者标注了多个不同单位的情况，则按作者署名的第一单位统计。

　　为了尽可能全面统计出各大学、研究院（所）、医院和企业的论文产出量，我们尽量将各类实验室归到所属的机构（大学、研究所、医院和企业）进行统计。对于以中国科学院所属各开放实验室名义发表的论文，都已归属到分管实验室的研究所。

　　经教育部正式批准合并的高等院校，我们也随之将原各校的论文进行了合并。由于部分高等院校改变所属关系，进行了多次更名和合并，使高等院校论文数的统计和排名可能会有微小差异，敬请谅解。

1.4　论文和期刊的学科确定

　　论文统计学科的确定依据是国家技术监督局颁布的《学科分类与代码》，在具体进行分类时，一般是依据参考论文所载期刊的学科类别和每篇论文的内容。由于学科交叉和细分，论文的学科分类问题十分复杂，现暂仅分类至一级学科，共划分了39个学科类别，且是按主分类划分。一篇文献只作一次分类。在对SCI文献进行分类时，我们主要依据SCI划分的176个主题学科进行归并，综合类学术期刊中的论文分类将参考内容进行。Ei和Scopus的学科分类参考了检索系统标引的分类代码。

　　通过文献计量指标对期刊进行评估，很重要的一点是要分学科进行。目前，我们对期刊学科的划分大部分仅分到一级学科，主要是依据各期刊编辑部在申请办刊时选定的学科；但有部分期刊，由于刊载的文献内容并未按最初的规定，出现了一些与刊名及办刊宗旨不符的内容，使期刊的分类不够准确，故在数据加工过程中做了一定修改。而对一些期刊数量（种类）较多的学科，如医药、地学类，我们对期刊又做了二级学科细分。

1.5　关于中国期刊的评估

　　科技期刊是反映科学技术产出水平的窗口之一，一个国家科技水平的高低可通过期刊的状况得以反映。从论文统计工作开始之初，我们就对中国科技期刊的编辑状况和质量水平十分关注。1990年，我们首次对1227种统计源期刊的7项指标做了编辑状况统计分析，统计结果为我们调整统计源期刊提供了编辑规范程度的依据。1994年，我们开始了国内期刊论文的引文统计分析工作，为期刊的学术水平评价建立了引文数据库。从1997年开始，编辑出版《中国科技期刊引证报告》，对期刊的评价设立了多项指标。为使各期刊编辑部能更多地获取科学指标信息，在基本保持了上一年所设立的评价指标的基础上，常用指标的数量保持不减，并根据要求和变化增加一些指标。主要指标的定义如下：

（1）核心总被引频次

期刊自创刊以来所登载的全部论文在统计当年被引用的总次数，可以显示该期刊被使用和受重视的程度，以及在科学交流中的绝对影响力的大小。

（2）核心影响因子

期刊评价前两年发表论文的篇均被引用的次数，用于测度期刊学术影响力。

（3）核心即年指标

期刊当年发表的论文在当年被引用的情况，表征期刊即时反应速率的指标。

（4）核心他引率

期刊总被引频次中，被其他刊引用次数所占的比例，测度期刊学术传播能力。

（5）核心引用刊数

引用被评价期刊的期刊数，反映被评价期刊被使用的范围。

（6）核心开放因子

期刊被引用次数的一半所分布的最小施引期刊数量，体现学术影响的集中度。

（7）核心扩散因子

期刊当年每被引 100 次所涉及的期刊数，测度期刊学术传播范围。

（8）学科扩散指标

在统计源期刊范围内，引用该刊的期刊数量与其所在学科全部期刊数量之比。

（9）学科影响指标

指期刊所在学科内，引用该刊的期刊数量占全部期刊数量的比例。

（10）核心被引半衰期

指该期刊在统计当年被引用的全部次数中，较新一半是在多长一段时间内发表的。被引半衰期是测度期刊老化速度的一种指标，通常不是针对个别文献或某一组文献，而是对某一学科或专业领域的文献总和而言。

（11）权威因子

利用 Page Rank 算法计算出来的来源期刊在统计当年的 Page Rank 值。与其他单纯计算被引次数的指标不同的是，权威因子考虑了不同引用之间的重要性区别，重要的引用被赋予更高的权值，因此能更好地反映期刊的权威性。

（12）来源文献量

指符合统计来源论文选取原则的文献的数量。在期刊发表的全部内容中，只有报道科学发现和技术创新成果的学术技术类文献用于作为中国科技论文统计工作的数据来源。

（13）文献选出率

指来源文献量与期刊全年发表的所有文献总量之比，用于反映期刊发表内容中，报道学术技术类成果的比例。

（14）AR 论文量

指期刊所发表的文献中，文献类型为学术性论文（Article）和综述评论性论文（Review）的论文数量，用于反映期刊发表的内容中学术性成果的数量。

（15）论文所引用的全部参考文献数

是衡量该期刊科学交流程度和吸收外部信息能力的一个指标。

（16）平均引文数

指来源期刊每一篇论文平均引用的参考文献数。

（17）平均作者数

来源期刊平均每篇论文所附的作者数，是衡量期刊科学生产能力的指标。

（18）地区分布数

指来源期刊登载论文所涉及的地区数，按全国 31 个省、自治区和直辖市计（不含港澳台）。这是衡量期刊论文覆盖面和全国影响力大小的一个指标。

（19）机构分布数

指来源期刊论文的作者所涉及的机构数。这是衡量期刊科学生产能力的另一个指标。

（20）海外论文比

指来源期刊中，海外作者发表论文占全部论文的比例。这是衡量期刊国际交流程度的一个指标。

（21）基金论文比

指来源期刊中，国家级、省部级以上及其他各类重要基金资助的论文占全部论文的比例。这是衡量期刊论文学术质量的重要指标。

（22）引用半衰期

指该期刊引用的全部参考文献中，较新一半是在多长一段时间内发表的。通过这个指标可以反映出作者利用文献的新颖度。

（23）离均差率

指期刊的某项指标与其所在学科的平均值之间的差距与平均值的比例。通过这项指标可以反映期刊的单项指标在学科内的相对位置。

（24）红点指标

指该期刊发表的论文中，关键词与其所在学科排名前 1% 的高频关键词重合的论文所占的比例。通过这个指标可以反映出期刊论文与学科研究热点的重合度，从内容层面对期刊的质量和影响潜力进行预先评估。

（25）综合评价总分

根据中国科技期刊综合评价指标体系，计算多项科学计量指标，采用层次分析法确定重要指标的权重，分学科对每种期刊进行综合评定，计算出每个期刊的综合评价总分。

期刊的引证情况每年会有变化，为了动态地表达各期刊的引证情况，《中国科技期刊引证报告》将每年公布，用于提供一个客观分析工具，促进中国期刊更好地发展。在此需强调的是，期刊计量指标只是评价期刊的一个重要方面，对期刊的评估应是一个综合的工程。因此，在使用各计量指标时应慎重对待。

1.6   关于科技论文的评估

随着中国科技投入的加大，中国论文数越来越多，但学术水平参差不齐。为了促进中国高影响高质量科技论文的发表，进一步提高中国的国际科技影响力，我们需要做一些评估，以引领优秀论文的出现。

基于研究水平和写作能力的差异，科技论文的质量水平也是不同的。根据多年来对科技论文的统计和分析，中国科学技术信息研究所提出一些评估论文质量的文献计量指标，供读者参考和讨论。这里所说的"评估"是"外部评估"，即文献计量人员或科技管理人员对论文的外在指标的评估，不同于同行专家对论文学术水平的评估。

这里提出的仅是对期刊论文的评估指标，随着统计工作的深入和指标的完善，所用指标会有所调整。

（1）论文的类型

作为信息交流的文献类型是多种多样的，但不同类型的文献，其反映内容的全面性、文献著录的详尽情况是不同的。一般来说，各类文献检索系统依据自身的情况和检索系统的作用，收录的文献类型也是不同的。目前，我们在统计 SCI 论文时将文献类型是 Article 和 Review 的作为论文统计；统计 Ei 论文时将文献类型是 Journal 和 Article 的作为论文统计，在统计 CSTPCD 论文时将论著、研究型综述、一般论文、工业工程设计类型的文献作为论文统计。

（2）论文发表的期刊影响

在评定期刊的指标中，较能反映期刊影响的指标是期刊的总被引次数和影响因子。我们通常说的影响因子是指期刊的影响情况，是表示期刊中所有文献被引次数的平均值，即篇均被引次数，并不是指哪一篇文献的被引用数值。影响因子的大小受多个因素的制约，关键是刊发的文献的水平和质量。一般来说，在高影响因子期刊上能发表的文献都应具备一定的水平。发表的难度也较大。影响因子的相关因素较多，一定要慎用，而且要分学科使用。

（3）文献发表的期刊的国际显示度

是指期刊被国际检索系统收录的情况，以及主编和编辑部的国际影响。

（4）论文的基金资助情况（评估论文的创新性）

一般来说，科研基金申请时条件之一是项目的创新性，或成果具有明显的应用价值。特别是一些经过跨国合作、受多项资助产生的研究成果的科技论文更具重要意义。

（5）论文合著情况

合作（国际、国内合作）研究是增强研究力量、互补优势的方式，特别是一些重大研究项目，单靠一个单位，甚至一个国家的科技力量都难以完成。因此，合作研究也是一种趋势，这种合作研究的成果产生的论文显然是重要的。特别是要以中国为主的国际合作产生的成果。

（6）论文的即年被引用情况

论文被他人引用数量的多少是表明论文影响力的重要指标。论文发表后什么时候能被引用，被引次数多少等因素与论文所属的学科密切相关。论文发表后能在较短时间内获得引用，反映这类论文的研究项目往往是热点，是科学界本领域非常关注的问题，这类论文是值得重视的。

（7）论文的合作者数

论文的合作者数可以反映项目的研究力量和强度。一般来说，研究作者多的项目研究强度高，产生的论文影响大，可按研究合作者数大于、等于和低于该学科平均作者数统计分析。

（8）论文的参考文献数

论文的参考文献数是该论文吸收外部信息能力的重要依据，也是显示论文质量的指标。

（9）论文的下载率和获奖情况

可作为评价论文的实际应用价值及社会与经济效益的指标。

（10）发表于世界著名期刊的论文

世界著名期刊往往具有较大的影响力，世界上较多的原创论文都首发于这些期刊上，这类期刊上发表的文献其被引用率也较高，尽管在此类期刊中发表文献的难度也大，但世界各国的学者们还是很倾向于在此类刊物中发表文献以显示他们的成就，以期和世界同行们进行广泛交流。

（11）作者的贡献

在论文的署名中，作者的排序（署名位置）一般情况可作为作者对本篇论文贡献大小的评估指标。

根据以上的指标，课题组在咨询部分专家的基础上，选择了论文发表期刊的学术影响位置、论文的原创性、世界著名期刊上发表的论文情况、论文即年被引情况、论文的参考文献数及论文的国际合作情况等指标，对 SCI 收录的论文做了综合评定，选出了百篇国际高影响力的优秀论文。对 CSTPCD 中高被引的论文进行了评定，也选出了百篇国内高影响力的优秀论文。

2 中国国际科技论文数量总体情况分析

2.1 引言

科技论文作为科技活动产出的一种重要形式，从一个侧面反映了一个国家基础研究和应用研究等方面的情况，在一定程度上反映了一个国家的科技水平和国际竞争力水平。本章利用 SCI、Ei 和 CPCI–S 三大国际检索系统数据，结合 ESI 的数据，对中国论文数和被引用情况进行统计，分析中国科技论文在世界所占的份额及位置，对中国科技论文的发展状况做出评估。

2.2 数据与方法

SCI、CPCI–S 和 ESI 的数据取自科睿唯安的 Web of Knowledge 平台，Ei 数据取自 Engineering Village 平台。

2.3 研究分析与结论

2.3.1 SCI 收录中国科技论文数情况

2017 年，SCI 收录的世界科技论文总数为 193.83 万篇，比 2016 年增加了 2.2%。2017 年收录中国科技论文为 36.12 万篇，连续第 9 年排在世界第 2 位（如表 2–1 所示），占世界科技论文总数的 18.6%，所占份额提升了 1.5 个百分点。排在世界前 5 位的有美国、中国、英国、德国和日本。排在第 1 位的美国，其论文数量为 52.40 万篇，是中国的 1.5 倍，占世界份额的 27.0%。

表 2–1 SCI 收录的中国科技论文数量世界排名变化

年份	2008	2009	2010	2011	2012	2013	2014	2015	2016	2017
世界排名	4	2	2	2	2	2	2	2	2	2

中国作为第一作者共计发表 32.39 万篇论文，比 2016 年增长 11.5%，占世界总数的 16.7%。若按此论文数排序，中国也排在世界第 2 位，仅次于美国。

2.3.2 Ei 收录中国科技论文情况

2017 年，Ei 收录世界科技论文总数为 66.16 万篇，比 2016 年下降 3.2%。Ei 收录中国论文为 22.80 万篇，比 2016 年增长 5.5%，占世界论文总数的 34.5%，所占份额增加了 1.3 个百分点，排在世界第 1 位。排在世界前 5 位的国家分别是中国、美国、印度、德国和英国。

Ei 收录的第一作者为中国的科技论文共计 21.42 万篇，比 2016 年增长了 0.4%，占世界总数的 32.4%，较 2016 年度增加了 1.2 个百分点。

2.3.3 CPCI-S 收录中国科技会议论文情况

2017 年，CPCI-S 收录世界重要会议论文总数为 51.99 万篇，比 2016 年减少了 7.6%。CPCI-S 共收录了中国作者科技会议论文 7.36 万篇，比 2016 年减少了 14.7%，占世界科技会议论文总数的 14.2%，排在世界第 2 位。排在世界前 5 位的国家分别是美国、中国、英国、德国和日本。CPCI-S 收录的美国科技会议论文 14.45 万篇，占世界论文总数的 27.8%。

CPCI-S 收录第一作者单位为中国的科技会议论文共计 6.66 万篇。2017 年中国科技人员共参加了在 86 个国家（地区）召开的 2813 个国际会议。

2017 年中国科技人员发表国际会议论文数最多的 10 个学科分别为：计算技术，电子、通信与自动控制，物理学，能源科学技术，临床医学，机械工程，工程与技术基础学科，材料科学，化学和生物学。

2.3.4 SCI、Ei 和 CPCI-S 收录中国科技论文数情况

2017 年，SCI、Ei 和 CPCI-S 三系统共收录中国科技人员发表的科技论文 662831 篇，比 2016 年增加了 33911 篇，增长 5.4%。中国科技论文数占世界科技论文总数的 21.2%，比 2016 年的 20.0% 增加了 1.2 个百分点。由表 2-2 看，近几年，中国科技论文数占世界科技论文数比例一直保持上升态势。

表 2-2　2008—2017 年三系统收录中国科技论文数及其在世界排名

年份	论文篇数	比上年增加篇数	增长率	占世界比例	世界排名
2008	270878	63013	30.3%	11.5%	2
2009	280158	9280	3.4%	12.3%	2
2010	300923	20765	7.4%	13.7%	2
2011	345995	45072	15.0%	15.1%	2
2012	394661	48666	14.1%	16.5%	2
2013	464259	69598	17.6%	17.3%	2
2014	494078	29819	6.4%	18.4%	2
2015	586326	92248	18.7%	19.8%	2

续表

年份	论文篇数	比上年增加篇数	增长率	占世界比例	世界排名
2016	628920	42594	7.3%	20.0%	2
2017	662831	33911	5.4%	21.2%	2

由表 2-3 看，近 5 年，中国科技论文数排名一直稳定在世界第 2 位，排在美国之后。2017 年排名居前 6 位的国家分别为美国、中国、英国、德国、日本和印度。2013—2017 年，中国科技论文的年均增长率达 9.3%。与其他几个国家相比，中国科技论文年均增长率排名居第 1 位，印度科技论文年均增长率排名居第 2 位，达到 8.8%；日本科技论文年均增长率最小，只有 0.7%。

表 2-3   2013—2017 年三系统收录的部分国家科技论文数增长情况

国家	2013 年		2014 年		2015 年		2016 年		2017 年		年均增长率	2017 年占世界总数比例
	排名	论文篇数	排名	论文篇数	排名	论文篇数	排名	论文篇数	排名	论文篇数		
美国	1	687621	1	686882	1	721792	1	762105	1	780040	3.2%	25.0%
中国	2	464259	2	494078	2	586326	2	628920	2	662831	9.3%	21.2%
英国	3	182090	3	189163	3	208118	3	213990	3	215762	4.3%	6.9%
德国	4	172178	4	174344	4	191949	4	197212	4	194081	3.0%	6.2%
日本	5	150195	5	143160	5	152456	5	156038	5	154295	0.7%	4.9%
印度	9	98336	9	105753	7	126174	6	139813	6	137890	8.8%	4.4%
法国	6	122899	6	122193	6	136315	7	138964	7	134453	2.3%	4.3%

2.3.5   中国科技论文数被引用情况

2008—2018 年（截至 2018 年 10 月）中国科技人员共发表国际论文 227.22 万篇，继续排在世界第 2 位，数量比 2017 年统计时增加了 10.4%；论文共被引 2272.40 万次，增长了 17.4%，排在世界第 2 位。中国国际科技论文被引次数增长的速度显著超过其他国家。2018 年，中国平均每篇论文被引用 10.00 次，比 2017 年度统计时的 9.40 次提高了 6.4%。世界整体篇均被引次数为 12.61 次 / 篇，中国平均每篇论文被引次数虽与世界水平还有一定的差距，但提升速度相对较快（如表 2-4 所示）。

表 2-4   中国各十年段科技论文被引次数世界排名变化

时间段	1996—2006年	1997—2007年	1998—2008年	1999—2009年	2000—2010年	2001—2011年	2002—2012年	2003—2013年	2004—2014年	2005—2015年	2006—2016年	2007—2017年	2008—2018年
世界排名	13	13	10	9	8	7	6	5	4	4	4	2	2

注：根据 ESI 数据库统计。

2008—2018 年发表科技论文累计超过 20 万篇以上的国家（地区）共有 22 个，按平均每篇论文被引次数排名，中国排在第 16 位，比 2017 年度下降 1 位。每篇论文被引次数大于世界整体水平（12.61 次 / 篇）的国家有 13 个。瑞士、荷兰、英国、比利时、美国、瑞典、德国、加拿大、法国、澳大利亚和意大利的论文篇均被引次数超过 15 次（如表 2-5 所示）。

表 2-5　2008—2018 年发表科技论文数 20 万篇以上的国家（地区）论文数及被引情况

国家（地区）	论文数		被引次数		篇均被引次数	
	篇数	排名	次数	排名	次数	排名
美国	3922346	1	70130397	1	17.88	5
中国	2272222	2	22723995	2	10.00	16
英国	1239412	3	21794333	3	18.39	3
德国	1042716	4	17452258	4	16.74	7
法国	728211	6	11707974	5	16.08	9
加拿大	649786	7	10809115	6	16.63	8
日本	820886	5	10064483	7	12.26	13
意大利	633688	8	9649571	8	15.23	11
澳大利亚	545752	11	8474129	9	15.53	10
西班牙	549582	10	7907313	10	14.39	12
荷兰	379242	14	7566912	11	19.95	2
瑞士	280369	16	5884932	12	20.99	1
韩国	521368	12	5491701	13	10.53	15
印度	559822	9	4925388	14	8.80	18
瑞典	252797	20	4474392	15	17.70	6
比利时	208838	22	3782846	16	18.11	4
巴西	409878	13	3454699	17	8.43	19
中国台湾	270174	17	2898369	18	10.73	14
波兰	249385	21	2198772	22	8.82	17
俄罗斯	327019	15	2128475	25	6.51	22
伊朗	261703	19	1964969	28	7.51	20
土耳其	267377	18	1912240	29	7.15	21

注：根据 ESI 数据库统计。

2.3.6　中国 TOP 论文情况

根据 ESI 数据库统计，中国 TOP 论文居世界第 3 位，为 24878 篇（如表 2-6 所示）。其中美国以 72243 篇遥遥领先，英国以 26579 篇略微领先于中国居第 2 位。分列第 4 ～第 10 位的国家有：德国、加拿大、法国、澳大利亚、意大利、荷兰和西班牙。

表 2-6   世界 TOP 论文数居前 10 位的国家

排名	国家	TOP 论文篇数	排名	国家	TOP 论文篇数
1	美国	72243	6	法国	11905
2	英国	26579	7	澳大利亚	10733
3	中国	24878	8	意大利	9640
4	德国	17993	9	荷兰	9408
5	加拿大	12169	10	西班牙	8083

2.3.7　中国高被引论文情况

根据 ESI 数据库统计，中国高被引论文也居世界第 3 位，为 24825 篇（如表 2-7 所示）。其中美国以 72156 篇遥遥领先，英国以 26540 篇略微领先于中国居第 2 位。分列第 4 ～第 10 位的国家有：德国、加拿大、法国、澳大利亚、意大利、荷兰和西班牙。高被引论文数与 TOP 论文数居前 10 位的国家一样。

表 2-7   世界高被引论文数居前 10 位的国家

排名	国家	高被引论文篇数	排名	国家	高被引论文篇数
1	美国	72156	6	法国	11887
2	英国	26540	7	澳大利亚	10710
3	中国	24825	8	意大利	9629
4	德国	17972	9	荷兰	9394
5	加拿大	12156	10	西班牙	8077

2.3.8　中国热点论文情况

根据 ESI 数据库统计，中国热点论文居世界第 3 位，为 842 篇（如表 2-8 所示）。其中美国以 1629 篇遥遥领先居第 1 位，英国以 909 篇略微领先于中国。分列第 4 ～第 10 位的国家有：德国、澳大利亚、加拿大、法国、荷兰、意大利和西班牙。

表 2-8   世界热点论文数居前 10 位的国家

排名	国家	热点论文篇数	排名	国家	热点论文篇数
1	美国	1629	6	加拿大	383
2	英国	909	7	法国	374
3	中国	672	8	荷兰	335
4	德国	560	9	意大利	314
5	澳大利亚	410	10	西班牙	292

2.4   讨论

    2017 年，SCI 收录中国科技论文为 36.12 万篇，连续第 9 年排在世界第 2 位，占世界份额的 18.6%，所占份额提升了 1.5 个百分点。Ei 收录中国论文 22.80 万篇，比 2016 年增长了 5.5%，占世界论文总数的 34.5%，所占份额增加了 1.3 个百分点，排在世界第 1 位。CPCI–S 收录了中国科技会议论文 7.36 万篇，比 2016 年减少了 14.7%，占世界科技会议论文的 14.2%，排在世界第 2 位。但总的来说，发表国际科技论文数量和占比都是增加的。

    2008—2018 年（截至 2018 年 10 月）中国科技人员发表的国际论文共被引 2272.40 万次，增长了 17.4%，排在世界第 2 位，与 2017 年位次一样。中国国际科技论文被引次数增长的速度显著超过其他国家。2018 年，中国平均每篇论文被引 10.00 次，比 2017 年度统计时的 9.40 次提高了 6.4%。世界整体篇均被引次数为 12.61 次 / 篇，中国平均每篇论文被引用次数虽与世界平均值还有一定的差距，但提升速度相对较快。中国 TOP 论文数、高被引论文数和热点论文数均居世界第 3 位，但与居第 1 位的美国之间的差距还很大。

3 中国科技论文学科分布情况分析

3.1 引言

美国著名高等教育专家伯顿·克拉克认为，主宰学者工作生活的力量是学科而不是所在院校，学术系统中的核心成员单位是以学科为中心的。学科指一定科学领域或一门科学的分支，如自然科学中的化学、物理学，社会科学中的法学、社会学等。学科是人类科学文化成熟的知识体系和物质体现，学科发展水平既决定着一所研究机构人才培养质量和科学研究水平，也是一个地区乃至一个国家知识创新力和综合竞争力的重要表现。学科的发展和变化无时不在进行，新的学科分支和领域也在不断涌现，这给许多学术机构的学科建设带来了一些问题，如重点发展的学科及学科内的发展方向。因此，详细分析了解学科的发展状况将有助于解决这些问题。

本章运用科学计量学方法，通过对各学科被国际重要检索系统 SCI、Ei、CPCI-S 和CSTPCD 收录情况，以及被 SCI 被引情况的分析，研究了中国各学科发展的状况、特点和趋势。

3.2 数据与方法

3.2.1 数据来源

（1）CSTPCD

"中国科技论文与引文数据库"（CSTPCD）是中国科学技术信息研究所在 1987 年建立的，收录中国各学科重要科技期刊，其收录期刊称为"中国科技论文统计源期刊"，即中国科技核心期刊。

（2）SCI

SCI 即科学引文索引（Science Citation Index）。

（3）Ei

Ei 即"工程索引"（The Engineering Index）创刊于 1884 年，是美国工程信息公司（Engineering Information Inc.）出版的著名工程技术类综合性检索工具。

（4）CPCI-S

CPCI-S（Conference Proceedings Citation Index-Science），原名 ISTP。ISTP 即"科技会议录索引"（Index to Scientific & Technical Proceedings）创刊于 1978 年。该索引收录生命科学、物理与化学科学、农业、生物与环境科学、工程技术和应用科学等学科的

会议文献，包括一般性会议、座谈会、研究会、讨论会和发表会等。

3.2.2 学科分类

学科分类采用《中华人民共和国学科分类与代码国家标准》（简称《学科分类与代码》，标准号是"GB/T 13745—1992"）。《学科分类与代码》共设 5 个门类、58 个一级学科、573 个二级学科和近 6000 个三级学科。我们根据《学科分类与代码》并结合工作实际制定本书的学科分类体系（如表 3-1 所示）。

表 3-1 中国科学技术信息研究所学科分类体系

学科名称	分类代码	学科名称	分类代码
数学	O1A	工程与技术基础学科	T3
信息、系统科学	O1B	矿山工程技术	TD
力学	O1C	能源科学技术	TE
物理学	O4	冶金、金属学	TF
化学	O6	机械、仪表	TH
天文学	PA	动力与电气	TK
地学	PB	核科学技术	TL
生物学	Q	电子、通信与自动控制	TN
预防医学与卫生学	RA	计算技术	TP
基础医学	RB	化工	TQ
药物学	RC	轻工、纺织	TS
临床医学	RD	食品	TT
中医学	RE	土木建筑	TU
军事医学与特种医学	RF	水利	TV
农学	SA	交通运输	U
林学	SB	航空航天	V
畜牧、兽医	SC	安全科学技术	W
水产学	SD	环境科学	X
测绘科学技术	T1	管理学	ZA
材料科学	T2	其他	ZB

3.3 研究分析与结论

3.3.1 2017 年中国各学科收录论文的分布情况

我们对不同数据库收录的中国论文按照学科分类进行分析，主要分析各数据库中排名居前 10 位的学科。

（1）SCI

2017 年，SCI 收录中国论文居前 10 位的学科如表 3-2 所示，前 10 位的学科发表的论文均超过 10000 篇。

表 3-2　2017 年 SCI 收录中国论文居前 10 位的学科

排名	学科	论文篇数	排名	学科	论文篇数
1	化学	47224	6	基础医学	21297
2	生物学	37751	7	电子、通信与自动控制	16663
3	临床医学	34226	8	地学	12547
4	物理学	31417	9	计算技术	12049
5	材料科学	24328	10	环境科学	10475

（2）Ei

2017 年，Ei 收录中国论文居前 10 位的学科如表 3-3 所示，其中居前 8 位的学科发表的论文均超过 10000 篇。

表 3-3　2017 年 Ei 收录中国论文居前 10 位的学科

排名	学科	论文篇数	排名	学科	论文篇数
1	环境科学	50653	6	地学	12542
2	材料科学	18452	7	动力与电气	11503
3	生物学	16893	8	物理学	10032
4	土木建筑	14687	9	能源科学技术	9596
5	电子、通信与自动控制	13299	10	计算技术	8964

（3）CPCI-S

2017 年，CPCI-S 收录中国论文居前 10 位的学科如表 3-4 所示，其中前 2 位的学科发表的论文均超过 10000 篇，遥遥领先于其他学科。

表 3-4　2017 年 CPCI-S 收录中国论文居前 10 位的学科

排名	学科	论文篇数	排名	学科	论文篇数
1	计算技术	18796	6	工程与技术基础学科	3394
2	电子、通信与自动控制	15551	7	临床医学	3199
3	物理学	4263	8	材料科学	2332
4	能源科学技术	4198	9	化学	1530
5	机械、仪表	3590	10	生物学	1117

（4）CSTPCD

2017 年，CSTPCD 收录中国论文居前 10 位的学科如表 3-5 所示，前 10 位的学科发表的论文均超过 10000 篇，其中临床医学超过了 12 万篇，遥遥领先于其他学科。

表 3-5　2017 年 CSTPCD 收录中国论文居前 10 位的学科

排名	学科	论文篇数	排名	学科	论文篇数
1	临床医学	128524	6	环境科学	14728
2	计算技术	28325	7	预防医学与卫生学	14306
3	电子、通信与自动控制	26058	8	地学	14142
4	中医学	22159	9	基础医学	13027
5	农学	21193	10	冶金、金属学	12978

3.3.2　各学科产出论文数量及影响与世界平均水平比较分析

分析各学科论文数量和被引次数及其占世界的比例，中国有 5 个学科产出论文的比例超过世界该学科论文的 20%。其中，材料科学论文的被引次数排名居世界第 1 位。

另有 10 个领域论文的被引次数排名居世界第 2 位，分别是：农业科学、化学、计算机科学、工程技术、环境与生态学、地学、数学、药学与毒物学、物理学和植物学与动物学。

生物与生物化学和综合类排在世界第 3 位，分子生物学与遗传学排在世界第 4 位，微生物学排名世界第 5 位。与 2017 年度相比，有 8 个学科领域的论文被引次数排名有所上升（如表 3-6 所示）。

表 3-6　2008—2018 年中国各学科产出论文与世界平均水平比较

学科	论文篇数	占世界比例	被引次数	占世界比例	世界排名	位次变化趋势	篇均被引次数	相对影响
农业科学	53894	13.06%	466759	13.01%	2	—	8.66	1.00
生物与生物化学	107796	14.73%	1165956	9.58%	3	↑ 1	10.82	0.65
化学	426823	25.30%	5831765	23.56%	2	—	13.66	0.93
临床医学	239767	8.90%	2081645	6.06%	8	↑ 2	8.68	0.68
计算机科学	75686	21.53%	461116	19.98%	2	—	6.09	0.93
经济贸易	14391	5.33%	86869	3.91%	9	—	6.04	0.73
工程技术	275312	22.21%	1991762	21.16%	2	—	7.23	0.95
环境与生态学	72607	15.46%	727591	12.08%	2	—	10.02	0.78
地学	80366	18.07%	824521	15.01%	2	↑ 1	10.26	0.83
免疫学	21045	8.28%	242659	5.09%	11	—	11.53	0.61
材料科学	254200	31.41%	3032862	30.58%	1	—	11.93	0.97

续表

学科	论文篇数	占世界比例	被引次数	占世界比例	世界排名	位次变化趋势	篇均被引次数	相对影响
数学	83165	19.78%	356043	19.50%	2	—	4.28	0.99
微生物学	25586	12.60%	229289	7.47%	5	—	8.96	0.59
分子生物学与遗传学	76243	16.52%	940742	8.63%	4	↑2	12.34	0.52
综合类	2960	14.13%	40122	12.86%	3	—	13.55	0.91
神经科学与行为学	41750	8.23%	442306	4.88%	9	↑1	10.59	0.59
药学与毒物学	61233	15.50%	574539	11.47%	2	—	9.38	0.74
物理学	237003	21.47%	2167390	17.19%	2	—	9.14	0.80
植物学与动物学	75626	10.43%	653467	9.74%	2	↑2	8.64	0.93
精神病学与心理学	10659	2.66%	80634	1.66%	14	↑1	7.56	0.62
空间科学	13457	9.18%	169071	6.45%	13	—	12.56	0.70
社会科学	22653	2.51%	156887	2.55%	9	↑2	6.93	1.02

注：1. 统计时间截至 2018 年 10 月。

2. "↑1"的含义是：与上年度统计相比，排名上升了 1 位；"—"表示位次未变。

3. 相对影响：中国篇均被引次数与该学科世界平均值的比值。

3.3.3 学科的质量与影响力分析

科研活动具有继承性和协作性，几乎所有科研成果都是以已有的成果为前提的。学术论文、专著等科学文献是传递新学术思想、成果的最主要的物质载体，它们之间并不是孤立的，而是相互联系的，突出表现在相互引用的关系，这种关系体现了科学工作者们对以往的科学理论、方法、经验及成果的借鉴和认可。论文之间的相互引证，能够反映学术研究之间的交流与联系。通过论文之间的引证与被引证关系，我们可以了解某个理论与方法是如何得到借鉴和利用的。某些技术与手段是如何得到应用和发展的。从横向的对应性上，我们可以看到不同的实验或方法之间是如何互相参照和借鉴的；我们也可以将不同的结果放在一起进行比较，看他们之间的应用关系。从纵向的继承性上，我们可以看到一个课题的基础和起源是什么，我们也可以看到一个课题的最新进展情况是怎样的。关于反面的引用，它反映的是某个学科领域的学术争鸣。论文间的引用关系能够有效地阐明学科结构和学科发展过程，确定学科领域之间的关系，测度学科影响。

表 3-7 显示的是 2008—2017 年 SCIE 收录的中国科技论文累计被引次数排名居前 10 位的学科分布情况，由表可见，国际被引论文篇数居前 10 位的学科主要分布在基础学科、医学领域和工程技术领域。其中，化学被引次数超过了 641 万次，以较大优势领先于其他学科。

表 3-7 2008—2017 年 SCIE 收录的中国科技论文累计被引次数居前 10 位的学科

排名	学科	被引次数	排名	学科	被引次数
1	化学	6414818	6	基础医学	1094471
2	生物学	2683725	7	环境科学	854556
3	物理学	1966238	8	电子、通信与自动控制	796636
4	材料科学	1941558	9	地学	755382
5	临床医学	1871483	10	计算技术	688665

3.4 讨论

中国近 10 年来的学科发展相当迅速，不仅论文的数量有明显的增加，并且被引次数也有所增长。但是数据显示，中国的学科发展呈现一种不均衡的态势，有些学科的论文篇均被引次数的水平已经接近世界平均水平，但仍有一些学科的该指标值与世界平均水平差别较大。

中国有 5 个学科产出论文的比例超过世界该学科论文的 20%。从论文的被引情况来看，中国的学科发展不均衡。其中，材料科学论文的被引次数排名居世界第 1 位，另有农业科学、化学、计算机科学、工程技术、环境与生态学、地学、数学、药学与毒物学、物理学和植物学与动物学 10 个领域论文的被引次数排名居世界第 2 位。

目前我们正在建设创新型国家，应该在加强相对优势学科领域的同时，资源重点向农学、卫生医药和高新技术等领域倾斜。

4 中国科技论文地区分布情况分析

本章运用文献计量学方法对中国 2017 年的国际和国内科技论文的地区分布进行了分析，并结合国家统计局科技经费数据和国家知识产权局专利统计数据对各地区科研经费投入及产出进行了分析。通过研究分析出了中国科技论文的高产地区、快速发展地区和高影响力地区。同时，分析了各地区在国际权威期刊上发表论文的情况，从不同角度反映了中国科技论文在 2017 年度的地区特征。

4.1 引言

科技论文作为科技活动产出的一种重要形式，能够反映基础研究和应用研究等方面的情况。对全国各地区的科技论文产出分布进行统计与分析，可以从一个侧面反映出该地区的科技实力和科技发展潜力，是了解区域优势及科技环境的决策参考因素之一。

本章通过对中国 31 个省（市、自治区，不含港澳台地区）的国际国内科技论文产出数量、论文被引情况、科技论文数 3 年平均增长率、各地区科技经费投入、论文产出与发明专利产出状况等数据的分析与比较，反映中国科技论文在 2017 年度的地区特征。

4.2 数据与方法

本章的数据来源：①国内科技论文数据来自中国科学技术信息研究所自行研制的"中国科技论文与引文数据库"（CSTPCD）；②国际论文数据采集自 SCI、Ei 和 CPCI-S 检索系统；③各地区国内发明专利数据来自国家知识产权局 2017 年专利统计年报；④各地区 R&D 经费投入数据来自国家统计局全国科技经费投入统计公报。

本章运用文献计量学方法对中国 2017 年的国际科技论文和中国国内论文的地区分布、论文数增长变化和论文影响力状况进行了比较分析，并结合国家统计局全国科技经费投入数据及国家知识产权局专利统计数据对 2017 年中国各地区科研经费的投入与产出进行了分析。

4.3 研究分析与结论

4.3.1 国际论文产出分析

（1）国际论文产出地区分布情况

本章所统计的国际论文数据主要取自国际上颇具影响的文献数据库：SCI、Ei 和 CPCI-S。2017 年，国际论文数（SCI、Ei、CPCI-S 三大检索论文总数）产出居前 10 位的地区与 2016 年的完全一致（如表 4-1 所示）。

表 4-1　2017 年中国国际论文数居前 10 位的地区

排名	地区	2016 年论文篇数	2017 年论文篇数	增长率
1	北京	101170	102763	1.57%
2	江苏	59837	63029	5.33%
3	上海	47371	49142	3.74%
4	陕西	34595	36347	5.06%
5	广东	31836	36061	13.27%
6	湖北	31048	33454	7.75%
7	山东	27228	29493	8.32%
8	浙江	26796	28417	6.05%
9	四川	25119	26466	5.36%
10	辽宁	22473	23586	4.95%

（2）国际论文产出快速发展地区

科技论文数量的增长率可以反映该地区科技发展的活跃程度。2015—2017 年各地区的国际科技论文数都有不同程度的增长。如表 4-2 所示，论文基数较大的地区不容易有较高增长率，增速较快的地区多数是国际论文数较少的地区。反之，论文基数较小的地区，如青海、贵州和西藏等地区的论文年均增长率都较高。这些地区的科研水平暂时不高，但是具有很大的发展潜力，广东、山东和陕西是论文数排名居前 10 位、增速排名也居前 10 位的地区。

表 4-2　2015—2017 年国际科技论文数增长率居前 10 位的地区

地区	国际科技论文篇数			年均增长率	排名
	2015 年	2016 年	2017 年		
青海	309	467	551	33.54%	1
贵州	1547	2149	2494	26.97%	2
西藏	44	53	64	20.60%	3
广东	25847	31836	36061	18.12%	4
山东	22209	27228	29493	15.24%	5
宁夏	454	566	599	14.86%	6
海南	886	1101	1155	14.18%	7
陕西	28572	34595	36347	12.79%	8
广西	3535	4083	4476	12.53%	9
福建	9383	10429	11812	12.20%	10

注：1. "国际科技论文数"指 SCI、Ei 和 CPCI-S 三大检索系统收录的中国科技人员发表的论文数之和。

2. 年均增长率 $= \left(\sqrt{\dfrac{2017 年科技论文数}{2015 年科技论文数}} - 1 \right) \times 100\%$。

（3）SCI 论文 10 年被引地区排名

论文被他人引用数量的多少是表明论文影响力的重要指标。一个地区的论文被引数量不仅可以反映该地区论文的受关注程度，同时也是该地区科学研究活跃度和影响力的重要指标。2008—2017 年度 SCI 收录论文被引篇数、被引次数和篇均被引次数情况如表 4-3 所示。其中，SCI 收录的北京地区论文被引篇数和被引次数以绝对优势位居榜首。

各个地区的国际论文被引次数与该地区国际论文总数的比值（篇均被引次数）是衡量一个地区论文质量的重要指标之一。该值消除了论文数量对各个地区的影响，篇均被引次数可以反映出各个地区论文的平均影响力。从 SCI 收录论文 10 年的篇均被引次数看，各省（市）的排名顺序依次是吉林、福建、上海、安徽、北京、甘肃、天津、湖北、辽宁和浙江。其中，北京、上海、湖北、浙江、辽宁和吉林这 6 个省（市）的被引次数和篇均被引次数均居全国前 10 位。

表 4-3 2008—2017 年 SCI 收录论文各地区被引情况

地区	被引论文篇数	被引次数	被引次数排名	篇均被引次数	篇均被引次数排名
北京	283039	4264244	1	12.27	5
天津	45837	659395	13	11.71	7
河北	17661	170450	20	7.14	23
山西	13521	136372	23	7.70	21
内蒙古	4022	31817	27	5.71	28
辽宁	60703	855119	8	11.40	9
吉林	41812	695913	10	13.53	1
黑龙江	42048	546649	15	10.58	13
上海	155901	2406100	2	12.70	3
江苏	158076	2116485	3	10.86	12
浙江	84186	1141198	6	10.97	10
安徽	43015	666994	12	12.66	4
福建	31776	500076	16	12.94	2
江西	13745	147620	22	8.04	20
山东	74907	873418	7	9.30	15
河南	29538	286720	19	7.27	22
湖北	81960	1154857	5	11.55	8
湖南	51457	635817	14	10.03	14
广东	91494	1256118	4	10.90	11
广西	10505	98209	24	7.04	24
海南	2556	19557	28	5.47	29
重庆	32747	379312	17	9.13	16
四川	61904	667767	11	8.37	18
贵州	4655	45698	26	6.99	25
云南	15342	160693	21	8.28	19
西藏	75	586	31	4.41	31
陕西	75951	839407	9	8.79	17
甘肃	25039	362874	18	12.15	6
青海	1078	8873	29	6.05	27
宁夏	1175	8709	30	5.36	30
新疆	6591	59196	25	6.50	26

（4）SCI 收录论文数较多的城市

如表 4-4 所示，2017 年，SCI 收录论文较多的城市除北京、上海、天津等直辖市外，南京、武汉、广州、西安、成都、杭州和长沙等省会城市被收录的论文也较多，论文数均超过了 9000 篇。

表 4-4 2017 年 SCI 收录论文居前 10 位的城市

排名	城市	SCI 收录论文总篇数	排名	城市	SCI 收录论文总篇数
1	北京	52401	6	西安	14819
2	上海	28119	7	成都	11868
3	南京	21005	8	杭州	11727
4	武汉	16456	9	天津	9707
5	广州	16063	10	长沙	9032

（5）卓越国际论文数较多的地区

若在每个学科领域内，按统计年度的论文被引次数世界均值画一条线，则高于均线的论文为卓越论文，即论文发表后的影响超过其所在学科的一般水平。2009 年我们第一次公布了利用这一方法指标进行的统计结果，当时称为"表现不俗论文"，受到国内外学术界的普遍关注。

根据 SCI 统计，2017 年中国作者为第一作者的论文共 323878 篇，其中卓越国际论文数为 137724 篇，占总数的 42.52%。产出卓越国际论文居前 3 位的地区为北京、江苏和上海，卓越国际论文数排名居前 10 位的地区卓越论文数占其 SCI 论文总数的比例均在 38% 以上。其中，湖北、广东和江苏的比例最高，均在 44% 以上，具体如表 4-5 所示。

表 4-5 2017 年卓越国际论文数居前 10 位的地区

排名	地区	卓越国际论文篇数	SCI 收录论文总篇数	卓越论文占比
1	北京	22971	52401	43.84%
2	江苏	15419	34736	44.39%
3	上海	12169	28119	43.28%
4	广东	9458	21156	44.71%
5	湖北	8096	17697	45.75%
6	浙江	7073	16733	42.27%
7	山东	7011	16840	41.63%
8	陕西	7000	17013	41.15%
9	四川	5300	13861	38.24%
10	辽宁	4922	11839	41.57%

从城市分布看，与 SCI 收录论文较多的城市相似，产出卓越论文较多的城市除北京、上海、天津等直辖市外，南京、武汉、广州、西安、杭州、成都和长沙等省会城市的卓越国际论文也较多（如表 4-6 所示）。在发表卓越国际论文较多的城市中，武汉、长沙、

南京和广州的卓越论文数占 SCI 收录论文总数的比例较高，均在 44% 以上。

表 4-6　2017 年卓越国际论文数居前 10 位的城市

排名	城市	卓越国际论文篇数	SCI 收录论文总篇数	卓越论文占比
1	北京	22971	52401	43.84%
2	上海	12169	28119	43.28%
3	南京	9520	21005	45.32%
4	武汉	7618	16456	46.29%
5	广州	7206	16063	44.86%
6	西安	6026	14819	40.66%
7	杭州	5019	11727	42.80%
8	成都	4666	11868	39.32%
9	天津	4266	9707	43.95%
10	长沙	4168	9032	46.15%

（6）在高影响国际期刊中发表论文数量较多的地区

按期刊影响因子可以将各学科的期刊划分为几个区，发表在学科影响因子前 1/10 的期刊上的论文即为在高影响国际期刊中发表的论文。虽然利用期刊影响因子直接作为评价学术论文质量的指标具有一定的局限性，但是基于论文作者、期刊审稿专家和同行评议专家对于论文质量和水平的判断，高学术水平的论文更容易发表在具有高影响因子的期刊上。在相同学科和时域范围内，以影响因子比较期刊和论文质量，具有一定的可比性，因此发表在高影响期刊上的论文也可以从一个侧面反映出一个地区的科研水平。如表 4-7 所示为 2017 年高影响国际期刊上发表论文数居前 10 位的地区。由表可知，北京在高影响国际期刊上发表的论文数和占 SCI 收录论文总数的比例都位居榜首。

表 4-7　在学科影响因子前 1/10 的期刊上发表论文数居前 10 位的地区

排名	地区	前 1/10 论文篇数	SCI 收录论文总篇数	占比
1	北京	6974	52401	13.31%
2	上海	3717	28119	13.22%
3	江苏	3628	34736	10.44%
4	广东	2745	21156	12.98%
5	湖北	2097	17697	11.85%
6	浙江	1785	16733	10.67%
7	陕西	1653	17013	9.72%
8	山东	1329	16840	7.89%
9	四川	1181	13861	8.52%
10	辽宁	1155	11839	9.76%

从城市分布看，与发表卓越国际论文较多的城市情况相似，在学科影响因子前 1/10 的期刊上发表论文数较多的城市除北京、上海和天津等直辖市外，南京、广州、武汉、

西安、杭州、成都和合肥等省会城市发表论文也较多（如表 4-8 所示）。在发表高影响国际论文数量较多的城市中，广州、合肥、北京和上海在学科前 1/10 期刊上发表的论文数占其 SCI 收录论文总数的比例较高，均在 13% 以上。

表 4-8　在学科影响因子前 1/10 的期刊上发表论文数居前 10 位的城市

排名	城市	前 1/10 论文篇数	SCI 收录论文总篇数	占比
1	北京	6974	52401	13.31%
2	上海	3717	28119	13.22%
3	南京	2293	21005	10.92%
4	广州	2158	16063	13.43%
5	武汉	2050	16456	12.46%
6	西安	1456	14819	9.83%
7	杭州	1410	11727	12.02%
8	天津	1101	9707	11.34%
9	成都	1085	11868	9.14%
10	合肥	916	6877	13.32%

4.3.2　国内论文产出分析

（1）国内论文产出较多的地区

本章所统计的国内论文数据主要来自 CSTPCD，2017 年国内论文数居前 10 位的地区与 2016 年相同，并且排名也相同。这些省（市）的论文数比 2016 年都有不同程度下降（如表 4-9 所示）。

表 4-9　2017 年中国国内论文数居前 10 位的地区

排名	地区	2016 年论文篇数	2017 年论文篇数	增长率
1	北京	66620	64986	−2.45%
2	江苏	44201	42452	−3.96%
3	上海	29534	28911	−2.11%
4	陕西	29390	27662	−5.88%
5	广东	28382	27216	−4.11%
6	湖北	25956	25188	−2.96%
7	四川	23388	22160	−5.25%
8	山东	22045	21209	−3.79%
9	辽宁	19955	18802	−5.78%
10	浙江	19445	18302	−5.88%

（2）国内论文增长较快的地区

国内论文数 3 年年均增长率居前 10 位的地区如表 4-10 所示。国内论文数增长较快的地区为西藏和青海，这 2 个省（自治区）的 3 年年均增长率均在 9% 以上。通过与表 4-2，即 2015—2017 年国际论文数增长率居前 10 位的地区的比较发现，西藏、青海、贵州、陕西、湖北、上海和北京，这 7 个省（自治区）不仅国际论文总数 3 年平均增长率居全国前 10 位，而且国内论文总数 3 年平均增长率亦是如此。这表明，2015—2017 年这 3 年间，这些地区的科研产出水平和科研产出质量都取得了快速发展。

表 4-10　2015—2017 年国内科技论文数增长率居前 10 位的地区

排名	地区	国内科技论文篇数			年均增长率
		2015 年	2016 年	2017 年	
1	西藏	258	303	321	11.54%
2	青海	1304	1463	1551	9.06%
3	贵州	5893	6377	6169	2.31%
4	山西	7642	7933	7950	2.00%
5	云南	7840	8015	8024	1.17%
6	河南	17604	17945	18008	1.14%
7	陕西	27247	29390	27662	0.76%
8	湖北	25236	25956	25188	−0.10%
9	上海	28980	29534	28911	−0.12%
10	北京	66096	66620	64986	−0.84%

注：年均增长率 = $\left(\sqrt{\dfrac{2017\text{年科技论文数}}{2015\text{年科技论文数}}} - 1 \right) \times 100\%$。

（3）中国卓越国内科技论文较多的地区

根据学术文献的传播规律，科技论文发表后会在 3 ~ 5 年的时间内形成被引用的峰值。这个时间窗口内较高质量科技论文的学术影响力会通过论文的引用水平表现出来。为了遴选学术影响力较高的论文，我们为近 5 年中国科技核心期刊收录的每篇论文计算了"累计被引时序指标"——n 指数。

n 指数的定义方法是：若一篇论文发表 n 年之内累计被引次数达到 n 次，同时在 $n+1$ 年累计被引次数不能达到 $n+1$ 次，则该论文的"累计被引时序指标"的数值为 n。

对各个年度发表在中国科技核心期刊上的论文被引次数设定一个 n 指数分界线，各年度发表的论文中，被引次数超越这一分界线的就被遴选为"卓越国内科技论文"。我们经过数据分析测算后，对近 5 年的"卓越国内科技论文"分界线定义为：论文 n 指数大于发表时间的论文是"卓越国内科技论文"。例如，论文发表 1 年之内累计被引达到 1 次的论文，n 指数为 1；发表 2 年之内累计被引超过 2 次，n 指数为 2。以此类推，发表 5 年之内累计被引达到 5 次，n 指数为 5。

按照这一统计方法，我们据近 5 年（2013 — 2017 年）的 CSTPCD 统计，共遴选出"卓越国内科技论文"143253 篇，占这 5 年 CSTPCD 收录全部论文的比例约为 5.6%，表 4-11 为 2013—2017 年中国卓越国内科技论文较多的地区。由表所见，发表卓越国内科技论文居前 10 位的地区与发表国内论文数居前 10 位的地区一致，只是排序略有不同。

表 4-11　2013—2017 年卓越国内科技论文数居前 10 位的地区

排名	地区	卓越国内论文篇数	排名	地区	卓越国内论文篇数
1	北京	27920	6	湖北	6301
2	江苏	13069	7	山东	6159
3	广东	8055	8	四川	6045
4	上海	7907	9	浙江	5826
5	陕西	7581	10	辽宁	5195

4.3.3　各地区 R&D 投入产出分析

据国家统计局全国科技经费投入统计公报中定义研究与试验发展（R&D）经费是指该统计年度内全社会实际用于基础研究、应用研究和试验发展的经费。包括实际用于 R&D 活动的人员劳务费、原材料费、固定资产购建费、管理费及其他费用支出。基础研究指为了获得关于现象和可观察事实的基本原理的新知识（揭示客观事物的本质、运动规律，获得新发展、新学说）而进行的实验性或理论性研究，它不以任何专门或特定的应用或使用为目的。应用研究指为了确定基础研究成果可能的用途，或是为达到预定的目标探索应采取的新方法（原理）或新途径而进行的创造性研究。应用研究主要针对某一特定的目的或目标。试验发展指利用从基础研究、应用研究和实际经验所获得的现有知识，为产生新的产品、材料和装置，建立新的工艺、系统和服务，以及对已产生和建立的上述各项做实质性的改进而进行的系统性工作。

2016 年，全国共投入 R&D 经费 15676.7 亿元，比 2015 年增加 1506.9 亿元，增长 10.6%；R&D 经费投入强度（R&D 经费与国内生产总值之比）为 2.11%，比 2015 年提高 0.05 个百分点。按 R&D 人员（全时当量）计算的人均经费为 40.4 万元，比 2015 年增加 2.7 万元。其中，用于基础研究的经费为 822.9 亿元，比 2015 年增长 14.9%；应用研究经费 1610.5 亿元，增长 5.4%；试验发展经费 13243.4 亿元，增长 11.1%。基础研究、应用研究和试验发展占 R&D 经费当量的比例分别为 5.2%、10.3% 和 84.5%。

从地区分布看，2016 年 R&D 经费较多的 6 个省（市）为广东、江苏、山东、北京、浙江和上海。R&D 经费投入强度（地区 R&D 经费与地区生产总值之比）达到或超过全国平均水平的地区有北京、上海、天津、江苏、广东、浙江、山东和陕西 8 个省（市）。

R&D 经费投入可以作为评价国家或地区科技投入、规模和强度的指标，同时科技论文和专利又是 R&D 经费产出的两大组成部分。充足的 R&D 经费投入可以为地区未来几年科技论文产出、发明专利活动提供良好的经费保障。

从 2015—2016 年 R&D 经费与 2017 年的科技论文和专利授权情况看（如表 4-12 所示），经费投入量较大的广东、江苏、山东、北京、浙江、上海、湖北和四川等地区，论文产出和专利授权数也居前 10 位。2015—2016 年广东在 R&D 经费投入方面超过江苏跃居全国首位，其 2017 年国际与国内论文发表总数和国内发明专利授权数分别居全国各省（市、自治区）的第 4 和第 2 位。北京在 R&D 经费投入方面落后于广东、江苏和山东，居全国第 4 位，但其 2017 年国际与国内发表论文总数和国内发明专利授权数均居全国第 1 位。

表 4-12 2017 年各地区论文数、专利数与 2015—2016 年 R&D 经费比较

地区	2017 年国际与国内发表论文情况		2017 年国内发明专利授权数情况		R&D 经费			
	篇数	排名	件数	排名	2015 年 / 亿元	2016 年 / 亿元	2015—2016 年合计 / 亿元	排名
北京	133088	1	46091	1	1384	1484.6	2868.6	4
天津	24890	13	5844	16	510.2	537.3	1047.5	9
河北	21392	14	4927	18	350.9	383.4	734.3	16
山西	12015	21	2382	21	132.5	132.6	265.1	22
内蒙古	5834	27	848	27	136.1	147.5	283.6	20
辽宁	32172	10	7708	14	363.4	372.7	736.1	15
吉林	17665	18	3057	20	141.4	139.7	281.1	21
黑龙江	20192	17	4947	17	157.7	152.5	310.2	19
上海	62652	3	20681	5	936.1	1049.3	1985.4	6
江苏	83250	2	41518	3	1801.2	2026.9	3828.1	2
浙江	37951	9	28742	4	1011.2	1130.6	2141.8	5
安徽	21332	15	12440	7	431.8	475.1	906.9	11
福建	16787	19	8718	11	392.9	454.3	847.2	13
江西	11182	24	2238	23	173.2	207.3	380.5	18
山东	40468	7	19090	6	1427.2	1566.1	2993.3	3
河南	27304	11	7914	12	435	494.2	929.2	10
湖北	46930	5	10880	9	561.7	600	1161.7	7
湖南	25782	12	7909	13	412.7	468.8	881.5	12
广东	52004	4	45740	2	1798.2	2035.1	3833.3	1
广西	11228	23	4553	19	105.9	117.7	223.6	24
海南	4080	28	373	29	17	21.7	38.7	29
重庆	20455	16	6138	15	247	302.2	549.2	17
四川	38362	8	11367	8	502.9	561.4	1064.3	8
贵州	8042	26	1875	24	62.3	73.4	135.7	26
云南	11830	22	2259	22	109.4	132.8	242.2	23
西藏	389	31	42	31	3.1	2.2	5.3	31
陕西	46828	6	8774	10	393.2	419.6	812.8	14
甘肃	12678	20	1340	25	82.7	87	169.7	25
青海	1967	30	240	30	11.6	14	25.6	30
宁夏	2434	29	657	28	25.5	29.9	55.4	28
新疆	10021	25	950	26	52	56.6	108.6	27

注：1. "国际论文"指 SCI 收录的中国科技人员发表的论文。

2. "国内论文"指中国科学技术信息研究所研制的 CSTPCD 收录的论文。

3. 专利数据来源：2017 年国家知识产权局统计数据。

4. R&D 经费数据来源：2015 年和 2016 年全国科技经费投入统计公报。

图 4-1 为 2017 年中国各地区的 R&D 经费投入及论文和专利产出情况。由图中不难看出，目前中国各地区的论文产出水平和专利产出水平仍存在较大差距。论文总数显著高过发明专利数，反映出专利产出能力依旧薄弱的状况。加强中国专利的生产能力是需要我们重视的问题。此外，一些省（市）R&D 经费投入虽然不是很大，但相对的科技产出量还是较大的，如安徽和陕西这两个地区的投入量分别排在第 11 与第 14 位，但专利授权数分别排在第 7 和第 10 位。

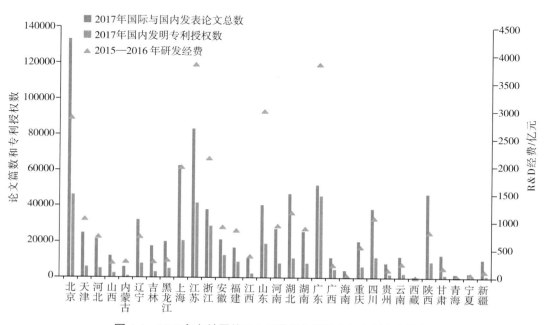

图 4-1　2017 年各地区的 R&D 经费投入及论文与专利产出情况

4.3.4　各地区科研产出结构分析

（1）国际国内论文比

国际国内论文比是某地区当年的国际论文总数除以该地区的国内论文数，该比值能在一定程度上反映该地区的国际交流能力及影响力。

2017 年中国国际国内论文比居前 10 位的地区大部分与 2016 年的相同，如表 4-13 所示。总体上，这 10 个地区的国际国内论文比都大于 1，表明这 10 个地区的国际论文产量均超过了国内论文。与 2016 年中国国际国内论文比居前 10 位的地区情况不同的是，2017 年福建取代安徽进入排名的前 10 位。国际国内论文比大于 1 的地区还有安徽、湖北、广东、陕西、辽宁、重庆和四川。国际国内论文比较小的地区为西藏、宁夏、新疆、青海、海南和贵州这几个边远的省（自治区），这些地区的国际国内论文比都低于 0.40。

表 4-13 2017 年各地区中国国际国内论文比情况

排名	地区	国际论文总篇数	国内论文总篇数	国际国内论文比
1	吉林	14487	8012	1.81
2	上海	49142	28911	1.70
3	黑龙江	17901	10840	1.65
4	湖南	21038	13080	1.61
5	北京	102763	64986	1.58
6	浙江	28417	18302	1.55
7	江苏	63029	42452	1.48
8	天津	18857	13364	1.41
9	福建	11812	8452	1.40
10	山东	29493	21209	1.39
11	安徽	16226	11751	1.38
12	湖北	33454	25188	1.33
13	广东	36061	27216	1.32
14	陕西	36347	27662	1.31
15	辽宁	23586	18802	1.25
16	重庆	13843	11257	1.23
17	四川	26466	22160	1.19
18	江西	6496	6614	0.98
19	甘肃	7437	7695	0.97
20	山西	6200	7950	0.78
21	河南	13512	18008	0.75
22	云南	5250	8024	0.65
23	广西	4476	8069	0.55
24	河北	8782	16491	0.53
25	内蒙古	2046	4524	0.45
26	贵州	2494	6169	0.40
27	海南	1155	3147	0.37
28	青海	551	1551	0.36
29	新疆	2725	7878	0.35
30	宁夏	599	1979	0.30
31	西藏	64	321	0.20

（2）国际权威期刊载文分析

SCIENCE、*NATURE* 和 *CELL* 是国际公认的 3 个享有最高学术声誉的科技期刊。发表在三大名刊上的论文，往往都是经过世界范围内知名专家层层审读、反复修改而成的高质量、高水平的论文。2017 年以上 3 种期刊共刊登论文 5823 篇，比 2016 年减少了 182 篇。其中，中国论文为 311 篇，论文数增加了 13 篇，排在世界第 4 位，与 2016 年相比排名上升了 1 位。美国仍然排在首位，论文数为 2529 篇。英国和德国分列第 2 和第 3 位，排在中国之前。若仅统计 Article 和 Review 两种类型的论文，则中国论文数为

272 篇，仍排在世界第 4 位。

如表 4-14 所示，按第一作者地址统计，2017 年中国内地第一作者在三大名刊上发表的论文（文献类型只统计了 Article 和 Review）共 96 篇，其中在 *NATURE* 上发表 39 篇，*SCIENCE* 上发表 36 篇，*CELL* 上发表 21 篇。这 96 篇论文中，北京以发表 45 篇排名居第 1 位；上海以发表 19 篇排名居第 2 位；合肥以发表 5 篇排名居第 3 位；南京以发表 4 篇排名居第 4 位；深圳以发表 3 篇排名居第 5 位；沈阳、杭州、天津、广州和厦门均发表 2 篇，并列第 6 位；其他城市均只有一个机构发表了 1 篇论文。

表 4-14　2017 年中国内地第一作者发表在三大名刊上的论文城市分布

城市	机构总数	论文总篇数	城市	机构总数	论文总篇数
北京	13	45	西安	1	1
上海	9	19	济南	1	1
合肥	1	5	长沙	1	1
南京	3	4	成都	1	1
深圳	3	3	武汉	1	1
沈阳	1	2	哈尔滨	1	1
杭州	1	2	青岛	1	1
天津	1	2	锦州	1	1
广州	2	2	重庆	1	1
厦门	1	2	昆明	1	1

注：　"机构总数"指在 *SCIENCE*、*NATURE* 和 *CELL* 上发表的论文第一作者单位属于该地区的机构总数。

4.4　讨论

2017 年中国科技人员共发表国际论文 604709 篇。北京、江苏、上海、陕西、广东和湖北仍为产出国际论文数居前 6 位的地区；从论文被引情况看，这 6 个地区的论文被引次数也是排名居前 10 位的地区。青海、贵州和西藏等偏远地区由于论文基数较小，3 年国际论文总数平均增长速度较快。广东、山东和陕西是论文数排名居前 10 位、增速排名也居前 10 位的地区。

2017 年中国科技人员共发表国内论文 472120 篇。北京、江苏、上海、陕西、广东、湖北、四川、山东、辽宁和浙江仍是国内论文高产地区，情况与 2016 年相似。西藏、青海、贵州和陕西等省（自治区）3 年国内论文总数平均增长率位居全国前列，是 2017 年国内论文快速发展地区。

与 2014—2015 年度统计结果相似，2015—2016 年 R&D 经费投入量较大的有广东、江苏、山东、北京和浙江等地区，这几个地区 2017 年发表的科技论文总数和专利授权数也较多。北京 R&D 经费投入排名居全国第 4 位，但其国际与国内发表论文总数和国内发明专利授权数均居全国第 1 位。

国际论文产量在所有科技论文中所占比例越来越大，国际论文数量超过国内论文数量的省（市）已达 18 个。2017 年中国内地第一作者在三大名刊上发表的论文共 96 篇，分属 19 个城市。其中，北京和上海发表的三大名刊论文数最多。

参考文献

[1] 中国科学技术信息研究所 . 2016 年度中国科技论文统计与分析（年度研究报告）[M]. 北京：科学技术文献出版社，2018: 22−34.

[2] 中国科学技术信息研究所 . 2015 年度中国科技论文统计与分析（年度研究报告）[M]. 北京：科学技术文献出版社，2017: 23−36.

[3] 国家知识产权局 . http://www.sipo.gov.cn/tjxx/.

5　中国科技论文的机构分布情况

5.1　引言

科技论文作为科技活动产出的一种重要形式，能够在很大程度上反映科研机构的研究活跃度和影响力，是评估科研机构科技实力和运行绩效的重要依据。为全面系统地考察 2017 年中国科研机构的整体发展状况及发展趋势，本章从国际上 3 个重要的检索系统（SCI、Ei、CPCI-S）和国内数据库（CSTPCD）出发，从发文量、总被引次数、学科分布等多角度分析了 2017 年中国不同类型科研机构的论文发表状况。

5.2　数据与方法

数据采集自 SCI、Ei、CPCI-S 三大国际检索系统及 CSTPCD 国内数据库。从以上数据库分别采集"地址"字段中含有"中国"的论文数据。

SCI 数据是基于 Article 和 Review 两类文献进行统计，CSTPCD 数据是基于论著、综述、研究快报和工业工程设计四类文献进行统计。还需指出的是，机构类型由二级单位性质决定，如高等院校附属医院归类于医疗机构。

下载的数据通过自编程序导入到数据库 Foxpro 中。尽管这些数据库整体数据质量都不错，但还是存在不少不完全、不一致甚至是错误的现象，在统计分析之前，必须对数据进行清洗规范。本章所涉及的数据处理主要包括：

①分离出论文的第一作者及第一作者单位。

②作者单位不同写法标准化处理。例如，把单位的中文写法、英文写法、新旧名、不同缩写形式等采用程序结合人工方式统一编码处理。

③单位类型编码。采用机器结合人工方式给单位类型编码。

本章主要采用的方法有文献计量法、文献调研法、数据可视化分析等。为更好地反映中国科研机构研究状况，基于文献计量法思想，我们设计了发文量、总被引次数、篇均被引次数、未被引率等指标。

5.3　研究分析与结论

5.3.1　各机构类型 2017 年发表论文情况分析

2017 年 SCI、CPCI-S、Ei 和 CSTPCD 收录中国科技论文的机构类型分布如表 5-1 所示。由表 5-1 可以看出，不论是国际论文（SCI、CPCI-S、Ei）还是国内论文（CSTPCD），高等院校都是中国科技论文产出的主要贡献者，这主要还是因为高等院校一般都有鼓励发表国际论文的科研奖励政策。不过与国际论文份额相比，高等院校的国内论文份额相对较低，为 48.92%。研究机构发表国内论文占比 12.08%，SCI 占比 11.13%，CPCI-S

占比 11.32%，Ei 占比 9.77%，占比较为接近。医疗机构发表国内论文占比较高，达到 30.41%。

表 5-1　2017 年 SCI、CPCI-S、Ei、CSTPCD 收录中国科技论文的机构类型分布

机构类型	SCI		CPCI-S		Ei		CSTPCD		合计	
	论文篇数	占比	论文篇数	占比	论文篇数	占比	论文篇数	占比	论文篇数	占比
高等院校	225550	72.77%	52289	78.51%	185063	89.03%	230963	48.92%	693865	65.67%
研究机构	34498	11.13%	7543	11.32%	20314	9.77%	57048	12.08%	119403	11.30%
医疗机构	47697	15.39%	2748	4.13%	405	0.19%	143586	30.41%	194436	18.40%
企业	1854	0.60%	4011	6.02%	1115	0.54%	22841	4.84%	29821	2.82%
其他	359	0.12%	14	0.02%	969	0.47%	17682	3.75%	19024	1.80%
总计	309958	100.0%	66605	100.00%	207866	100.00%	472120	100.00%	1056549	100.00%

5.3.2　各机构类型被引情况分析

论文的被引情况可以大致反映论文的质量。表 5-2 为 2008—2017 年 SCI 收录的中国科技论文累计被引情况。由表 5-2 可以看出，中国科技论文的篇均被引次数为 11.00 次，未被引论文占比为 19.37%。从篇均被引次数来看，研究机构发表论文的篇均被引次数最高，为 15.05，高于平均水平 11.00。除高等院校（11.16 次）略高外，其他类型机构发表论文的篇均被引次数均低于平均水平，分别为医疗机构的 6.19 次和企业的 5.86 次。从未被引论文占比来看，研究机构发表的论文中未被引论文占比最低，为 14.38%，其次为高等院校的 18.28%，这两者都低于平均水平。高于平均水平的为企业的 34.47% 和医疗机构的 30.39%。

表 5-2　SCI 收录中国科技论文的各机构类型被引情况

机构类型	发文篇数	未被引论文篇数	总被引次数	篇均被引次数	未被引论文占比
高等院校	1420218	259562	15846288	11.16	18.28%
研究机构	236924	34070	3565306	15.05	14.38%
医疗机构	238718	72555	1477004	6.19	30.39%
企业	6921	2386	40533	5.89	34.47%
总计	1902781	368573	20929131	11.00	19.37%

数据来源：2008—2017 年 SCI 收录的中国科技论文。

5.3.3　各机构类型发表论文学科分布分析

表 5-3 为 CSTPCD 收录的各机构类型发表论文占比居前 10 位的学科。由表中可以

看出，在高等院校发表论文中，数学，管理学，信息、系统科学，力学，计算技术，材料科学，物理学，工程与技术基础学科，动力与电气，机械、仪表等学科论文占比较高，均超过了75%，其中数学和管理学超过了90%。从学科性质看，高等院校是基础科学等理论性研究的绝对主体。在研究机构发表的论文中，天文学，核科学技术，水产学，农学，航空航天，林学，地学，能源科学技术，预防医学与卫生学和畜牧、兽医等偏工程技术方面的应用性研究学科占比较多。在医疗机构发表论文中，学科占比居前10位的为临床医学，军事医学与特种医学，药物学，基础医学，中医学，预防医学与卫生学，生物学，核科学技术，畜牧兽医，化学等。值得注意的是，其中有管理学和生物学，查看其详细论文列表可以发现，管理学中多为医学管理方面论文，生物学中多是分子生物学等与医学关系密切的学科。在企业发表的论文中，学科占比居前10位的学科为矿业工程技术，能源科学技术，交通运输，轻工、纺织，冶金、金属学，化工，核科学技术，土木建筑，动力与电气，电子、通信与自动控制。

表 5-3　CSTPCD 收录的各机构类型发表论文占比居前 10 位的学科分布

高等院校		研究机构		医疗机构		企业	
学科	占比	学科	占比	学科	占比	学科	占比
数学	97.57%	天文学	44.91%	临床医学	85.27%	矿业工程技术	30.14%
管理学	95.63%	核科学技术	39.66%	军事医学与特种医学	71.43%	能源科学技术	23.88%
信息、系统科学	89.58%	水产学	35.21%	药物学	51.79%	交通运输	20.51%
力学	85.43%	农学	34.37%	基础医学	51.09%	轻工、纺织	18.46%
计算技术	84.16%	航空航天	28.62%	中医学	45.53%	冶金、金属学	16.69%
材料科学	81.84%	林学	28.08%	预防医学与卫生学	37.54%	化工	15.44%
物理学	78.85%	地学	27.34%	生物学	6.79%	核科学技术	13.62%
工程与技术基础学科	77.06%	能源科学技术	26.88%	核科学技术	1.55%	土木建筑	12.80%
动力与电气	76.79%	预防医学与卫生学	24.67%	畜牧、兽医	0.99%	动力与电气	11.88%
机械、仪表	75.57%	畜牧、兽医	23.33%	化学	0.93%	电子、通信与自动控制	10.13%

5.3.4　SCI、CPCI-S、Ei 和 CSTPCD 发表论文较多的高等院校

由表 5-4 可以看出，2017 年 SCI 收录中国论文数居前 10 位的高等院校论文总数 49636 篇，占收录的所有高等院校论文数的 22.01%；Ei 收录论文数居前 10 位的高等院校论文总数 34900 篇，占收录的所有高等院校论文数的 18.86%；CPCI-S 收录论文数居前 10 位的高等院校论文总数 12308 篇，占收录的所有高等院校论文数的 23.54%；CSTPCD 收录论文数居前 10 位的高等院校论文总数 39585 篇，占收录的所有高等院校论文数的 17.14%。这说明中国高等院校发文集中在少数高等院校，并且国际论文集中度高于国内论文。

表 5-4　2017 年 SCI、Ei、CPCI-S 和 CSTPCD 收录的高等院校 TOP 10 论文占比

SCI			Ei			CPCI-S			CSTPCD		
TOP 10	总篇数	占比	TOP 10	总篇数	占比	TOP 10	总篇数	占比	TOP 10	总篇数	占比
49636	225550	22.01%	34900	185063	18.86%	12308	52289	23.54%	39585	230963	17.14%

　　表 5-5 列出了 2017 年 SCI、CPCI-S、Ei 和 CSTPCD 收录论文数居前 10 位的高等院校。4 个列表均进入前 10 位的高等院校有：上海交通大学和浙江大学。进入 3 个列表的高等院校有：西安交通大学、华中科技大学、清华大学和北京大学。进入 2 个列表的高等院校有：北京航空航天大学、复旦大学、中南大学、哈尔滨工业大学、四川大学和吉林大学。只进入 1 个列表的高等院校有：中山大学、电子科技大学、国防科技大学、北京理工大学、华南理工大学、天津大学、首都医科大学和武汉大学。应该指出的是，我们不能简单地认为 4 个列表均进入前 10 位的学校就比只进入 2 个或 1 个列表前 10 位的学校要好。但是，进入前 10 位列表越多，大致可以说明该机构学科发展的覆盖程度和均衡程度较好。

　　由表 5-5 还可以看出，在被收录论文数居前 10 位的高等院校中，被收录的国际论文数已经超出了国内论文数。这说明中国较好高等院校的科研人员倾向在国际期刊、国际会议上发表论文。

表 5-5　2017 年 SCI、Ei、CPCI-S 和 CSTPCD 收录论文数居前 10 位的高等院校

排名	SCI 高等院校（论文篇数）	Ei 高等院校（论文篇数）	CPCI-S 高等院校（论文篇数）	CSTPCD 高等院校(论文篇数)
1	上海交通大学（6912）	清华大学（4990）	清华大学（1820）	首都医科大学（6058）
2	浙江大学（6620）	浙江大学（4039）	北京航空航天大学（1451）	上海交通大学（5798）
3	清华大学（5370）	哈尔滨工业大学（3999）	哈尔滨工业大学（1428）	北京大学（4428）
4	华中科技大学（4702）	上海交通大学（3570）	上海交通大学（1379）	武汉大学（4057）
5	四川大学（4606）	天津大学（3531）	西安交通大学（1099）	四川大学（3969）
6	北京大学（4602）	北京航空航天大学（3204）	国防科技大学（1085）	复旦大学（3119）
7	西安交通大学（4305）	西安交通大学（3163）	电子科技大学（1051）	华中科技大学（3098）
8	吉林大学（4214）	华南理工大学（2962）	浙江大学（1032）	中南大学（3057）
9	复旦大学（4172）	华中科技大学（2764）	北京理工大学（982）	吉林大学（3029）
10	中山大学（4133）	中南大学（2678）	北京大学（981）	浙江大学（2972）

注：按第一作者第一单位统计。

5.3.5　SCI、Ei、CPCI-S 和 CSTPCD 收录论文较多的研究机构

由表 5-6 可以看出，2017 年 SCI 收录中国论文居前 10 位的研究机构论文总数 5856 篇，占收录的所有研究机构论文数的 16.97%；Ei 收录中国论文居前 10 位的研究机构论文总数 4831 篇，占收录的所有研究机构论文数的 23.78%；CPCI-S 收录中国论文居前 10 位的研究机构论文总数 1230 篇，占收录的所有研究机构论文数的 16.31%；CSTPCD 收录中国论文居前 10 位的研究机构论文总数 6379 篇，占收录的所有研究机构论文数的 11.18%。与高等院校情况类似，中国研究机构被收录的论文也较为集中，并且国际论文集中度高于国内论文。与 TOP 10 高等院校被收录论文占比相比，TOP 10 研究机构 Ei 收录的论文占比要高，而被 SCI、CPCI-S 和 CSTPCD 收录论文的占比要低。说明研究机构在 SCI、CPCI-S 和国内论文中的集中度低于高等院校，而在 Ei 中的集中度高于高等院校。

表 5-6　2017 年 SCI、Ei、CPCI-S 和 CSTPCD 收录的研究机构 TOP 10 论文占比

SCI			Ei			CPCI-S			CSTPCD		
TOP 10	总篇数	占比	TOP 10	总篇数	占比	TOP 10	总篇数	占比	TOP 10	总篇数	占比
5856	34498	16.97%	4831	20314	23.78%	1230	7543	16.31%	6379	57048	11.18%

表 5-7 列出了 2017 年 SCI、CPCI-S、Ei 和 CSTPCD 收录论文居前 10 位的研究机构。中国工程物理研究院是唯一进入 4 个列表前 10 位的研究机构。中国科学院合肥物质科学研究院是唯一进入 3 个列表前 10 位的研究机构。进入 2 个列表前 10 位的研究机构有：中国科学院长春应用化学研究所、中国科学院化学研究所、中国科学院生态环境研究中心、中国科学院大连化学物理研究所、中国科学院地理科学与资源研究所和中国科学院金属研究所。只进入 1 个列表前 10 位的研究机构有：中国科学院自动化研究所、中国科学院信息工程研究所、中国科学院物理研究所、中国疾病预防控制中心、中国科学院长春光学精密机械与物理研究所、上海核工程研究设计院、中国医学科学院肿瘤研究所、中国科学院计算技术研究所、中国科学院西安光学精密机械研究所、中国热带农业科学院、中国科学院遥感与数字地球研究所、中国水产科学研究院、中国科学院地质与地球物理研究所、江苏省农业科学院、中国林业科学研究院、中国科学院沈阳自动化研究所、中国科学院过程工程研究所、军事医学科学院、中国中医科学院、中国科学院上海硅酸盐研究所和中国科学院深圳先进技术研究院。

由表 5-7 可以看出，在被收录论文数靠前的研究机构中，被收录的国际论文数也超过了国内科技论文数，但程度要比高等院校弱一些。

表 5-7　2017 年 SCI、CPCI-S、Ei 和 CSTPCD 收录论文居前 10 位的研究机构

排名	SCI 研究机构（论文篇数）	Ei 研究机构（论文篇数）	CPCI-S 研究机构（论文篇数）	CSTPCD 研究机构（论文篇数）
1	中国工程物理研究院（818）	中国工程物理研究院（729）	中国工程物理研究院（182）	中国中医科学院（1420）

续表

排名	SCI 研究机构（论文篇数）	Ei 研究机构（论文篇数）	CPCI-S 研究机构（论文篇数）	CSTPCD 研究机构（论文篇数）
2	中国科学院合肥物质科学研究院（742）	中国科学院合肥物质科学研究院（695）	中国科学院自动化研究所（168）	中国疾病预防控制中心（784）
3	中国科学院长春应用化学研究所（677）	中国科学院长春应用化学研究所（510）	中国科学院深圳先进技术研究院（158）	中国林业科学研究院（709）
4	中国科学院化学研究所（667）	中国科学院化学研究所（488）	中国科学院信息工程研究所（121）	中国水产科学研究院（621）
5	中国科学院大连化学物理研究所（548）	中国科学院大连化学物理研究所（454）	上海核工程研究设计院（113）	中国热带农业科学院（562）
6	中国科学院生态环境研究中心（543）	中国科学院金属研究所（419）	中国科学院西安光学精密机械研究所（105）	中国工程物理研究院（554）
7	中国科学院地理科学与资源研究所（512）	中国科学院长春光学精密机械与物理研究所（419）	中国科学院计算技术研究所（99）	军事医学科学院（484）
8	中国科学院物理研究所（457）	中国科学院上海硅酸盐研究所（382）	中国科学院合肥物质科学研究院（95）	中国科学院地理科学与资源研究所（439）
9	中国科学院地质与地球物理研究所（456）	中国科学院过程工程研究所（368）	中国科学院遥感与数字地球研究所（95）	江苏省农业科学院（425）
10	中国科学院金属研究所（436）	中国科学院生态环境研究中心（367）	中国科学院沈阳自动化研究所（94）	中国医学科学院肿瘤研究所（381）

注：按第一作者第一单位统计。

5.3.6　SCI、CPCI-S 和 CSTPCD 发表论文较多的医疗机构

由表 5-8 可以看出，2017 年 SCI 收录的中国论文居前 10 位的医疗机构论文总数 7083 篇，占收录的所有医疗机构论文数的 14.85%；CPCI-S 收录的中国论文居前 10 位的医疗机构论文总数 697 篇，占收录的所有研究机构论文数的 25.36%；CSTPCD 收录的中国论文居前 10 位的医疗机构论文总数 11344 篇，占收录的所有医疗机构论文数的 7.90%。与高等院校、研究机构情况类似的是，中国医疗机构国际论文集中度高于国内论文。其中，被 CPCI-S 收录的 TOP 10 医疗机构的论文占比最高，为 25.36%。国内论文中收录的论文居前 10 位的医疗机构论文占医疗机构论文总数的 7.90%，与高等院校的 17.14% 和研究机构的 11.18% 相比差距较大。

表 5-8　2017 年 SCI、CPCI-S 和 CSTPCD 收录的医疗机构 TOP 10 论文占比

SCI			CPCI-S			CSTPCD		
TOP 10 篇数	总篇数	占比	TOP 10 篇数	总篇数	占比	TOP 10 篇数	总篇数	占比
7083	47697	14.85%	697	2748	25.36%	11344	143586	7.90%

表 5-9 列出了 2017 年 SCI、CPCI-S 和 CSTPCD 收录的论文居前 10 位的医疗机构。3 个列表均进入前 10 位的医疗机构有 2 个：解放军总医院和四川大学华西医院。2 个列表均进入前 10 位的医疗机构有 6 个：华中科技大学同济医学院附属同济医院、郑州大学第一附属医院、北京协和医院、第四军医大学西京医院、复旦大学附属中山医院和江苏省人民医院。只进入 1 个列表前 10 位的有：吉林大学白求恩第三医院、武汉大学人民医院、北京大学人民医院、中南大学湘雅医院、浙江大学第一附属医院、哈尔滨医科大学附属第一医院、中国医科大学附属盛京医院、上海交通大学医学院附属第九人民医院、中山大学附属第三医院·粤东医院、中山大学附属第一医院、北京大学第一医院和山东省肿瘤医院。与高等院校和研究机构不同，被收录的论文数居前的医疗机构一般国际论文要少于国内论文。

表 5-9　2017 年 SCI、CPCI-S 和 CSTPCD 收录的论文居前 10 位的医疗机构

排名	SCI	CPCI-S	CSTPCD
1	四川大学华西医院（1453）	中山大学附属第一医院（103）	解放军总医院（1711）
2	解放军总医院（879）	四川大学华西医院（98）	四川大学华西医院（1611）
3	浙江大学第一附属医院（632）	北京大学人民医院（90）	北京协和医院（1418）
4	北京协和医院（631）	中山大学附属第三医院·粤东医院（73）	武汉大学人民医院（1282）
5	中南大学湘雅医院（626）	山东省肿瘤医院（63）	中国医科大学附属盛京医院（1114）
6	郑州大学第一附属医院（613）	北京大学第一医院（61）	郑州大学第一附属医院（990）
7	华中科技大学同济医学院附属同济医院（583）	第四军医大学西京医院（59）	华中科技大学同济医学院附属同济医院（824）
8	复旦大学附属中山医院（575）	复旦大学附属中山医院（52）	第四军医大学西京医院（819）
9	江苏省人民医院（548）	解放军总医院（49）	哈尔滨医科大学附属第一医院（793）
10	上海交通大学医学院附属第九人民医院（543）	吉林大学白求恩第三医院（49）	江苏省人民医院（782）

5.4　讨论

从国内外 4 个重要检索系统收录的 2017 年中国科技论文的机构分布情况可以看出，高等院校是国际论文（SCI、Ei、CPCI-S）发表的绝对主体，平均占比约 80.10%，在国内论文发表上占据 48.92%，将近一半。医疗机构是国内论文发表的重要力量，占 30.41%，但它的国际论文占比要小得多。研究机构的国内论文发表占比则高于国际论文。

从篇均被引次数和未被引率来看，研究机构发表论文的总体质量相对是最高的，其

次为高等院校。

从学科性质看，高等院校是基础科学等理论性研究的绝对主体；研究机构在应用性研究学科方面相对活跃；医疗机构是医学领域研究的重要力量；企业在能源科学技术，交通运输，轻工、纺织，冶金、金属学和化工等领域相对活跃。

中国高等院校发文集中度高，并且国际论文集中度高于国内论文的集中度。中国研究机构发文集中度也高，国际论文集中度高于国内论文的集中度。研究机构的 Ei 国际论文集中度要高于高等院校，而 SCI、CPCI–S 和国内论文的集中度要低于高等院校。医疗机构国内论文集中度远远低于高等院校和研究机构。

在被收录论文数居前的高等院校中，国际论文数已经超出了国内论文。在被收录论文数居前的研究机构中，国际论文数也超出了国内论文，但程度要比高等院校弱一些。与高等院校和研究机构不同，被收录论文数居前的医疗机构一般国际论文要少于国内论文。

参考文献

[1] 中国科学技术信息研究所.2015 年度中国科技论文统计与分析（年度研究报告）[M]. 北京：科学技术文献出版社，2017.

[2] 中国科学技术信息研究所.2016 年度中国科技论文统计与分析（年度研究报告）[M]. 北京：科学技术文献出版社，2018.

6 中国科技论文被引情况分析

6.1 引言

论文是科研工作产出的重要体现。对科技论文的评价方式主要有 3 种：基于同行评议的定性评价、基于科学计量学指标的定量评价及二者相结合的评价方式。虽然对具体的评价方法存在诸多争议，但被引情况仍不失为重要的参考指标。在《自然》(*NATURE*)的一项关于计量指标的调查中，当允许被调查者自行设计评价的计量指标时，排在第 1 位的是在高影响因子的期刊上所发表的论文数量，被引情况排在第 3 位。

分析研究中国科技论文的国际、国内被引情况，可以从一个侧面揭示中国科技论文的影响，为管理决策部门和科研工作提供数据支撑。

6.2 数据与方法

本章在进行被引情况国际比较时，采用的是科睿唯安 (Clarivate Analytics) 出版的 ESI 数据。ESI 数据包括第一作者单位和非第一作者单位的数据统计。具体分析地区、学科和机构等分布情况时采用的数据有：2008—2017 年 SCI 收录的中国科技人员作为第一作者的论文累计被引数据；1988—2017 年 CSTPCD 收录的论文在 2017 年度被引数据。

6.3 研究分析与结论

6.3.1 国际比较

（1）总体情况

《国家中长期科学和技术发展规划纲要（2006—2020 年）》指出，到 2020 年，中国国际科学论文被引数进入世界前 5 位。由表 6-1 可以看出，中国（含香港和澳门）国际论文被引次数排名逐年提高，从 1996—2006 年的第 13 位上升到 2008—2018 年的第 2 位，提前完成了纲要目标。

表 6-1　中国各十年段科技论文被引次数世界排名变化

时间段	1996—2006 年	1997—2007 年	1998—2008 年	1999—2009 年	2000—2010 年	2001—2011 年	2002—2012 年	2003—2013 年	2004—2014 年	2005—2015 年	2006—2016 年	2007—2017 年	2008—2018 年
世界排名	13	13	10	9	8	7	6	5	4	4	4	2	2

注：按 ESI 数据库统计，检索时间 2018 年 10 月。

2008—2018 年（截至 2018 年 10 月）中国科技人员共发表国际论文 227.22 万篇，继续排在世界第 2 位，比 2017 年统计时增加了 10.4%；论文共被引 2272.40 万次，增加了 17.4%，排在世界第 2 位（如表 6-2 所示）。中国平均每篇论文被引 10.00 次，比 2017 年度统计时的 9.40 次提高了 6.4%。世界平均值为 12.61 次，中国平均每篇论文被引次数虽与世界水平还有一定的差距，但提升速度相对较快。

以 SCI 收录论文统计，在 2008—2018 年发表科技论文 20 万篇以上的国家（地区）共有 22 个，按平均每篇论文被引次数排序，中国排在第 16 位。每篇论文被引次数大于世界平均值（12.61 次）的国家有 13 个。瑞士、荷兰、英国、比利时、美国、瑞典、德国、加拿大、法国、澳大利亚和意大利的论文篇均被引次数超过 15 次。

表 6-2　2008—2018 年发表科技论文数 20 万篇以上的国家（地区）论文数及被引情况

国家（地区）	论文数		被引情况		篇均被引情况	
	篇数	排名	次数	排名	次数	排名
美国	3922346	1	70130397	1	17.88	5
中国	2272222	2	22723995	2	10.00	16
英国	1239412	3	21794333	3	18.39	3
德国	1042716	4	17452258	4	16.74	7
法国	728211	6	11707974	5	16.08	9
加拿大	649786	7	10809115	6	16.63	8
日本	820886	5	10064483	7	12.26	13
意大利	633688	8	9649571	8	15.23	11
澳大利亚	545752	11	8474129	9	15.53	10
西班牙	549582	10	7907313	10	14.39	12
荷兰	379242	14	7566912	11	19.95	2
瑞士	280369	16	5884932	12	20.99	1
韩国	521368	12	5491701	13	10.53	15
印度	559822	9	4925388	14	8.80	18
瑞典	252797	20	4474392	15	17.70	6
比利时	208838	22	3782846	16	18.11	4
巴西	409878	13	3454699	17	8.43	19
中国台湾	270174	17	2898369	18	10.73	14
波兰	249385	21	2198772	22	8.82	17
俄罗斯	327019	15	2128475	25	6.51	22
伊朗	261703	19	1964969	28	7.51	20
土耳其	267377	18	1912240	29	7.15	21

注：1. 按 ESI 数据库统计，检索时间 2018 年 9 月。
　　2. 中国数据包括中国香港和澳门。

（2）学科比较

表 6-3 列出了 2008—2018 年中国各学科产出论文被引情况。分析各学科论文数量、被引次数及其占世界的比例，中国有 5 个学科产出论文的比例超过世界该学科论文的

20%。其中，材料科学论文的被引次数排在世界第 1 位，农业科学、化学、计算机科学、工程技术、环境与生态学、地学、数学、药学与毒物学、物理学和植物学与动物学 10个领域论文的被引次数排在世界第 2 位，生物与生物化学和综合类排在世界第 3 位，分子生物学与遗传学排在世界第 4 位，微生物学排在世界第 5 位。与 2017 年度统计相比，有 8 个学科领域的论文被引次数排名有所上升。

表 6-3　2008—2018 年中国各学科产出论文与世界平均水平比较

学科	论文情况		被引情况				篇均被引次数	相对影响
	论文篇数	占世界比例	次数	占世界比例	世界排名	排名变化		
农业科学	53894	13.06%	466759	13.01%	2	—	8.66	1.00
生物与生物化学	107796	14.73%	1165956	9.58%	3	↑1	10.82	0.65
化学	426823	25.30%	5831765	23.56%	2	—	13.66	0.93
临床医学	239767	8.90%	2081645	6.06%	8	↑2	8.68	0.68
计算机科学	75686	21.53%	461116	19.98%	2	—	6.09	0.93
经济贸易	14391	5.33%	86869	3.91%	9	—	6.04	0.73
工程技术	275312	22.21%	1991762	21.16%	2	—	7.23	0.95
环境与生态学	72607	15.46%	727591	12.08%	2	—	10.02	0.78
地学	80366	18.07%	824521	15.01%	2	↑1	10.26	0.83
免疫学	21045	8.28%	242659	5.09%	11	—	11.53	0.61
材料科学	254200	31.41%	3032862	30.58%	1	—	11.93	0.97
数学	83165	19.78%	356043	19.50%	2	—	4.28	0.99
微生物学	25586	12.60%	229289	7.47%	5	—	8.96	0.59
分子生物学与遗传学	76243	16.52%	940742	8.63%	4	↑2	12.34	0.52
综合类	2960	14.13%	40122	12.86%	3	—	13.55	0.91
神经科学与行为学	41750	8.23%	442306	4.88%	9	↑1	10.59	0.59
药学与毒物学	61233	15.50%	574539	11.47%	2	—	9.38	0.74
物理学	237003	21.47%	2167390	17.19%	2	—	9.14	0.80
植物学与动物学	75626	10.43%	653467	9.74%	2	↑2	8.64	0.93
精神病学与心理学	10659	2.66%	80634	1.66%	14	↑1	7.56	0.62
空间科学	13457	9.18%	169071	6.45%	13	—	12.56	0.70
社会科学	22653	2.51%	156887	2.55%	9	↑2	6.93	1.02

注：1. 统计时间截至 2018 年 10 月。

　　2. "↑2" 的含义是：与上年度统计相比，位次上升了 2 位；"—" 表示位次未变。

　　3. 相对影响：中国篇均被引次数与该学科世界平均值的比值。

（3）高被引论文

中国各学科论文在 2008—2018 年被引次数进入世界前 1% 的高被引论文为 24825 篇，比 2017 年统计时增长 23.3%，占世界的 17.0%，占世界的份额提升了近 2.3 个百分点，排在世界第 3 位，位次与 2017 年度持平。美国排在第 1 位，高被引论文数为 72156 篇，占世界的 49.5%。英国排名第 2 位，高被引论文数为 26540 篇，德国和加拿大分别排在第 4 和第 5 位，高被引论文数分别为 17972 篇和 12156 篇。

（4）热点论文

近两年发表的论文在最近两个月得到大量引用，且被引次数进入本学科前 0.1% 的论文称为热点论文，这样的文章往往反映了最新的科学发现和研究动向，可以说是科学研究前沿的风向标。截至 2018 年 9 月，统计出的中国热点论文数为 842 篇，占世界热点论文总数的 27.6%，排在世界第 3 位，与 2017 年持平。美国热点论文数最多，为 1629 篇，占世界热点论文总量的 53.3%；其次为英国，热点论文数是 909 篇；德国和法国分别位列第 4 位和第 5 位，热点论文数分别是 560 篇和 374 篇。

其中被引最高的一篇论文是 2016 年 9 月发表在 *ADVANCED MATERIALS* 上的论文，题为 "Energy-Level Modulation of Small-Molecule Electron Acceptors to Achieve over 12% Efficiency in Polymer Solar Cells"。截至 2018 年 10 月已被引 588 次，由 7 位作者署名、4 个机构参与。该论文是 973 项目资助产出的成果。

（5）CNS 论文

《科学》（*SCIENCE*）、《自然》（*NATURE*）和《细胞》（*CELL*）是国际公认的 3 个享有最高学术声誉的科技期刊。发表在三大名刊上的论文，往往都是经过世界范围内知名专家层层审读、反复修改而成的高质量、高水平的论文。2017 年以上 3 种期刊共刊登论文 5697 篇，比 2016 年减少了 303 篇。其中，中国论文为 309 篇，论文数增加了 11 篇，排在世界第 4 位，比 2016 年上升 1 位；美国仍然排在首位，论文数为 2503 篇；英国、德国分列第 2、第 3 位，排在中国之前。若仅统计 Article 和 Review 两种类型的论文，则中国有 242 篇，排在世界第 4 位，比 2016 年上升 1 位。

（6）最具影响力期刊上发表的论文

2017 年被引次数超过 10 万次且影响因子超过 35 的国际期刊有 7 种（*NEW ENGL J MED*、*CHEM REV*、*LANCET*、*JAMA-J AM MED ASSOC*、*NATURE*、*CHEM SOC REV*、*SCIENCE*），2017 年共发表论文 10803 篇，其中中国论文 699 篇，占总数的 6.5%，排在世界第 4 位。若仅统计 Article 和 Review 两种类型的论文，则中国有 443 篇，排在世界第 4 位，比 2016 年上升 1 位。

各学科领域影响因子最高的期刊可以被看作是世界各学科最具影响力期刊。2017 年 178 个学科领域中高影响力期刊共有 154 种，2017 年各学科高影响力期刊上的论文总数为 55083 篇。中国在这些期刊上发表的论文数为 8259 篇，比 2016 年减少 403 篇，占世界的 15.0%，排在世界第 2 位。美国有 17240 篇，占 31.3%。中国在这些高影响力期刊上发表的论文中有 3860 篇是受国家自然科学基金资助产出的，占 47.1%。发表在世界各学科高影响力期刊上的论文较多的中国高等院校是：清华大学（333 篇）、哈尔滨工业大学（292 篇）、上海交通大学（245 篇）、浙江大学（232 篇）和北京大学（230 篇）。

6.3.2　时间分布

图 6-1 为 2008—2017 年 SCI 收录中国科技论文在 2017 年度被引的分布情况。可以发现，SCI 被引的峰值为 2012 年和 2013 年，表明 SCI 收录论文更倾向于引用较新的文献。

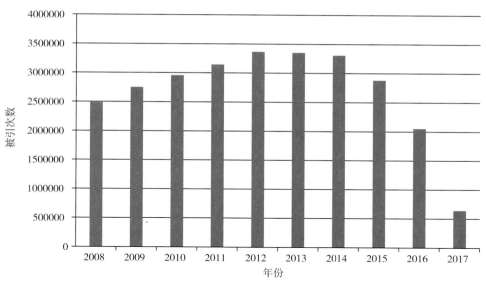

图 6-1 2008—2017 年 SCI 被引情况时间分布

6.3.3 地区分布

2008—2017 年 SCI 收录论文总被引次数居前 3 位的地区为北京、江苏和上海，篇均被引次数前 3 位的地区为吉林、福建和上海，未被引论文比例较低的 3 个地区为甘肃、上海和福建（如表 6-4 所示）。进入 3 个排名列表前 10 位的地区有北京、上海和湖北；进入 2 个排名列表前 10 位的地区有辽宁、天津、福建、浙江、甘肃、安徽、吉林等；只进入 1 个列表前 10 位的地区有广东、黑龙江、四川、山东、江苏、陕西和湖南。

表 6-4 2008—2017 年 SCI 收录中国科技论文被引情况地区分布

排名	总被引情况		篇均被引情况		未被引情况	
	地区	总被引次数	地区	篇均被引次数	地区	比例
1	北京	347576	吉林	13.53	甘肃	16.18%
2	江苏	194885	福建	12.94	上海	17.72%
3	上海	189472	上海	12.70	福建	17.75%
4	广东	115219	安徽	12.66	湖北	18.04%
5	浙江	104011	北京	12.27	安徽	18.33%
6	湖北	100004	甘肃	12.15	北京	18.57%
7	陕西	95464	天津	11.71	天津	18.58%
8	山东	93890	湖北	11.55	黑龙江	18.63%
9	四川	79811	辽宁	11.40	吉林	18.69%
10	辽宁	74998	浙江	10.97	湖南	18.83%

6.3.4 学科分布

2008—2017 年 SCI 收录论文总被引次数居前 3 位的学科为化学、生物学和物理学，篇均被引次数居前 3 位的学科为化学、能源科学技术和环境科学，未被引论文比例较低的 3 个学科为安全科学技术、动力与电气和测绘科学技术（如表 6-5 所示）。进入 3 个排名列表前 10 位的学科有材料科学、化学、环境科学 3 个学科；进入 2 个排名列表前 10 位的学科有生物学、化工、能源科学技术、动力与电气、天文学 5 个学科；只进入 1 个列表前 10 位的学科有电子、通信与自动控制，临床医学，管理学，农学，物理学，测绘科学技术，计算技术，安全科学技术，地学和基础医学。

表 6-5　2008—2017 年 SCI 收录中国科技论文被引情况学科分布

排名	总被引情况		篇均被引情况		未被引情况	
	学科	总被引次数	学科	篇均被引次数	学科	占比
1	化学	6414818	化学	17.38	安全科学技术	10.22%
2	生物学	2683725	能源科学技术	14.96	动力与电气	11.54%
3	物理学	1966238	环境科学	14.73	测绘科学技术	11.76%
4	材料科学	1941558	化工	13.39	化学	12.22%
5	临床医学	1871483	天文学	12.94	能源科学技术	12.50%
6	基础医学	1094471	材料科学	12.37	环境科学	12.54%
7	环境科学	854556	其他	11.56	天文学	12.58%
8	电子、通信与自动控制	796636	农学	11.36	化工	13.34%
9	地学	755382	生物学	11.28	材料科学	15.01%
10	计算技术	688665	动力与电气	10.66	管理学	16.55%

6.3.5 高被引论文

中国各学科论文在 2008—2018 年的被引次数处于世界前 1% 的高被引论文为 24825 篇，数量比 2017 年统计时增长 23.3%，排在世界第 3 位，位次与 2017 年度持平，占世界份额为 17.0%，提升了近 2.3 个百分点。美国排在第 1 位，高被引论文数为 72156 篇，占世界份额为 49.5%；英国排在第 2 位，高被引论文数为 26540 篇；德国和加拿大分别排在第 4 和第 5 位，高被引论文数分别为 17972 篇和 12156 篇。表 6-6 列出了其中被引次数最高的 10 篇论文。

表 6-6　2008—2018 年中国高被引论文中被引次数居前 10 位的论文

学科	累计被引次数	单位	作者	来源
化学	3416	中南大学	Wang GP; Zhang L; Zhang JJ	*CHEMICAL SOCIETY REVIEWS* 2012,41(2):797–828
分子生物与遗传学	3217	华大基因	Qin JJ; Li RQ; Raes J	*NATURE* 2010,464(7285):59–U70
化学	3121	浙江大学	Cui YJ; Yue YF; Qian GD	*CHEMICAL REVIEWS* 2012,112(2):1126–1162
物理学	2735	中国科学院物理研究所	Zhang HJ; Liu CX; Qi XL	*NATURE PHYSICS* 2009,5 (6): 438–442
物理学	2726	华南理工大学	He ZC; Zhong CM; Su SJ	*NATURE PHOTONICS* 2012,6(9):591–595
临床医学	2701	中国医学科学院肿瘤医院	Chen WQ; Zheng RS; Baade PD	*CA-A CANCER JOURNAL FOR CLINICIANS* 2016,66 (2): 115–132
化学	2579	北京科技大学	Lu T; Chen FW	*JOURNAL OF COMPUTATIONAL CHEMISTRY* 2012,33(5):580–592
材料科学	2268	复旦大学	Li LK; Yu YJ; Ye GJ	*NATURE NANOTECHNOLOGY* 2014,9 (5): 372–377
化学	2191	清华大学	Xu YX; Bai H; Lu GW	*JOURNAL OF THE AMERICAN CHEMICAL SOCIETY* 2008,130(18):5856+
化学	2161	北京理工大学	Qu LT; Liu Y; Baek JB	*ACS NANO* 2010,4(3):1321–1326

注：1. 统计截至 2018 年 9 月。

　　2. 对于作者总人数超过 3 人的论文，本表作者栏中仅列出前 3 位。

6.3.6　机构分布

（1）高等院校

　　表 6-7 列出了 CSTPCD 被引篇数、被引次数和 SCI 被引篇数、被引次数这 4 个列表中排名居前的高等院校。

　　其中，上海交通大学的 CSTPCD 被引篇数排名第一，SCI 被引篇数排名第二，SCI 被引次数排名第三；北京大学的 CSTPCD 被引次数排名第一；浙江大学的 SCI 被引篇数及被引次数均排名第一；清华大学的 SCI 被引次数排名第二，SCI 被引篇数排名第三。

表 6-7　CSTPCD 和 SCI 被引情况排名居前的高等院校

高等院校	CSTPCD 被引情况				SCI 被引情况			
	篇数	排名	次数	排名	篇数	排名	次数	排名
上海交通大学	19039	1	30739	2	48644	2	560277	3
北京大学	16584	2	32886	1	37592	4	543741	4
首都医科大学	16270	3	25894	3	14434	24	100677	45
浙江大学	13386	4	25024	4	52203	1	687734	1
中南大学	12459	5	21057	6	24730	14	241423	17
华中科技大学	11676	6	19255	7	29925	7	350544	9
四川大学	11391	7	18578	11	33096	5	329872	10
同济大学	11120	8	18950	9	19140	18	202599	24
中山大学	10856	9	18430	12	29746	8	368578	7
武汉大学	10654	10	18962	8	21147	15	273769	14
清华大学	10385	11	21178	5	38431	3	622076	2
复旦大学	9837	12	16994	14	32635	6	476584	5
南京大学	9662	13	18589	10	25214	13	381878	6
吉林大学	9193	14	15592	17	27622	9	296163	13
中国石油大学	8062	15	15913	15	10144	38	81064	58

（2）研究机构

表 6-8 列出了 CSTPCD 被引篇数、被引次数和 SCI 被引篇数、被引次数排名居前的研究机构。其中，中国中医科学院的 CSTPCD 被引篇数排名第一；中国科学院地理科学与资源研究所的 CSTPCD 被引次数排名第一；中国疾病预防控制中心的 CSTPCD 被引篇数及被引次数均排名第三。

表 6-8　CSTPCD 和 SCI 被引情况排名居前的研究机构

研究机构	CSTPCD 被引情况				SCI 被引情况			
	篇数	排名	次数	排名	篇数	排名	次数	排名
中国中医科学院	4935	1	8862	2	1570	45	11890	77
中国科学院地理科学与资源研究所	3314	2	10764	1	3169	15	41407	19
中国疾病预防控制中心	3214	3	7617	3	2463	25	38418	21
中国林业科学研究院	3181	4	6026	4	1857	37	13964	66
中国水产科学研究院	2735	5	4741	6	2149	29	14312	64
中国科学院寒区旱区环境与工程研究所	2061	6	4332	7	1759	39	21926	43
军事医学科学院	2026	7	2950	14	3862	10	42378	18
中国科学院长春光学精密机械与物理研究所	1952	8	3527	12	1934	32	22333	42
中国科学院地质与地球物理研究所	1836	9	5468	5	3442	12	55957	14
江苏省农业科学院	1629	10	2846	15	814	86	5386	114
中国热带农业科学院	1590	11	2509	19	1055	66	7788	93
中国工程物理研究院	1491	12	2047	26	4794	6	28119	30
中国科学院生态环境研究中心	1479	13	3772	10	4282	8	87176	6

续表

研究机构	CSTPCD 被引情况				SCI 被引情况			
	篇数	排名	次数	排名	篇数	排名	次数	排名
中国科学院南京土壤研究所	1373	14	3351	13	1651	43	25106	36
中国医学科学院肿瘤研究所	1268	15	3803	9	1607	44	16886	77

（3）医疗机构

表 6-9 列出了 CSTPCD 被引篇数、被引次数和 SCI 被引篇数、被引次数排名居前的医疗机构。其中，解放军总医院的 CSTPCD 被引篇数及被引次数均排名第一，SCI 被引篇数排名第二；四川大学华西医院的 CSTPCD 被引篇数排名第二，SCI 被引篇数及被引次数均排名第一；北京协和医院的 CSTPCD 被引次数排名第二。

表 6-9　CSTPCD 和 SCI 被引情况排名居前的医疗机构

医疗机构	CSTPCD 被引情况				SCI 被引情况			
	篇数	排名	次数	排名	篇数	排名	次数	排名
解放军总医院	5805	1	9248	1	6496	2	46372	3
四川大学华西医院	3731	2	6192	3	10847	1	86444	1
北京协和医院	3704	3	6583	2	4042	8	28737	18
南京军区南京总医院	2590	4	4281	4	2742	25	28316	20
中国医科大学附属盛京医院	2319	5	3568	8	2148	39	13889	50
北京大学第一医院	2306	6	4213	5	2521	27	20604	27
武汉大学人民医院	2158	7	3138	14	2513	29	17515	35
南方医院	2156	8	3310	10	3046	20	24630	24
华中科技大学同济医学院附属同济医院	2153	9	3263	11	4687	3	46772	2
上海交通大学医学院附属瑞金医院	2147	10	3454	9	4019	9	44655	4
北京大学第三医院	2141	11	3806	6	2204	38	16923	37
郑州大学第一附属医院	2038	12	3207	12	2793	23	15298	43
北京大学人民医院	1999	13	3588	7	2500	31	17382	36
江苏省人民医院	1992	14	3135	15	4192	7	41351	6
第二军医大学附属长海医院	1991	15	3131	16	2475	32	24418	25

6.4　讨论

从 10 年段国际被引来看，中国科技论文被引次数、世界排名均呈逐年上升趋势，这说明中国科技论文的国际影响力在逐步上升。尽管中国篇均论文被引次数与世界平均值还有一定的差距，但提升速度相对较快。

中国各学科论文在 2008—2018 年 10 年段的被引次数处于世界前 1% 的高被引论文为 24825 篇，数量比 2017 年统计时增长 23.3%，排在世界第 3 位，位次与 2017 年度持平，占世界份额的 17.0%，提升了近 2.3 个百分点。近两年发表的论文在最近两个月得到大量引用，且被引次数进入本学科前 0.1% 的论文称为热点论文，中国热点论文数为 842 篇，占世界热点论文总数的 27.6%，排在世界第 3 位，与 2017 年持平。*Science*、*Nature* 和 *Cell* 是国际公认的 3 个享有最高学术声誉的科技期刊。中国论文为 309 篇，论文数增加了 11 篇，排在世界第 4 位，比 2016 年上升 1 位。

SCI 收录论文总被引次数居前 3 位的地区为北京、江苏和上海，篇均被引次数居前 3 位的地区为吉林、福建和上海，未被引论文比例较低的 3 个地区为甘肃、上海和福建。

SCI 收录论文总被引次数居前 3 位的学科为化学、能源科学技术和环境科学，未被引论文比例较低的 3 个学科为安全科学技术、动力与电气和测绘科学技术。

7 中国各类基金资助产出论文情况分析

本章以 2017 年 CSTPCD 和 SCI 为数据来源，对中国各类基金资助产出论文情况进行了统计分析，主要分析了基金资助来源、基金论文的文献类型分布、机构分布、学科分布、地区分布、合著情况及其被引情况，此外还对 3 种国家级科技计划项目的投入产出效率进行了分析。统计分析表明，中国各类基金资助产出的论文处于不断增长的趋势之中，且已形成了一个以国家自然科学基金、科技部计划项目资助为主，其他部委和地方基金、机构基金、公司基金、个人基金和海外基金为补充的、多层次的基金资助体系。对比分析发现，CSTPCD 和 SCI 数据库收录的基金论文在基金资助来源、机构分布、学科分布、地区分布上存在一定的差异，但整体上保持了相似的分布格局。

7.1 引言

早在 17 世纪之初，弗兰西斯·培根就曾在《学术的进展》一书中指出，学问的进步有赖于一定的经费支持。科学基金制度的建立和科学研究资助体系的形成为这种支持的连续性和稳定性提供了保障。中华人民共和国成立以来，我国已经初步形成了国家（国家自然科学基金、科技部 973 计划、863 计划和科技支撑计划等基金）为主，地方（各省级基金）、机构（大学、研究机构基金）、公司（各公司基金）、个人（私人基金）和海外基金等为补充的多层次的资助体系。这种资助体系作为科学研究的一种运作模式，为推动中国科学技术的发展发挥了巨大作用。

由基金资助产出的论文称为基金论文，对基金论文的研究具有重要意义：基金资助课题研究都是在充分论证的基础上展开的，其研究内容一般都是国家目前研究的热点问题；基金论文是分析基金资助投入与产出效率的重要基础数据之一；对基金资助产出论文的研究，是不断完善中国基金资助体系的重要支撑和参考依据。

中国科学技术信息研究所自 1989 年起每年都会在其《中国科技论文统计与分析》年度研究报告中对中国的各类基金资助产出论文情况进行统计分析，其分析具有数据质量高、更新及时、信息量大的特征，是及时了解相关动态的最重要的信息来源。

7.2 数据与方法

本章研究的基金论文主要来源于两个数据库：CSTPCD 和 SCI 网络版。本章所指的中国各类基金资助限定于附表 39 列出的科学基金与资助。

2017 年 CSTPCD 延续了 2016 年对基金资助项目的标引方式，最大限度地保持统计项目、口径和方法的延续性。SCI 数据库自 2009 年起其原始数据中开始有基金字段，中国科学技术信息研究所也自 2009 年起开始对 SCI 收录的基金论文进行统计。SCI 数据的标引采用了与 CSTPCD 相一致的基金项目标引方式。

　　CSTPCD 和 SCI 数据库分别收录符合其遴选标准的中国和世界范围内的科技类期刊，CSTPCD 收录论文以中文为主，SCI 收录论文以英文为主。两个数据库收录范围互为补充，能更加全面地反映中国各类基金资助产出科技期刊论文的全貌。值得指出的是，由于 CSTPCD 和 SCI 收录期刊存在少量重复现象，所以在宏观的统计中其数据加和具有一定的科学性和参考价值，但是用于微观的计算时两者基金论文不能做简单的加和。本章对这两个数据库收录的基金论文进行了统计分析，必要时对比归纳了两个数据库收录基金论文在对应分析维度上的异同。文中的"全部基金论文"指所论述的单个数据库收录的全部基金论文。

　　本章的研究主要使用了统计分析的方法，对 CSTPCD 和 SCI 收录的中国各类基金资助产出论文的基金资助来源、文献类型分布、机构分布、学科分布、地区分布、合著情况进行了分析，并在最后计算了 3 种国家级科技计划项目的投入产出效率。

7.3　研究分析与结论

7.3.1　中国各类基金资助产出论文的总体情况

（1）CSTPCD 收录基金论文的总体情况

　　根据 CSTPCD 数据统计，2017 年中国各类基金资助产出论文共计 322385 篇，占当年全部论文总数（472120 篇）的 68.28%。如表 7–1 所示，与 2016 年相比，2017 年基金论文总数减少了 3515 篇，基金论文增长率为 –1.08%。

表 7–1　2012—2017 年 CSTPCD 收录中国各类基金资助产出论文情况

年份	论文总篇数	基金论文篇数	基金论文比	全部论文增长率	基金论文增长率
2012	523589	248434	47.45%	–1.23%	6.74%
2013	516883	297358	57.53%	–1.28%	19.69%
2014	497849	306789	61.62%	–3.68%	3.17%
2015	493530	299231	60.63%	–0.87%	–2.46%
2016	494207	325900	65.94%	0.14%	8.91%
2017	472120	322385	68.28%	–4.47%	–1.08%

（2）SCI 收录基金论文的总体情况

　　2017 年，SCI 收录中国科技论文（Article 和 Review 类型）总数为 309958 篇，其中 276669 篇是在基金资助下产生，基金论文比为 89.26%。如表 7–2 所示，2017 年中国全部 SCI 论文总量较 2016 年增长了 2.60%，基金论文总数与 2016 年相比增长了 12727 篇，增长率为 4.82%。

表 7-2　2012—2017 年 SCI 收录中国各类基金资助产出论文情况

年份	论文总篇数	基金论文篇数	基金论文比	全部论文增长率	基金论文增长率
2012	158615	124668	78.60%	10.4%	23.6%
2013	192697	167003	82.96%	21.5%	34.0%
2014	225097	196890	87.47%	16.81%	17.90%
2015	253581	173388	68.38%	12.65%	-11.94%
2016	302098	263942	87.37%	19.13%	52.23%
2017	309958	276669	89.26%	2.60%	4.82%

（3）中国各类基金资助产出论文的历时性分析

图 7-1 以红色柱状图和绿色折线图分别给出了 2012—2017 年 CSTPCD 收录基金论文的数量和基金论文比；以浅紫色柱状图和蓝色折线图分别给出了 2012—2017 年 SCI 收录基金论文的数量和基金论文比。综合表 7-1、表 7-2 及图 7-1 可知，CSTPCD 收录中国各类基金资助产出的论文数和基金论文比在 2012—2017 年都保持了较为平稳的上升态势，2015 年略有下降。SCI 收录的中国各类基金资助产出的论文数和基金论文比在 2011—2014 年一直平稳上升，2015 年下降明显，2016 年上升明显。

总体来说，随着中国科技事业的发展，中国的科技论文数量有较大提高，基金论文数也平稳增长，基金论文在所有论文中所占比重也在不断增长，基金资助正在对中国科技事业的发展发挥越来越大的作用。

图 7-1　2012—2017 年基金资助产出论文的历时性变化

7.3.2　基金资助来源分析

（1）CSTPCD 收录基金论文的基金资助来源分析

附表 39 列出了 2017 年 CSTPCD 所统计的中国各类基金与资助产出的论文数及占全部基金论文的比例。表 7-3 列出了 2017 年产出基金论文数居前 10 位的国家级和各部委基金资助来源及其产出论文的情况（不包括省级各项基金项目资助）。

由表 7-3 可以看出，在 CSTPCD 数据库中，2017 年中国各类基金资助产出论文排在首位的仍然是国家自然科学基金委员会，其次是科技部，由这两种基金资助来源产出的论文占到了全部基金论文的 50.27%。

根据 CSTPCD 数据统计，2017 年由国家自然科学基金委员会资助产出论文共计127313 篇，占全部基金论文的 39.49%，这一比例较 2016 年增加了 1.48 个百分点。与2016 年相比，2017 年由国家自然科学基金委员会资助产出的基金论文增加了 3424 篇，增长了 2.69 个百分点。

2017 年由科技部的基金资助产出论文共计 34767 篇，占全部基金论文的 10.78%，这一比例较 2016 年下降了 0.59 个百分点。与 2016 年相比，2017 年由科技部基金资助产出的基金论文减少了 2293 篇，减幅为 6.60%。

表 7-3   2017 年产出论文数居前 10 位的国家级和各部委基金资助来源

基金资助来源	2017 年			2016 年		
	基金论文篇数	占全部基金论文的比例	排名	基金论文篇数	占全部基金论文的比例	排名
国家自然科学基金委员会	127313	39.49%	1	123889	38.01%	1
科技部	34767	10.78%	2	37060	11.37%	2
教育部	5262	1.63%	3	3497	1.07%	3
农业部	3009	0.93%	4	2828	0.87%	4
军队系统基金	2752	0.85%	5	2686	0.82%	5
国家社会科学基金	2703	0.84%	6	2480	0.76%	6
国家中医药管理局	2264	0.70%	7	958	0.29%	8
国土资源部	1965	0.61%	8	499	0.15%	10
中国科学院	1447	0.45%	9	1432	0.44%	7
人力资源和社会保障部项目	1085	0.34%	10	39	0.01%	24

数据来源：CSTPCD。

省一级地方（包括省、自治区、直辖市）设立的地区科学基金产出论文是全部基金资助产出论文的重要组成部分。根据 CSTPCD 数据统计，2017 年省级基金资助产出论文 85053 篇，占全部基金论文产出数量的 26.38%。如表 7-4 所示，江苏省基金资助产出论文数量均超过了 7000 篇，在全国 31 个省级基金资助中位于前列。地区科学基金的存在，有力地促进了中国科技事业的发展，丰富了中国基金资助体系层次。

表 7-4   2017 年产出论文数居前 10 位的省级基金资助来源

基金资助来源	2017 年			2016 年		
	基金论文篇数	占全部基金论文的比例	排名	基金论文篇数	占全部基金论文的比例	排名
江苏	7139	2.21%	1	6204	1.90%	1
广东	6750	2.09%	2	5445	1.67%	2
上海	6230	1.93%	3	4670	1.43%	4
河北	5237	1.62%	4	4675	1.43%	3

基金资助来源	2017 年			2016 年		
	基金论文篇数	占全部基金论文的比例	排名	基金论文篇数	占全部基金论文的比例	排名
北京	5168	1.60%	5	4597	1.41%	5
浙江	5010	1.55%	6	4171	1.28%	6
陕西	4620	1.43%	7	4108	1.26%	7
河南	4309	1.34%	8	3743	1.15%	9
四川	4304	1.34%	9	3763	1.15%	8
山东	3906	1.21%	10	3368	1.03%	10

数据来源：CSTPCD。

由科技部设立的中国的科技计划主要包括：基础研究计划 [国家自然科学基金和国家重点基础研究发展计划（973 计划）]、国家科技支撑计划、高技术研究发展计划（863 计划）、科技基础条件平台建设和政策引导类计划等。此外，教育部、国家卫生和计划生育委员会等部委及各省级政府科技厅、教育厅、卫生和计划生育委员会都分别设立了不同的项目以支持科学研究。表 7-5 列出了 2017 年产出基金论文数居前 10 位的基金资助计划（项目）。根据 CSTPCD 数据统计，国家自然科学基金项目以产出 127313 篇论文遥居首位。

表 7-5 2017 年产出基金论文数居前 10 位的基金资助计划（项目）

排名	基金资助计划（项目）	基金论文篇数	占全部基金论文的比例
1	国家自然科学基金委员会	127313	39.49%
2	国家科技支撑计划	7582	2.35%
3	江苏省基金	7139	2.21%
4	国家科技重大专项	6885	2.14%
5	广东省基金	6750	2.09%
6	上海市基金	6230	1.93%
7	国家重点基础研究发展计划（973 计划）	5884	1.83%
8	河北省基金	5237	1.62%
9	北京市基金	5168	1.60%
10	浙江省基金	5010	1.55%

数据来源：CSTPCD。

（2）SCI 收录基金论文的基金资助来源分析

2017 年，SCI 收录中国各类基金资助产出论文共计 276669 篇。表 7-6 列出了产出基金论文数居前 6 位的国家级和各部委基金资助来源。其中，国家自然科学基金委员会以支持产生 168115 篇论文高居首位，占全部基金论文的 60.76%；排在第 2 位的是科技部，在其支持下产出了 31924 篇论文，占全部基金论文的 11.54%；教育部以支持产生 5116 篇论文居第 3 位。

表 7-6　2017 年产出基金论文数居前 6 位的国家级和各部委基金资助来源

基金资助来源	2017 年			2016 年		
	基金论文篇数	占全部基金论文的比例	排名	基金论文篇数	占全部基金论文的比例	排名
国家自然科学基金委员会	168115	60.76%	1	146896	55.65%	1
科技部	31924	11.54%	2	32659	12.37%	2
教育部	5116	1.85%	3	2405	0.91%	4
中国科学院	2875	1.04%	4	2691	1.02%	3
人力资源和社会保障部	2668	0.96%	5	2397	0.91%	5
农业部	951	0.34%	6	418	0.16%	6

数据来源：SCI。

根据 SCI 数据统计，2017 年省一级地方（包括省、自治区、直辖市）设立的地区科学基金产出论文 34068 篇，占全部基金论文的 12.31%。表 7-7 列出了 2017 年产出基金论文数居前 10 位的省级基金资助来源，其中江苏以支持产出 4575 篇基金论文居第 1 位，其后分别是广东和浙江，分别支持产出 3975 篇和 3502 篇基金论文。

表 7-7　2017 年产出基金论文数居前 10 位的省级基金资助来源

基金资助来源	2017 年			2016 年		
	基金论文篇数	占全部基金论文的比例	排名	基金论文篇数	占全部基金论文的比例	排名
江苏	4575	1.65%	1	3310	1.25%	1
广东	3975	1.44%	2	2923	1.11%	2
浙江	3502	1.27%	3	2490	0.94%	3
上海	3019	1.09%	4	2164	0.82%	4
北京	2573	0.93%	5	1582	0.60%	6
山东	2314	0.84%	6	1736	0.66%	5
四川	1348	0.49%	7	846	0.32%	7
湖北	1004	0.36%	8	657	0.25%	8
辽宁	979	0.35%	9	606	0.23%	13
河南	975	0.35%	10	607	0.23%	12

数据来源：SCI。

根据 SCI 数据统计，2017 年有两种基金资助计划（项目）产出论文数超过了 10000 篇，分别是国家自然科学基金委员会项目产出 168115 篇论文，占全部基金论文数的 60.76%；国家重点基础研究发展计划（973 计划）产出 12557 篇论文，占全部基金论文数的 4.54%（如表 7-8 所示）。

表 7-8　2017 年产出基金论文数居前 10 位的基金资助计划（项目）

排名	基金资助计划（项目）	基金论文篇数	占全部基金论文的比例
1	国家自然科学基金委员会	168115	60.76%
2	国家重点基础研究发展计划（973 计划）	12557	4.54%
3	江苏省基金	4575	1.65%
4	广东省基金	3975	1.44%
5	浙江省基金	3502	1.27%
6	上海市基金	3019	1.09%
7	国家高技术研究发展计划（863 计划）	3015	1.09%
8	中国科学院	2875	1.04%
9	北京市基金	2573	0.93%
10	国家科技重大专项	2567	0.93%

数据来源：SCI。

（3）CSTPCD 和 SCI 收录基金论文的基金资助来源的异同

通过对 CSTPCD 和 SCI 收录基金论文的分析可以看出，目前中国已经形成了一个以国家（国家自然科学基金、科技部 973 计划、863 计划和科技支撑计划等）为主，地方（各省级基金）、机构（大学、研究机构基金）、公司（各公司基金）、个人（私人基金）和海外基金等为补充的多层次的资助体系。无论是 CSTPCD 收录的基金论文或是 SCI 收录的基金论文，都是在这一资助体系下产生的，所以其基金资助来源必然呈现出一定的一致性，这种一致性主要表现在：

①国家自然科学基金在中国的基金资助体系中占据了绝对的主体地位。在 CSTPCD 数据库中，由国家自然科学基金资助产出的论文占该数据库全部基金论文的 39.49%；在 SCI 数据库中，国家自然科学基金资助产出的论文更是占到了高达 60.76% 的比例。

②科技部在中国的基金资助体系中发挥了极为重要的作用。在 CSTPCD 数据库中，科技部资助产出的论文占该数据库全部基金论文的 10.78%；在 SCI 数据库中，科技部资助产出的论文占 11.54%。

③省一级地方（包括省、自治区、直辖市）是中国基金资助体系的有力的补充。在 CSTPCD 数据库中，由省一级地方基金资助产出的论文占该数据库基金论文总数的 26.38%；在 SCI 数据库中，省一级地方基金资助产出的论文占 12.31%。

7.3.3　基金资助产出论文的文献类型分布

（1）CSTPCD 收录基金论文的文献类型分布与各类型文献基金论文比

根据 CSTPCD 数据统计，论著（Article）、综述和评论（Review）类型论文的基金论文比高于其他类型的文献。2017 年 CSTPCD 收录论著类型论文 354342 篇，其中 264683 篇由基金资助产生，基金论文比为 74.70%；收录综述和评论类型论文 35417 篇，其中 25063 篇由基金资助产生，基金论文比为 70.77%。其他类型文献（短篇论文和研究快报、工业工程设计）共计 82361 篇，其中 32633 篇由基金资助产生，基金论文比为

39.62%。论著、综述和评论这两种类型论文的基金论文比远高于其他类型的文献。

　　CSTPCD 收录的基金论文中，论著（Article）、综述和评论（Review）类型的论文占据了主体地位。2017 年 CSTPCD 收录由基金资助产出的论文共计 322355 篇，其中论著 264683 篇，综述和评论 25063 篇，这两种类型的文献占全部基金论文总数的 89.88%。如图 7-2 所示为基金和非基金论文文献类型分布情况。

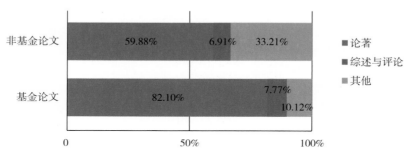

图 7-2　基金和非基金论文文献类型分布

（2）SCI 收录基金论文的文献类型分布与各类型文献基金论文比

　　如表 7-9 所示，2017 年 SCI 收录中国论文 323878 篇（不包含港澳台地区），其中 A、R 两种类型（Article、Review）的论文有 309958 篇，其他类型（Bibliography、Biographical-Item、Book Review、Correction、Editorial Material、 Letter、Meeting Abstract、News Item、Proceedings Paper 和 Reprint 等）论文 13920 篇。

　　SCI 收录基金论文中，A、R 类型论文占据了绝对的主体地位。如表 7-9 所示，2017 年 SCI 收录中国基金论文 280338 篇，其中 A、R 类型论文共计 276669 篇，A、R 论文所占比例达 98.69%。2017 年 SCI 收录 A、R 论文的基金论文比为 85.42%。

表 7-9　2017 年基金资助产出论文的文献类型与基金论文比

	论文总篇数	基金论文篇数	基金论文比
A、R 论文	309958	276669	89.26%
其他类型	13920	3669	26.36%
合计	323878	280338	86.56%

数据来源：SCI。

7.3.4　基金论文的机构分布

（1）CSTPCD 收录基金论文的机构分布

　　2017 年，CSTPCD 收录中国各类基金资助产出论文在各类机构中的分布情况见附表 40 和图 7-3。多年来，高等院校一直是基金论文产出的主体力量，由其产出的基金论文占全部基金论文的比例长期保持在 60% 以上。从 CSTPCD 的统计数据可以看到，2017 年有 74.20% 的基金论文产自高等院校。自 2009 年起，高等院校产出基金论文连续 5

年保持在了 18 万篇以上的水平,2017 年达到了 23 万篇之上。基金论文产出的第二力量
来自科研机构,2017 年由科研机构产出的基金论文共计 40869 篇,占全部基金论文的
12.68%。

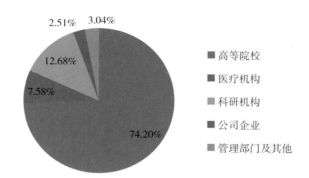

图 7-3　2017 年 CSTPCD 收录中国各类基金资助产出论文在各类机构中的分布

注：医疗机构数据不包括高等院校附属医院。

　　各类型机构产出基金论文数占该类型机构产出论文总数的比例,称为该种类型机构
的基金论文比。根据 CSTPCD 数据统计,2017 年不同类型机构的基金论文比存在一定
差异。如表 7-10 所示,高等院校和科研院所的基金论文比明显高于其他类型的机构。
这一现象与科研中高等院校和科研院所是主体力量、基金资助在这两类机构的科研人员
中有更高的覆盖率的事实是相一致的。

表 7-10　2017 年各类型机构的基金论文比

机构类型	基金论文篇数	论文总篇数	基金论文比
高等院校	239215	311830	76.71%
医疗机构	24421	62719	38.94%
科研机构	40869	57048	71.64%
管理部门及其他	9789	17682	55.36%
公司企业	8091	22841	35.42%
合计	322385	472120	68.28%

注：医疗机构数据不包括高等院校附属医院。

数据来源：CSTPCD。

　　根据 CSTPCD 数据统计,中国高等院校 2017 年产出基金论文数居前 50 位的机构见
附表 43。表 7-11 列出了产出基金论文数居前 10 位的高等院校。2017 年进入前 10 位的
高等院校的基金论文有 8 所超过了 2000 篇,2016 年 3 所高等院校、2015 年 5 所高等院
校、2014 年 5 所高等院校、2013 年 10 所高等院校、2012 年 5 所高等院校产出基金论
文数超过 2000 篇。

表 7-11 2017 年产出基金论文数居前 10 位的高等院校

排名	机构名称	基金论文篇数	占全部基金论文的比例
1	上海交通大学	3484	1.46%
2	首都医科大学	3140	1.31%
3	武汉大学	2759	1.15%
4	四川大学	2358	0.99%
5	中南大学	2315	0.97%
6	北京大学	2220	0.93%
7	浙江大学	2175	0.91%
8	同济大学	2004	0.84%
9	吉林大学	1977	0.83%
10	华中科技大学	1845	0.77%

注：高等院校数据包括其附属医院。

数据来源：CSTPCD。

根据 CSTPCD 数据统计，中国科研院所 2017 年产出基金论文数居前 50 位的机构见附表 44。表 7-12 列出了产出基金论文数居前 10 位的科研院所。2012 年，基金论文数超过 600 篇的机构有 2 家，分别是中国中医科学院 719 篇、中国林业科学研究院 640 篇；2013 年，基金论文数超过 600 篇的机构有 3 家，分别是中国中医科学院 924 篇、中国科学院长春光学精密机械与物理研究所 668 篇和中国林业科学研究院 647 篇；2014 年，基金论文数超过 600 篇的机构有 4 家，分别是中国林业科学院 655 篇、中国科学院长春光学精密机械与物理研究所 634 篇、中国医学科学院 603 篇、中国水产科学研究院 602 篇；2015 年仅中国科学院长春光学精密机械与物理研究所 1 家机构的基金论文数超过 600 篇；2016 年，基金论文数超过 600 篇的机构有 2 家，分别是中国林业科学研究院 658 篇和中国水产科学研究院 656 篇；2017 年，中国林业科学研究院和中国水产科学研究院分别以 674 篇和 617 篇基金论文排名前两位。

表 7-12 2017 年产出基金论文数居前 10 位的科研院所

排名	机构名称	基金论文篇数	占全部基金论文的比例
1	中国林业科学研究院	674	1.65%
2	中国水产科学研究院	617	1.51%
3	中国热带农业科学院	537	1.31%
4	中国农业科学院	481	1.18%
5	中国疾病预防控制中心	456	1.12%
6	中国科学院地理科学与资源研究所	422	1.03%
6	江苏省农业科学院	410	1.00%
8	中国中医科学院	408	1.00%
9	中国工程物理研究院	374	0.92%
10	山东省农业科学院	360	0.88%

数据来源：CSTPCD。

（2）SCI 收录基金论文的机构分布

2017 年，SCI 收录中国各类基金资助产出论文在各类机构中的分布情况如图 7-4 所示。根据 SCI 数据统计，2017 年高等院校共产出基金论文 237919 篇，占 85.99%；科研院所共产出基金论文 32120 篇，占 11.61%；医疗机构共产出基金论文 5017 篇，占 1.81%；公司企业基金论文数不足总数的 1%。

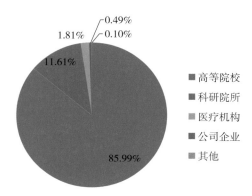

0.49%
0.10%
1.81%
11.61%
85.99%

- 高等院校
- 科研院所
- 医疗机构
- 公司企业
- 其他

图 7-4　2017 年 SCI 收录中国各类基金资助产出论文在各类机构中的分布

注：医疗机构数据不包括高等院校附属医院。

如表 7-13 所示，不同类型机构的基金论文比存在一定差异的现象同样存在于 SCI 数据库中。根据 SCI 数据统计，医疗机构、公司企业等的基金论文比明显低于高等院校和科研院所。科研院所产出论文的基金论文比为 93.11%，高等院校产出论文的基金论文比为 90.20%。

表 7-13　2017 年各类型机构的基金论文比

机构类型	基金论文篇数	论文总篇数	基金论文比
科研院所	32120	34498	93.11%
高等院校	237919	263762	90.20%
公司企业	1352	1854	72.92%
医疗机构	5017	9485	52.89%
其他	261	359	72.70%
合计	276669	309958	89.26%

注：医疗机构数据不包括高等院校附属医院。
数据来源：SCI。

表 7-14 列出了根据 SCI 数据统计出的 2016 年中国产出基金论文数居前 10 位的高等院校。在高等院校中，上海交通大学是基金论文最大的产出机构，共产出 6103 篇，占全部基金论文的 2.21%；其次是浙江大学，共产出 6002 篇，占全部基金论文的 2.17%；排在第 3 位的是清华大学，共产出 5000 篇，占全部基金论文的 1.81%。

表 7-14　2017 年中国产出基金论文数居前 10 位的高等院校

排名	机构名称	基金论文篇数	占全部基金论文的比例
1	上海交通大学	6103	2.21%
2	浙江大学	6002	2.17%
3	清华大学	5000	1.81%
4	华中科技大学	4212	1.52%
5	北京大学	4091	1.48%
6	四川大学	3849	1.39%
7	西安交通大学	3822	1.38%
8	中山大学	3711	1.34%
9	哈尔滨工业大	3673	1.33%
10	复旦大学	3664	1.32%

注：高等院校数据包括其附属医院。

数据来源：SCI。

　　表 7-15 列出了根据 SCI 数据统计出的 2017 年中国产出基金论文数居前 10 位的科研院所。在科研院所中，中国工程物理研究院和中国科学院合肥物质科学研究院是基金论文最大的两个产出机构，分别产出 758 篇和 692 篇，分别占全部基金论文的 0.27% 和 0.25%；排在第 3 位的是中国科学院长春应用化学研究所，共产出 655 篇，占全部基金论文的 0.24%。

表 7-15　2017 年产出基金论文数居前 10 位的科研院所

排名	机构名称	基金论文篇数	占全部基金论文的比例
1	中国工程物理研究院	758	0.27%
2	中国科学院合肥物质科学研究院	692	0.25%
3	中国科学院长春应用化学研究所	655	0.24%
4	中国科学院化学研究所	640	0.23%
5	中国科学院生态环境研究中心	532	0.19%
6	中国科学院大连化学物理研究所	529	0.19%
7	中国科学院地理科学与资源研究所	499	0.18%
8	中国科学院物理研究所	446	0.16%
9	中国科学院海洋研究所	428	0.15%
10	中国科学院福建物质结构研究所	413	0.15%

数据来源：SCI。

（3）CSTPCD 和 SCI 收录基金论文机构分布的异同

　　长期以来，高等院校和科研院所一直是中国科学研究的主体力量，也是中国各类基金资助的主要资金流向。高等院校和科研院所的这一主体地位反映在基金论文上便是：

无论是在 CSTPCD 或是在 SCI 数据库中，高等院校和科研院所产出的基金论文数量较多，所占的比例也最大。2017 年，CSTPCD 数据库收录高等院校和科研院所产出的基金论文共 280084 篇，占该数据库收录基金论文总数的 86.88%；SCI 数据库收录高等院校和科研院所产出的基金论文共 270039 篇，占该数据库收录基金论文总数的 97.60%。

　　以上是 CSTPCD 和 SCI 收录基金论文机构分布的相同点。与此同时，这两个数据库收录基金论文的机构分布也存在一些不同，例如，在两个数据库中 2017 年产出基金论文数居前 10 位的高等院校和科研院所的名单存在较大差异；SCI 数据库中，基金论文集中在少数机构中产生，而在 CSTPCD 数据库中，基金论文的机构分布较 SCI 数据库更为分散。

7.3.5　基金论文的学科分布

（1）CSTPCD 收录基金论文的学科分布

　　根据 CSTPCD 数据统计，2017 年中国各类基金资助产出论文在各学科中的分布情况见附表 41。如表 7-16 所示为基金论文数居前 10 位的学科，进入该名单的学科与 2017 年位次略有差别。

表 7-16　2017 年基金论文数居前 10 位的学科

学科	2017 年			2016 年		
	基金论文篇数	占全部基金论文的比例	排名	基金论文篇数	占全部基金论文的比例	排名
临床医学	61382	19.04%	1	60068	18.43%	1
计算技术	21959	6.81%	2	22917	7.03%	2
农学	19700	6.11%	3	19576	6.01%	3
电子、通信与自动控制	18340	5.69%	4	17718	5.44%	4
中医学	16832	5.22%	5	15772	4.84%	5
地学	12762	3.96%	6	12673	3.89%	7
环境科学	12153	3.77%	7	12227	3.75%	8
生物学	10754	3.34%	8	13234	4.06%	6
基础医学	9349	2.90%	9	11453	3.51%	9
土木建筑	8855	2.75%	10	8693	2.67%	11

数据来源：CSTPCD。

（2）SCI 收录基金论文的学科分布

　　根据 SCI 数据统计，2017 年中国各类基金资助产出论文在各学科中的分布情况如表 7-17 所示。基金论文最多的来自于化学领域，共计 43290 篇，占全部基金论文的 15.65%；其次是生物学，33302 篇基金论文来自该领域，占全部基金论文的 12.04%；排在第 3 位的是物理学，28583 篇基金论文来自该领域，占全部基金论文的 10.33%。

表 7-17 2017 年各学科基金论文数及基金论文比

学科	基金论文篇数	占全部基金论文的比例	基金论文数排名	论文总篇数	基金论文比
化学	43290	15.65%	1	45624	94.88%
生物学	33302	12.04%	2	36148	92.13%
物理学	28583	10.33%	3	31099	91.91%
材料科学	22553	8.15%	4	24196	93.21%
临床医学	19989	7.22%	5	27664	72.26%
基础医学	15314	5.54%	6	20085	76.25%
电子、通信与自动控制	14979	5.41%	7	16532	90.61%
地学	11142	4.03%	8	12267	90.83%
计算技术	10903	3.94%	9	11792	92.46%
环境科学	9970	3.60%	10	10354	96.29%
数学	8538	3.09%	11	9229	92.51%
化工	7425	2.68%	12	7929	93.64%
药物学	7284	2.63%	13	9171	79.42%
能源科学技术	6886	2.49%	14	7321	94.06%
机械、仪表	4115	1.49%	15	4507	91.30%
农学	4100	1.48%	16	4221	97.13%
力学	2899	1.05%	17	3117	93.01%
土木建筑	2863	1.03%	18	3070	93.26%
食品	2798	1.01%	19	4008	69.81%
预防医学与卫生学	2415	0.87%	20	2835	85.19%
天文学	1526	0.55%	21	1580	96.58%
工程与技术基础学科	1449	0.52%	22	1596	90.79%
冶金、金属学	1445	0.52%	23	1640	88.11%
水产学	1434	0.52%	24	1455	98.56%
水利	1308	0.47%	25	1358	96.32%
畜牧、兽医	1228	0.44%	26	1317	93.24%
核科学技术	1219	0.44%	27	1401	87.01%
轻工、纺织	1012	0.37%	28	1094	92.50%
中医学	927	0.34%	29	1014	91.42%
动力与电气	901	0.33%	30	992	90.83%
航空航天	844	0.31%	31	1015	83.15%
林学	822	0.30%	32	837	98.21%
信息、系统科学	808	0.29%	33	848	95.28%
管理学	744	0.27%	34	801	92.88%
交通运输	678	0.25%	35	730	92.88%

续表

学科	基金论文篇数	占全部基金论文的比例	基金论文数排名	论文总篇数	基金论文比
矿山工程技术	365	0.13%	36	387	94.32%
军事医学与特种医学	334	0.12%	37	393	84.99%
安全科学技术	111	0.04%	39	123	90.24%
其他	166	0.06%	38	208	79.81%
总计	276669	100.00%		309958	89.32%

数据来源：SCI。

（3）CSTPCD 和 SCI 收录基金论文学科分布的异同

通过以上两节的分析可以看出，CSTPCD 和 SCI 数据库收录基金论文在学科分布上存在较大差异：

① CSTPCD 收录基金论文数居前 3 位的学科分别是临床医学、计算技术和农学；SCI 收录基金论文数居前 3 位的学科分别是化学、生物学和物理学。

②与 CSTPCD 数据库相比，SCI 数据库收录的基金论文在学科分布上呈现了更明显的集中趋势。在 CSTPCD 数据库中，基金论文数排名居前 7 位的学科集中了 50% 以上的基金论文；居前 18 位的学科集中了 80% 以上的基金论文。在 SCI 数据库中，基金论文数排名居前 5 位的学科集中了 50% 以上的基金论文；居前 12 位的学科集中了 80% 以上的基金论文。

7.3.6 基金论文的地区分布

（1）CSTPCD 收录基金论文的地区分布

CSTPCD 2017 收录各类基金资助产出论文的地区分布情况见附表 42。表 7-18 给出了 2016 年基金资助产出论文数居前 10 位的地区。根据 CSTPCD 数据统计，2017 年基金论文数居首位的仍然是北京，产出 42557 篇，占全部基金论文的 13.20%。排在第 2 位的是江苏，产出 29240 篇基金论文，占全部基金论文的 9.07%。位列其后的上海、广东、陕西、湖北、四川、山东、辽宁和浙江基金论文数均超过了 12000 篇。

表 7-18　2017 年产出基金论文数居前 10 位的地区

地区	2017 年			2016 年		
	基金论文篇数	占全部基金论文的比例	排名	基金论文篇数	占全部基金论文的比例	排名
北京	42557	13.20%	1	42314	12.98%	1
江苏	29240	9.07%	2	29641	9.10%	2
上海	19123	5.93%	3	19171	5.88%	4
广东	18902	5.86%	4	18764	5.76%	5
陕西	18839	5.84%	5	19214	5.90%	3

续表

地区	2017 年			2016 年		
	基金论文篇数	占全部基金论文的比例	排名	基金论文篇数	占全部基金论文的比例	排名
湖北	15892	4.93%	6	15691	4.81%	6
四川	13971	4.33%	7	14040	4.31%	7
山东	13717	4.25%	8	13812	4.24%	8
辽宁	12703	3.94%	9	13113	4.02%	9
浙江	12262	3.80%	10	12530	3.84%	10

数据来源：CSTPCD。

各地区的基金论文数占该地区全部论文数的比例，称为该地区的基金论文比。2016—2017 年各地区产出基金论文比与基金论文变化情况如表 7-19 所示。2017 年基金论文比最高的地区是贵州，其基金论文比为 79.28%；最低的地区是青海，其基金论文比为 59.64%。

表 7-19　2016—2017 年各地区基金论文比与基金论文数变化情况

地区	基金论文比			基金论文篇数		增长率
	2017 年	2016 年	变化（百分点）	2017 年	2016 年	
北京	65.49%	63.61%	2.86	42557	42314	34.89%
江苏	68.88%	67.04%	2.67	29240	29641	30.18%
上海	66.14%	64.92%	1.84	19123	19171	33.69%
广东	69.45%	66.14%	4.76	18902	18764	31.06%
陕西	68.10%	65.43%	3.92	18839	19214	30.54%
湖北	63.09%	60.37%	4.31	15892	15691	37.70%
四川	63.05%	60.01%	4.81	13971	14040	36.64%
山东	64.68%	62.71%	3.04	13717	13812	34.88%
辽宁	67.56%	65.94%	2.40	12703	13113	30.26%
浙江	67.00%	64.34%	3.97	12262	12530	31.54%
河南	66.00%	64.95%	1.59	11885	11656	35.27%
河北	61.08%	65.38%	−7.05	10072	9281	43.72%
湖南	75.89%	73.90%	2.62	9927	10376	20.67%
天津	68.75%	56.62%	17.64	9188	10005	25.13%
安徽	70.05%	67.25%	4.00	8232	8333	29.09%
黑龙江	74.55%	74.31%	0.32	8081	8534	21.27%
重庆	70.84%	68.27%	3.62	7974	8246	26.75%
福建	75.05%	73.17%	2.51	6343	6397	24.31%
广西	78.34%	75.31%	3.86	6321	6327	21.59%
新疆	76.07%	74.29%	2.34	5993	6450	18.13%
云南	74.30%	73.12%	1.59	5962	6058	24.50%

地区	基金论文比			基金论文篇数		增长率
	2017 年	2016 年	变化（百分点）	2017 年	2016 年	
甘肃	75.35%	73.50%	2.45	5798	5984	22.24%
吉林	72.13%	71.98%	0.21	5779	6141	23.35%
山西	70.73%	65.68%	7.14	5623	5211	34.45%
江西	78.39%	76.37%	2.59	5185	5196	21.44%
贵州	79.28%	77.23%	2.59	4891	4941	19.91%
内蒙古	68.68%	67.37%	1.91	3107	3309	26.86%
海南	69.43%	62.46%	10.04	2185	2186	30.54%
宁夏	72.97%	70.84%	2.91	1444	1504	24.00%
青海	59.64%	59.88%	−0.40	925	876	43.52%
西藏	78.82%	77.42%	1.77	253	24	92.52%
不详	19.64%	34.14%	−73.83	11	575	−926.79%
合计	68.28%	65.94%	3.43	322385	325900	30.97%

数据来源：CSTPCD。

（2）SCI 收录基金论文的地区分布

根据 SCI 数据统计，2017 年中国各类基金资助产出论文的地区分布情况如表 7-20 所示。

2017 年，中国各类基金资助产出论文最多的地区是北京，产出 44264 篇，占全部基金论文的 16.00%；其次是江苏，产出 30812 篇，占全部基金论文的 11.14%；排在第 3 位的是上海，产出 23652 篇，占全部基金论文的 8.55%。

表 7-20　2017 年各地区基金论文比与基金论文数变化情况

排名	地区	基金论文篇数	占全部基金论文的比例	论文篇数	基金论文比
1	北京	44264	16.00%	49319	89.75%
2	江苏	30812	11.14%	33516	91.93%
3	上海	23652	8.55%	26332	89.82%
4	广东	17950	6.49%	19756	90.86%
5	湖北	15380	5.56%	17107	89.90%
6	陕西	14820	5.36%	16567	89.45%
7	浙江	14084	5.09%	15899	88.58%
8	山东	13771	4.98%	16323	84.37%
9	四川	11354	4.10%	13164	86.25%
10	辽宁	10124	3.66%	11407	88.75%
11	湖南	9227	3.34%	10316	89.44%
12	天津	8456	3.06%	9399	89.97%
13	安徽	7646	2.76%	8247	92.71%

续表

排名	地区	基金论文篇数	占全部基金论文的比例	论文篇数	基金论文比
14	黑龙江	7548	2.73%	8431	89.53%
15	重庆	6507	2.35%	7188	90.53%
16	吉林	6503	2.35%	7520	86.48%
17	福建	5928	2.14%	6380	92.92%
18	河南	5824	2.11%	7275	80.05%
19	甘肃	3814	1.38%	4121	92.55%
20	河北	3011	1.09%	4004	75.20%
21	江西	3011	1.09%	3353	89.80%
22	山西	2972	1.07%	3290	90.33%
23	云南	2808	1.01%	3078	91.23%
24	广西	2292	0.83%	2526	90.74%
25	新疆	1509	0.55%	1687	89.45%
26	贵州	1250	0.45%	1384	90.32%
27	内蒙古	913	0.33%	1028	88.81%
28	海南	610	0.22%	651	93.70%
29	宁夏	306	0.11%	329	93.01%
30	青海	291	0.11%	321	90.65%
31	西藏	32	0.01%	40	80.00%
	合计	276669	100.00%	309958	89.26%

数据来源：SCI。

（3）CSTPCD 与 SCI 收录基金论文地区分布的异同

CSTPCD 和 SCI 两个数据库收录基金论文地区分布的相同点主要表现在：无论在 CSTPCD 还是在 SCI 数据库中，产出基金论文数居前 4 位的地区是北京、江苏、上海和广东。

CSTPCD 和 SCI 两个数据库收录基金论文地区分布的不同点主要表现为：SCI 数据库中基金论文的地区分布更为集中。例如，在 CSTPCD 数据库中，基金论文数居前 8 位的地区产出了 50% 以上的基金论文，基金论文数居前 17 位的地区产出了 80% 以上的基金论文；在 SCI 数据库中，基金论文数居前 6 位的地区产出了 50% 以上的基金论文，基金论文数居前 13 位的地区产出了 80% 以上的基金论文。

7.3.7　基金论文的合著情况分析

（1）CSTPCD 收录基金论文合著情况分析

如图 7-5 所示，2017 年 CSTPCD 收录基金论文 322385 篇，其中 310364 篇是合著论文，合著论文比例为 96.27%，这一值较 CSTPCD 收录所有论文的合著比例（93.04%）高了 3.23 个百分点。

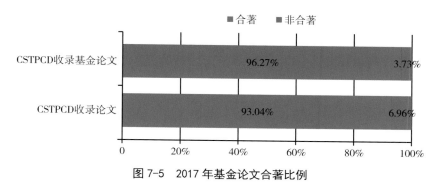

图 7-5　2017 年基金论文合著比例

数据来源：CSTPCD。

2017 年，CSTPCD 收录所有论文的篇均作者数为 4.28 人 / 篇，该数据库收录基金论文篇均作者数为 4.60 人 / 篇，基金论文的篇均作者数较所有论文的篇均作者数高出 0.32 人 / 篇。

如表 7-21 所示，CSTPCD 收录基金论文中的合著论文以 4 位作者论文最多，共计 63605 篇，占全部基金论文总数的 19.73%；5 位作者论文所占比例排名居第 2 位，共计 59131 篇，占全部基金论文总数的 18.34%；排在第 3 位的是 3 位作者论文，共计 54893 篇，占全部基金论文的 17.03%。

表 7-21　2017 年不同作者数的基金论文数

作者数	基金论文篇数	占全部基金论文的比例	作者数	基金论文篇数	占全部基金论文的比例
1	11063	3.43%	7	24226	7.51%
2	36752	11.40%	8	13704	4.25%
3	54893	17.03%	9	7171	2.22%
4	63605	19.73%	10	3321	1.03%
5	59131	18.34%	≥ 11 及不详	4293	1.33%
6	44226	13.72%	总计	322385	100.00%

数据来源：CSTPCD。

表 7-22 列出了基金论文的合著论文比例与篇均作者数的学科分布。根据 CSTPCD 数据统计，各学科基金论文中合著论文比例最高的是核科学技术，为 99.39%；水产学，畜牧、兽医，动力与电气，食品，药物学，农学，军事医学与特种医学这 7 个学科基金论文的合著论文比例也都超过了 98.00%；数学学科基金论文的合著比例最低，为 83.45%；排在倒数第 2 位的是天文学，该学科基金论文的合著比例为 86.63%。如表 7-22 所示，各学科篇均作者数在 2.42 ～ 6.19 人 / 篇，篇均作者数最高的是畜牧、兽医，为 6.19 人 / 篇；其次是水产学，为 5.72 人 / 篇；排在第 3 位的是农学，为 5.57 人 / 篇。

表 7-22　2017 年基金论文的合著论文比例与篇均作者数的学科分布

学科	基金论文篇数	合著论文篇数	合著论文比例	篇均作者数 /（人 / 篇）
临床医学	61382	59222	96.48%	5.02
计算技术	21959	20876	95.07%	3.47
农学	19700	19353	98.24%	5.57
电子、通信与自动控制	18340	17440	95.09%	4.05
中医学	16832	16268	96.65%	4.90
地学	12762	12404	97.19%	4.73
环境科学	12153	11892	97.85%	4.83
生物学	10754	10531	97.93%	5.18
基础医学	9349	9129	97.65%	5.26
土木建筑	8855	8540	96.44%	3.84
冶金、金属学	8417	8161	96.96%	4.41
化工	7902	7685	97.25%	4.70
预防医学与卫生学	7656	7457	97.40%	5.19
食品	7325	7220	98.57%	5.14
机械、仪表	7377	7155	96.99%	3.87
化学	7270	7121	97.95%	4.87
交通运输	7218	6918	95.84%	3.72
药物学	6798	6690	98.41%	5.04
畜牧、兽医	5769	5729	99.31%	6.19
材料科学	5025	4794	95.40%	4.78
物理学	4503	4308	95.67%	4.80
能源科学技术	4099	3872	94.46%	4.86
矿山工程技术	4197	3755	89.47%	3.83
数学	4368	3645	83.45%	2.42
林学	3546	3451	97.32%	4.97
航空航天	3297	3228	97.91%	3.97
工程与技术基础学科	2919	2842	97.36%	4.38
动力与电气	2844	2809	98.77%	4.39
水利	2521	2457	97.46%	3.97
测绘科学技术	2443	2362	96.68%	3.84
水产学	1764	1752	99.32%	5.72
力学	1643	1588	96.65%	3.75
轻工、纺织	1478	1402	94.86%	4.46
军事医学与特种医学	1060	1041	98.21%	5.39
管理学	836	790	94.50%	2.91
核科学技术	660	656	99.39%	5.38

续表

学科	基金论文篇数	合著论文篇数	合著论文比例	篇均作者数 /（人 / 篇）
天文学	374	324	86.63%	4.13
信息、系统科学	314	291	92.68%	3.07
安全科学技术	220	209	95.00%	4.04
其他	16456	14997	91.13%	3.48
合计	322385	310364	96.27%	4.60

数据来源：CSTPCD。

（2）SCI 收录基金论文合著情况分析

2017 年 SCI 收录中国基金论文 276669 篇，合著论文占比为 98.79%，这一值较 SCI 收录所有论文的合著比例 98.35% 高了 0.44 个百分点（如图 7-6 所示）。

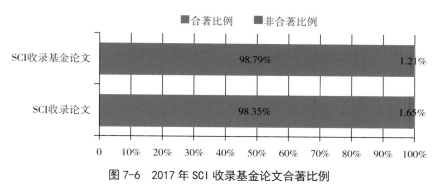

图 7-6　2017 年 SCI 收录基金论文合著比例

数据来源：SCI。

如表 7-23 所示，SCI 收录基金论文中的合著论文以 5 位作者最多，共计 46252 篇，占全部基金论文总数的 16.72%；其次是 4 位作者论文，共计 42549 篇，占全部基金论文总数的 15.38%；排在第 3 位的是 6 位作者论文，共计 41068 篇，占全部基金论文总数的 14.84%。

表 7-23　2017 年不同作者数的基金论文数

作者数	基金论文篇数	占全部基金论文的比例	作者数	基金论文篇数	占全部基金论文的比例
1	3359	1.21%	8	22210	8.03%
2	17018	6.15%	9	15152	5.48%
3	30931	11.18%	10	10754	3.89%
4	42549	15.38%	11	5813	2.10%
5	46252	16.72%	12	3767	1.36%
6	41068	14.84%	≥ 13	7691	2.78%
7	30105	10.88%	总计	276669	100.00%

数据来源：SCI。

表 7–24 列出了基金论文的合著论文比例与篇均作者数的学科分布。根据 SCI 数据统计，合著论文比例最高的是军事医学与特种医学。如表 7–24 所示，各学科篇均作者数在 2.44~13.69 人 / 篇，篇均作者数最高的是天文学，为 13.69 人 / 篇；其次是临床医学，为 7.90 人 / 篇。

表 7–24　基金论文的合著论文比例与篇均作者数的学科分布

学科	基金论文篇数	合著论文篇数	合著论文比例	篇均作者数 /（人 / 篇）
化学	43290	43146	99.67%	6.13
生物学	33302	33196	99.68%	7.26
物理学	28583	28124	98.39%	5.57
材料科学	22553	22449	99.54%	5.92
临床医学	19989	19961	99.86%	7.90
基础医学	15314	15295	99.88%	7.38
电子、通信与自动控制	14979	14803	98.83%	4.39
地学	11142	11037	99.06%	5.07
计算技术	10903	10671	97.87%	4.09
环境科学	9970	9909	99.39%	5.74
化工	7425	7393	99.57%	5.58
数学	8538	7368	86.30%	2.44
药物学	7284	7268	99.78%	7.34
能源科学技术	6886	6863	99.67%	5.43
农学	4100	4087	99.68%	6.76
机械、仪表	4115	4078	99.10%	4.39
土木建筑	2863	2849	99.51%	4.25
力学	2899	2820	97.27%	3.77
食品	2798	2504	89.49%	5.36
预防医学与卫生学	2415	2402	99.46%	7.56
天文学	1526	1447	94.82%	13.69
冶金、金属学	1445	1441	99.72%	4.93
水产学	1434	1433	99.93%	6.41
工程与技术基础学科	1449	1416	97.72%	3.77
水利	1308	1301	99.46%	5.13
畜牧、兽医	1228	1227	99.92%	7.49
核科学技术	1219	1216	99.75%	6.31
轻工、纺织	1012	1008	99.60%	5.59
中医学	927	926	99.89%	7.42
动力与电气	901	896	99.45%	4.81
航空航天	844	834	98.82%	3.87

续表

学科	基金论文篇数	合著论文篇数	合著论文比例	篇均作者数 /（人 / 篇）
林学	822	819	99.64%	5.92
信息、系统科学	808	767	94.93%	3.22
管理学	744	721	96.91%	3.47
交通运输	678	672	99.12%	4.13
矿山工程技术	365	360	98.63%	4.91
军事医学与特种医学	334	334	100.00%	7.79
安全科学技术	111	110	99.10%	3.70
其他	166	159	95.78%	4.52
总计	276669	273310	98.79%	5.98

数据来源 : SCI。

7.3.8　国家自然科学基金委员会项目投入与论文产出的效率

根据 CSTPCD 数据统计，2017 年国家自然科学基金委员会项目论文产出效率如表 7–25 所示。一般说来，国家科技计划（项目）资助时间在 1~3 年。我们以统计当年以前 3 年的投入总量作为产出的成本，计算中国科技论文的产出效率，即用 2017 年基金项目论文数量除以 2014—2016 年基金项目投入的总额。从表 7–26 中可以看到，2014—2016 年，国家自然科学基金项目的基金论文产出效率达到约 171.81 篇 / 亿元。

表 7–25　2017 年国家自然科学基金委员会项目国内论文产出效率

基金资助项目	2017 年论文篇数	资助总额 / 亿元				基金论文产出效率 /（篇 / 亿元）
		2014 年	2015 年	2016 年	总计	
国家自然科学基金委员会项目	127313	250.68	222.28	268.03	740.99	171.81

注：2017 年论文数的数据来源于 CSTPCD、资助金额数据来源于国家自然科学基金委员会统计年报。

根据 SCI 数据统计，2017 年国家自然科学基金委员会项目论文产出效率如表 7–26 所示。2014—2016 年，国家自然科学基金委员会项目的投入产出效率约 226.88 篇 / 亿元。

表 7–26　2017 年国家自然科学基金委员会项目 SCI 论文产出效率

基金资助项目	2017 年论文篇数	资助总额 / 亿元				基金论文产出效率 /（篇 / 亿元）
		2014 年	2015 年	2016 年	总计	
国家自然科学基金委员会项目	168115	250.68	222.28	268.03	740.99	226.88

注：2017 年论文数的数据来源于 SCI，资助金额数据来源于国家自然科学基金委员会统计年报。

7.4   讨论

本章对 CSTPCD 和 SCI 收录的基金论文从多个维度进行了分析，包括基金资助来源，基金论文的文献类型分布、机构分布、学科分布、地区分布、合著情况及 3 个国家级科技计划（项目）的投入产出效率。通过以上分析，主要得到了以下结论：

①中国各类基金资助产出论文数在整体上维持稳定状态，基金论文在所有论文中所占比重不断增长，基金资助正在对中国科技事业的发展发挥越来越大的作用。

②中国目前已经形成了一个以国家自然科学基金、科技部计划（项目）资助为主，其他部委基金和地方基金、机构基金、公司基金、个人基金和海外基金为补充的多层次的基金资助体系。

③ CSTPCD 和 SCI 收录的基金论文在文献类型分布、机构分布、地区分布上具有一定的相似性；其各种分布情况与 2016 年相比也具有一定的稳定性。SCI 收录基金论文在文献类型分布、机构分布和地区分布上与 CSTPCD 数据库表现出了许多相近的特征。

④基金论文的合著论文比例和篇均作者数高于平均水平，这一现象同时存在于 CSTPCD 和 SCI 这两个数据库中。

⑤ 2017 年国家自然科学基金项目资助的论文产出效率有所提升。

参考文献

[1]　培根 . 学术的进展 [M]. 刘运同 , 译 . 上海：上海人民出版社，2007: 58.

[2]　中国科学技术信息研究所 .2016 年度中国科技论文统计与分析（年度研究报告）[M]. 北京：科学技术文献出版社，2017.

[3]　国家自然科学基金委员会 . 2016 年度报告 [EB/OL]. [2018-11-29].http://www.nsfc.gov.cn/nsfc/cen/ndbg/2016ndbg/index.html.

8 中国科技论文合著情况统计分析

科技合作是科学研究工作发展的重要模式。随着科技的进步、全球化趋势的推动，以及先进通信方式的广泛应用，科学家能够克服地域的限制，参与合作的方式越来越灵活，合著论文数一直保持着增长的趋势。中国科技论文统计与分析项目自 1990 年起对中国科技论文的合著情况进行了统计分析。2017 年合著论文数量及所占比例与 2016 年基本持平。2017 年数据显示，无论西部地区还是其他地区，都十分重视并积极参与科研合作。各个学科领域内的合著论文比例与其自身特点相关。同时，对国内论文和国际论文的统计分析表明，中国与其他国家（地区）的合作论文情况总体保持稳定。

8.1 CSTPCD 2017 收录的合著论文统计与分析

8.1.1 概述

"2017 年中国科技论文与引文数据库"（CSTPCD 2017）收录中国机构作为第一作者单位的自然科学领域论文 472120 篇，这些论文的作者总人次达到 2022722 人次，平均每篇论文由 4.28 个作者完成，其中合著论文总数为 439785 篇，所占比例为 93.2%，比 2016 年的 92.4% 增加了 0.9 个百分点。有 32335 篇是由一位作者独立完成的，数量比 2016 年的 37350 篇有所减少，在全部中国论文中所占的比例为 6.8%，比 2016 年有所下降。

表 8-1 列出了 1994—2017 年 CSTPCD 论文篇数、作者数、篇均作者人数、合著论文篇数及比例的变化情况。由表中可以看出，篇均作者人数值除 2007 年和 2012 年略有波动外，一直保持增长的趋势，2014 年之后篇均作者人数一直保持在 4 人以上。

由表 8-1 还可以看出，合著论文的比例在 2005 年以后一般都保持在 88% 以上。虽然在 2007 年略有下降，但是在 2008 年以后又开始回升，保持在 88% 以上的水平波动，2015 年的合著论文比例与 2015 年基本持平。

表 8-1 1994—2017 年 CSTPCD 收录论文作者数及合作情况

年份	论文篇数	作者人数	篇均作者人数	合著论文篇数	合著比例
1994	107492	295125	2.75	76556	71.2%
1995	107991	304651	2.82	81110	75.1%
1996	116239	340473	2.93	88673	76.3%
1997	120851	366473	3.03	95510	79.0%
1998	133341	413989	3.10	107989	81.0%
1999	162779	511695	3.14	132078	81.5%
2000	180848	580005	3.21	151802	83.9%
2001	203299	662536	3.25	169813	83.5%

年份	论文篇数	作者人数	篇均作者人数	合著论文篇数	合著比例
2002	240117	796245	3.32	203152	84.6%
2003	274604	929617	3.39	235333	85.7%
2004	311737	1077595	3.46	272082	87.3%
2005	355070	1244505	3.50	314049	88.4%
2006	404858	1430127	3.53	358950	88.7%
2007	463122	1615208	3.49	403914	87.2%
2008	472020	1702949	3.61	419738	88.9%
2009	521327	1887483	3.62	461678	88.6%
2010	530635	1980698	3.73	467857	88.2%
2011	530087	1975173	3.72	466880	88.0%
2012	523589	2155230	4.12	466864	89.2%
2013	513157	1994679	3.89	460100	89.7%
2014	497849	1996166	4.01	454528	91.3%
2015	493530	2074142	4.20	455678	92.3%
2016	494207	2057194	4.16	456857	92.4%
2017	472120	2022722	4.28	439273	93.2%

如图 8-1 所示，合著论文的数量在持续快速增长，但是在 2008 年合著论文数量的变化幅度明显小于相邻年度。这主要是 2008 年论文总数增长幅度也比较小，比 2007 年仅增长 8898 篇，增幅只有 2%，因此导致尽管合著论文比例增加，但是数量增幅较小。而在 2009 年，随着论文总数增幅的回升，在比例保持相当水平的情况下，合著论文数量的增幅也有较明显的回升。2009 年以后合著论文的增减幅度基本持平。相对 2010 年，2011 年合著论文减少了 977 篇，降幅约为 0.2%。相对 2011 年，2012 年论文总数减少了 6498 篇，降幅约为 1.2%，合著论文的数量和 2011 年相对持平，论文的合著比例显著增加。与 2016 年相比，2017 年论文篇数量有所减少。

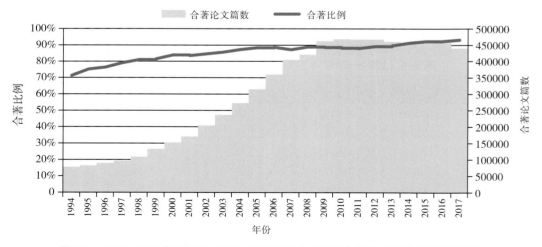

图 8-1　1994—2017 年 CSTPCD 收录中国科技论文合著论文数和合著论文比例的变化

　　如图 8-2 所示为 1994—2017 年 CSTPCD 收录中国科技论文数和篇均作者的变化情况。CSTPCD 收录的论文数由于收录的期刊数量增加而持续增长，特别是在 2001—2008 年，每年增幅一直持续保持在 15% 左右；2009 年以后增长的幅度趋缓，2010 年的增幅约为 1.8%，2011 年和 2013 年相对持平。论文篇均作者人数的曲线显示，尽管在 2007 年出现下降，但是从整体上看仍然呈现缓慢增长的趋势，至 2009 年以后呈平稳趋势。2011 年论文篇均作者人数是 3.72 人，与 2010 年的 3.73 人基本持平。2016 年论文篇均作者人数是 4.16 人，与 2015 年略有下降。

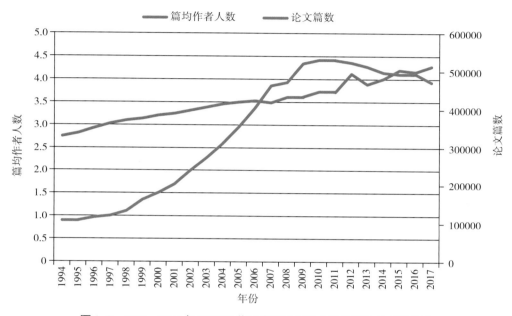

图 8-2　1994—2017 年 CSTPCD 收录中国科技论文数和篇均作者的变化

　　论文体现了科学家进行科研活动的成果，近年的数据显示大部分的科研成果由越来越多的科学家参与完成，并且这一比例还保持着增长的趋势。这表明中国的科学技术研究活动，越来越依靠科研团队的协作。同时数据也反映出合作研究有利于学术发展和研究成果的产出。2007 年数据显示，合著论文的比例和篇均作者人数开始下降，这是由于论文数的快速增长导致这些相对指标的数值降低。2007 年合著论文比例和篇均作者人数两项指标同时下降，到了 2008 年又开始回升，而在 2009 年和 2010 年数值又恢复到 2006 年水平，2011 年基本与 2010 年的数值持平，2012 年合著论文的比例持续上升，同时篇均作者人数指标大幅上升。2013 年论文继续下降，篇均作者人数回落到了2011 年的水平，2014 年论文数仍然在下降，但是篇均作者人数又出现小幅回升。这种数据的波动有可能是达到了合著论文比例增长态势从快速上升转变为相对稳定的信号，合著论文的比例大体将稳定在 90% 左右的水平；篇均作者人数大体将维持在 4 人左右，2017 年依旧延续了这种趋势。

8.1.2　各种合著类型论文的统计

与往年一样，我们将中国作者参与的合著论文按照参与合著的作者所在机构的地域关系进行了分类，按照 4 种合著类型分别统计。这 4 种合著类型分别是：同机构合著、同省不同机构合著、省际合著和国际合著。表 8-2 分类列出了 2015—2017 年不同合著类型论文数和在合著论文总数中所占的比例。

通过 3 年数值的对比，可以看到各种合著类型所占比例大体保持稳定。图 8-3 显示了各种合著类型论文所占比例，从中可以看出 2015 年、2016 年与 2017 年 3 年的论文数和各种类型论文的比例有些变化。2017 年的同机构合著类型比例与国际合著类型比例较 2015 年略有下降，下降 0.9 个百分点；同省不同机构合著类型论文数所占比例比 2016 年的 20.8% 提高了 0.7 个百分点；省际合著论文数与国际合著论文数比例基本与 2016 年一致。各类型合著论文数的比例变化详见图 8-3。

表 8-2　2015—2017 年 CSTPCD 收录各种类型合著论文数及比例

合作类型	论文篇数			占合著论文总数的比例		
	2015 年	2016 年	2017 年	2015 年	2016 年	2017 年
同机构合著	288455	289323	274381	63.3%	63.3 %	62.4 %
同省不同机构合著	97251	94910	94466	21.3%	20.8 %	21.5 %
省际合著	66025	68449	66627	14.5%	15.0 %	15.1 %
国际合著	3947	4175	4311	0.9%	0.9 %	1.0 %
总数	455678	456857	439785	100.0%	100.0 %	100.0 %

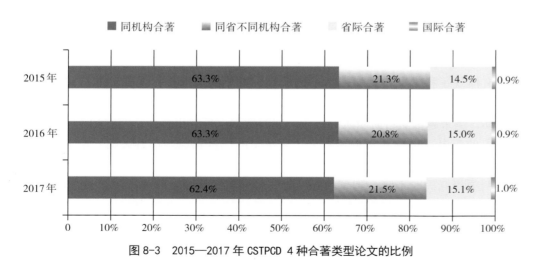

图 8-3　2015—2017 年 CSTPCD 4 种合著类型论文的比例

CSTPCD 2017 收录中国科技论文合著关系的学科分布详见附表 45，地区分布详见附表 46。

以下分别详细分析论文的各种类型的合著情况。

（1）同机构合著情况

2017 年同机构合著论文在全部论文中所占的比例为 62.4%，与 2015 年的 63.3% 相比略有下降，在各个学科和各个地区的统计中，同机构合著论文所占比例同样是最高的。

由附表 45 中的数据可以看到，航空航天学科同机构合著论文比例为 66.2%，也就是说该学科论文有近七成是同机构的作者合著完成的。由附表 45 还可以看到这一类型合著论文比例最低的学科与往年一样，仍然是能源科学技术，比例为 40.5%，与 2016 年相比下降了 0.7%。

由附表 46 中可以看出，同机构合著论文所占比例最高的为黑龙江，为 63.2%。这一比例数值较高的地区还有安徽、上海、辽宁、湖北、吉林和江苏，这些地区的数值都超过了 60%。这一比例数值最小的地区是西藏，比例为 45.5%。同时由附表 46 还可以看出，同一机构合著论文比例数值较小的地区大都为整体科技实力相对薄弱的西部地区。

（2）同省不同机构合著论文情况

2017 年同省内不同机构间的合著论文占全部论文总数的 21.5%。

由附表 45 可以看出，中医学同省不同机构间的合著论文比例最高，达到了 32.1%；农学和预防医学与卫生学同省不同机构间的合著论文比例次之。比例最低的学科是力学，为 10.8%。

附表 46 显示，各个省的同省不同机构合著论文比例数值大都集中在 16% ～ 25% 的范围。比例最高的省份是贵州、新疆和宁夏，比例均为 25.4%。比例最低的省份是西藏，为 8.7%。

（3）省际合著论文情况

2017 年不同省区的科研人员合著论文占全部论文总数的 15.1%。

附表 45 还列出了不同学科的省际合著论文比例。可以看到，能源科学技术是省际合著比例最高的学科，比例达到 34.9%。比例超过 25% 的学科还有地学、测绘科学技术、天文学和安全科学技术。比例最低的学科是临床医学，仅为 7.5%。同时由表中还可以看出，医学领域这个比例数值普遍较低，预防医学与卫生学、中医学、药物学、军事医学与特种医学等学科的比例都比较低。不同学科省际合著论文比例的差异与各个学科论文总数及研究机构的地域分布有关系。研究机构地区分布较广的学科，省际合作的机会比较多，省际合著论文比例就会比较高，如地学、矿山工程技术和林学。而医学领域的研究活动的组织方式具有地域特点，这使得其同单位的合作比例最高，同省次之，省际合作的比例较少。

附表 46 中所列出的各省省际合著论文比例最高的是西藏，比例最低的是上海。大体上可以看出这样的规律：科技论文产出能力比较强的地区省际合著论文比例低一些，反之论文产出数量较少的地区省际合著论文比例就高一些。这表明科技实力较弱的地区在科研产出上，对外依靠的程度相对高一些。但是对比北京、江苏、广东和上海这几个论文产出数量较多的地区，可以看到北京省际合著论文比例为 16.4%，明显高于江苏（12.9%）、广东（11.9%）和上海（11.1%）。

（4）国际合著论文情况

如附表 45 所示，2017 年国际合著论文比例最高的学科是天文学，比例达到 7.9%，其后是物理学、地学、材料科学和生物学，都超过了 2%。国际合著论文比例最低的是临床医学和安全科学技术，比例均为 0.4%。

如附表 46 所示，国际合著论文比例最高的地区是北京和上海，均为 1.4%。北京地区的国际合著论文数量为 917 篇，远远领先于其他省区。江苏、上海和广东的国际合著论文数量都超过了 300 篇，排在第二阵营。

（5）西部地区合著论文情况

交流与合作是西部地区科技发展与进步的重要途径。将各省的省际合著论文比例与国际合著论文比例的数值相加，作为考察各地区与外界合作的指标。图 8-4 对比了西部地区和其他地区的这一指标值，可以看出西部地区和其他地区之间并没有明显差异，13 个西部地区省际合著论文比例与国际合著论文比例的数值超过 15.0% 的有 6 个，特别是西藏地区对外合著的比例高达 38.6%，明显高于其他省区。而其他 18 个地区中也只有 8 个达到 15.0%。这表明西部地区由于科技实力相对较弱而科技发展需求较强，与外界合作的势头还要强一些。

图 8-5 是各省的合著论文比例与论文总数对照的散点图。从横坐标方向数据点分布可以看到，西部地区的合著论文产出数量明显少于其他地区；但是从纵坐标方向数据点分布看，西部地区数据点的分布在纵坐标方向整体上与其他地区没有十分明显的差异。除山西、内蒙古、陕西和青海外，西部地区合著产生的论文比例均超过 90%；新疆地区合著论文比例最高，达到 95.8%。

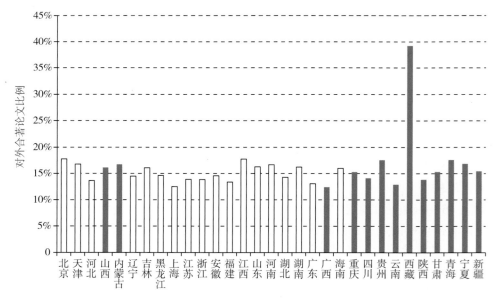

图 8-4　西部地区和其他地区对外合著论文比例的比较

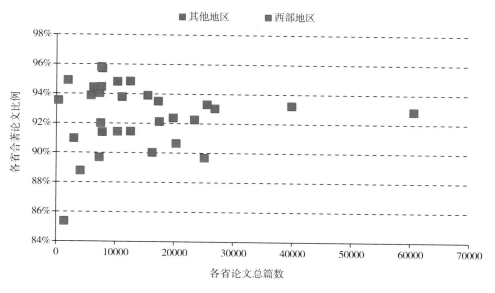

图 8-5 　CSTPCD 2017 收录各省论文总数和合著论文比例

　　表 8-3 列出了西部各省区的各种合著类型论文比例的分布数值。从数值上看，大部分西部省区的各种类型合著论文的分布情况与全部论文计算的数值差别并不是很大，但国际合著论文的比例除个别地区外，普遍低于整体水平。

表 8-3 　2017 年西部各省区的各种合著类型论文比例

地区	单一作者比例	同机构合著比例	同省不同机构合著比例	省际合著比例	国际合著比例
山西	8.5%	58.6%	16.7%	15.5%	0.7%
内蒙古	9.8%	52.7%	20.8%	16.3%	0.5%
广西	7.3%	57.5%	22.7%	12.0%	0.5%
重庆	8.2%	59.9%	16.6%	14.6%	0.7%
四川	8.4%	58.1%	19.3%	13.4%	0.7%
贵州	5.4%	51.6%	25.4%	17.2%	0.4%
云南	5.4%	56.3%	25.3%	12.3%	0.7%
西藏	6.5%	45.5%	8.7%	38.6%	0.6%
陕西	9.3%	58.1%	18.7%	13.2%	0.7%
甘肃	5.4%	58.4%	20.8%	14.8%	0.5%
青海	13.2%	49.7%	19.5%	17.4%	0.2%
宁夏	4.1%	53.7%	25.4%	16.6%	0.3%
新疆	3.9%	55.2%	25.4%	14.7%	0.7%
全部省区论文	6.8%	58.1%	20.0%	14.1%	0.9%

8.1.3　不同类型机构之间的合著论文情况

表 8-4 列出了 CSTPCD 2017 收录的不同机构之间各种类型的合著论文数，反映了各类机构合作伙伴的分布。数据显示，高等院校之间的合著论文数量最多，而且无论是高等院校主导、其他类型机构参与的合作，还是其他类型机构主导、高等院校参与的合作，论文产出量都很多。科研机构和高等院校的合作也非常紧密，而且更多地依赖于高等院校。高等院校主导、研究机构参加的合著论文数超过了研究机构之间的合著论文数，更比研究机构主导、高等院校参加的合著论文数量多出了 1 倍多。与农业机构合著论文的数据和公司企业合著论文的数据也体现出类似的情况，也是高等院校在合作中发挥重要作用。医疗机构之间的合作论文数比较多，这与其专业领域比较集中的特点有关。同时，由于高等院校中有一些医学专业院校和附属医院，在医学和相关领域的科学研究中发挥重要作用，所以医疗机构和高等院校合作产生的论文数也很多。

表 8-4　CSTPCD 2017 收录的不同机构之间各种类型的合著论文数

机构类型	高等院校	研究机构	医疗机构	农业机构	公司企业
高等院校[①] / 篇	63516	24087	26943	821	18538
研究机构[①] / 篇	10739	7075	1175	593	3957
医疗机构[①②] / 篇	23549	2232	30021	2	702
农业机构[①] / 篇	145	163	0	176	45
公司企业[①] / 篇	4502	1661	143	20	3935

注：① 表示在发表合著论文时作为第一作者。
　　② 医疗机构包括独立机构和高等院校附属医疗机构。

8.1.4　国际合著论文的情况

CSTPCD 2017 收录的中国科技人员为第一作者参与的国际合著论文总数为 4311 篇，与 2016 年的 4175 篇相比，增长了 136 篇。

（1）地区和机构类型分布

2017 年在中国科技人员作为第一作者发表的国际合著论文中，有 917 篇论文的第一作者分布在北京地区，在中国科技人员作为第一作者的国际合著论文中所占比例达到 21.3%。

对比表 8-5 中所列出的各地区国际合著论文数和比例，可以看到，与往年的统计结果情况一样，北京远远高于其他的地区，其他各地区中国际合著论文数最高的是江苏，为 431 篇，所占比例占全国总量的 10.0%，但是仍不及北京地区的一半。这一方面是由于北京的高等院校和大型科研院所比较集中，论文产出的数量比其他地区多很多；另一方面北京作为全国科技教育文化中心，有更多的机会参与国际科技合作。

在北京、江苏之后，所占比例较高的地区还有上海和广东，它们所占的比例分别是 9.1% 和 7.2%。不足 10 篇的地区是宁夏、青海和西藏。

表 8-5　CSTPCD 2017 收录的中国科技人员作为第一作者的国际合著论文按国内地区分布情况

地区	第一作者		地区	第一作者	
	论文篇数	比例		论文篇数	比例
北京	917	21.3%	重庆	78	1.8%
江苏	431	10.0%	吉林	76	1.8%
上海	394	9.1%	新疆	56	1.3%
广东	312	7.2%	山西	54	1.3%
湖北	215	5.0%	云南	53	1.2%
浙江	202	4.7%	河北	48	1.1%
陕西	189	4.4%	甘肃	40	0.9%
山东	163	3.8%	广西	38	0.9%
四川	159	3.7%	江西	35	0.8%
辽宁	154	3.6%	贵州	25	0.6%
湖南	137	3.2%	内蒙古	21	0.5%
天津	110	2.6%	海南	15	0.3%
黑龙江	103	2.4%	宁夏	5	0.1%
河南	101	2.3%	青海	3	0.1%
福建	95	2.2%	西藏	2	0.0%
安徽	80	1.9%			

2017 年国际合著论文的机构类型分布如表 8-6 所示，依照第一作者单位的机构类型统计，高等院校仍然占据最主要的地位，所占比例为 78.8%，与 2016 年相比，增长 5.0 个百分点。

表 8-6　CSTPCD 2017 收录的中国科技人员作为第一作者的国际合著论文按机构分布情况

机构类型	国际合著论文篇数	国际合著论文比例
高等院校	3399	78.8%
研究机构	619	14.4%
医疗机构[①]	130	3.0%
公司企业	83	1.9%
其他机构	80	1.9%

注：① 此处医疗机构的数据不包括高等院校附属医疗机构数据。

CSTPCD 2017 年收录的中国作为第一作者发表的国际合著论文中，其国际合著伙伴分布在 95 个国家（地区），覆盖范围比 2016 年有所增加。表 8-7 列出了国际合著论文数量较多的国家（地区）的合著论文情况。由表中可以看到，与中国合著论文数超过 100 篇的国家（地区）有 12 个。与此同时，还有另外 8 个国家（地区）的合著论文数超过 30 篇。与美国的合著论文数为 2173 篇，居第 1 位，比 2016 年度增加 648 篇；与日本的合著论文数为 432 篇。中国大陆与香港特别行政区的合著论文数为 432 篇。上述这 3 个国家（地区）的作者参与的合著论文数远远多于其他国家（地区）的合著论文数，中国内地作者与这 3 个国家（地区）的作者合著论文数加在一起，占全部中国国际合著论文数的比例超过了 70%，因此这 3 个国家（地区）是中国对外科技合作的主要伙伴。

表 8-7　2017 年中国国际合著伙伴的国家（地区）分布情况

国家（地区）	国际合著论文篇数	国家（地区）	国际合著论文篇数
美国	2173	中国台湾	119
中国香港	432	中国澳门	104
日本	432	荷兰	66
澳大利亚	404	意大利	55
英国	404	瑞典	52
加拿大	269	俄罗斯	50
德国	216	丹麦	48
法国	179	新西兰	46
新加坡	150	瑞士	36
韩国	132	比利时	32

（2）学科分布

从 CSTPCD 2017 收录的中国国际合著论文分布（表 8-8）来看，数量最多的学科是临床医学（488 篇），远远高于其他学科，在所有国际合著论文中所占的比例为 11.3%。合著论文数较多的还有地学和计算技术，数量分别为 272 篇和 270 篇。

表 8-8　CSTPCD 2017 收录的中国国际合著论文学科分布

学科	论文篇数	比例	学科	论文篇数	比例
数学	76	1.8%	矿山工程技术	43	1.0%
力学	45	1.0%	能源科学技术	33	0.8%
信息、系统科学	6	0.1%	冶金、金属学	100	2.3%
物理学	165	3.8%	机械、仪表	59	1.4%
化学	129	3.0%	动力与电气	50	1.2%
天文学	32	0.7%	核科学技术	15	0.3%
地学	272	6.3%	电子、通信与自动控制	269	6.2%
生物学	257	6.0%	计算技术	270	6.3%
预防医学与卫生学	94	2.2%	化工	81	1.9%
基础医学	143	3.3%	轻工、纺织	17	0.4%
药物学	98	2.3%	食品	62	1.4%
临床医学	488	11.3%	土木建筑	187	4.3%
中医学	139	3.2%	水利	32	0.7%
军事医学与特种医学	24	0.6%	交通运输	119	2.8%
农学	199	4.6%	航空航天	27	0.6%
林学	37	0.9%	安全科学技术	1	0.0%
畜牧、兽医	33	0.8%	环境科学	190	4.4%
水产学	13	0.3%	管理学	13	0.3%

续表

学科	论文篇数	比例	学科	论文篇数	比例
测绘科学技术	19	0.4%	社会科学	234	5.4%
工程与技术基础学科	50	1.2%			

8.1.5 CSTPCD 2017 海外作者发表论文的情况

CSTPCD 2017 中还收录了一部分海外作者在中国科技期刊上作为第一作者发表的论文（如表 8-9 所示），这些论文同样可以起到增进国际交流的作用，促进中国的研究工作进入全球的科技舞台。

表 8-9 CSTPCD 2017 收录的海外作者论文分布情况

国家（地区）	论文篇数	国家（地区）	论文篇数
美国	859	加拿大	128
印度	421	法国	103
伊朗	333	土耳其	92
韩国	207	巴基斯坦	83
中国香港	170	西班牙	77
德国	163	马来西亚	76
英国	158	俄罗斯	73
澳大利亚	156	中国澳门	72
日本	148	新加坡	60
意大利	134	中国台湾	51

CSTPCD 2017 共收录了海外作者发表的论文 4474 篇，比 CSTPCD 2016 的数量增加了 314 篇。这些海外作者来自于 106 个国家（地区），表 8-9 列出了 CSTPCD 2017 年收录的论文数较多的国家（地区），其中美国作者在中国独立发表的论文数最多，其次是印度、伊朗和韩国的作者。CSTPCD 2017 收录海外作者论文学科分布也十分广泛，覆盖了 40 个学科。表 8-10 列出了各个学科的论文数和所占比例，从中可以看到，物理学的论文数最多，达 464 篇，所占比例 10.4%；超过 100 篇的学科共有 17 个，其中数量较多的学科还有生物学和临床医学，论文数超过 300 篇。

表 8-10 CSTPCD 2017 收录的海外论文学科分布情况

学科	论文篇数	比例	学科	论文篇数	比例
数学	158	3.5%	工程与技术基础学科	98	2.2%
力学	46	1.0%	矿山工程技术	83	1.9%
信息、系统科学	1	0.0%	能源科学技术	27	0.6%
物理学	464	10.4%	冶金、金属学	123	2.7%

续表

学科	论文篇数	比例	学科	论文篇数	比例
化学	179	4.0%	机械、仪表	21	0.5%
天文学	51	1.1%	动力与电气	18	0.4%
地学	280	6.3%	核科学技术	3	0.1%
生物学	456	10.2%	电子、通信与自动控制	175	3.9%
预防医学与卫生学	47	1.1%	计算技术	48	1.1%
基础医学	145	3.2%	化工	129	2.9%
药物学	85	1.9%	轻工、纺织	7	0.2%
临床医学	448	10.0%	食品	10	0.2%
中医学	136	3.0%	土木建筑	185	4.1%
军事医学与特种医学	16	0.4%	水利	38	0.8%
农学	153	3.4%	交通运输	106	2.4%
林学	57	1.3%	航空航天	23	0.5%
畜牧、兽医	15	0.3%	安全科学技术	2	0.0%
水产学	8	0.2%	环境科学	142	3.2%
测绘科学技术	15	0.3%	管理学	2	0.0%
材料科学	220	4.9%	社会科学	112	2.5%

8.2　SCI 2017 收录的中国国际合著论文

据 SCI 数据库统计，2017 年收录的中国论文中，国际合作产生的论文为 9.74 万篇，比 2016 年增加了 1.39 万篇，增长了 16.6%。国际合著论文占中国发表论文总数的27.0%。

2017 年中国作者为第一作者的国际合著论文共计 67902 篇，占中国全部国际合著论文的 69.7%，合作伙伴涉及 155 个国家（地区）；其他国家作者为第一作者、中国作者参与工作的国际合著论文为 29484 篇，合作伙伴涉及 182 个国家（地区）。合著论文形式详见表 8-11。

表 8-11　2017 年科技论文的国际合著形式分布

	中国第一作者篇数	占比	中国参与合著篇数	占比
双边合作	57232	84.29%	17964	60.93%
三方合作	8630	12.71%	6523	22.12%
多方合作	2040	3.00%	4997	16.95%

注：双边合作指 2 个国家（地区）参与合作，三方合作指 3 个国家（地区）参与合作，多方合作指 3 个以上国家（地区）参与合作。

（1）合作国家（地区）分布

中国作者作为第一作者的合著论文 67902 篇，涉及的国家（地区）数为 155 个，合作论文篇数居前 6 位的合作伙伴分别是：美国、英国、澳大利亚、加拿大、日本和德国（如表 8–12 所示）。

表 8–12　中国作者作为第一作者与合作国家（地区）发表的论文

排名	国家（地区）	论文篇数	排名	国家（地区）	论文篇数
1	美国	29799	4	加拿大	4377
2	英国	6375	5	日本	3393
3	澳大利亚	6125	6	德国	3186

中国参与工作、其他国家（地区）作者为第一作者的合著论文 29484 篇，涉及 182 个国家（地区），合作论文篇数居前 6 位的合作伙伴分别是：美国、澳大利亚、英国、德国、日本和加拿大（如表 8–13 和图 8–6 所示）。

表 8–13　中国作者作为参与方与合作国家（地区）发表的论文

排名	国家（地区）	论文篇数	排名	国家（地区）	论文篇数
1	美国	10534	4	德国	1475
2	澳大利亚	1776	5	日本	1378
3	英国	1628	6	加拿大	1224

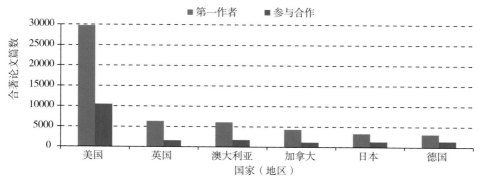

图 8-6　中国作者作为第一作者和作为参与方产出合著论文较多的合作国家（地区）

（2）国际合著论文的学科分布

如表 8–14 和表 8–15 所示为中国国际合著论文较多的学科分布情况。

表 8–14　中国作者作为第一作者的国际合著论文数居前 6 位的学科

学科	论文篇数	占本学科论文比例	学科	论文篇数	占本学科论文比例
化学	8193	12.07%	临床医学	5253	7.74%
生物学	8192	12.06%	材料科学	4734	6.97%

续表

学科	论文篇数	占本学科论文比例	学科	论文篇数	占本学科论文比例
物理学	5725	8.43%	电子、通信与自动控制	4490	6.61%

表 8-15 中国作者参与的国际合著论文数居前 6 位的学科

学科	论文篇数	占本学科论文比例	学科	论文篇数	占本学科论文比例
生物学	4258	14.44%	物理学	3021	10.25%
临床医学	3933	13.34%	基础医学	1659	5.63%
化学	3572	12.12%	材料科学	1618	5.49%

（3）国际合著论文数居前 6 位的中国地区

如表 8-16 所示为中国作者作为第一作者的国际合著论文数较多的地区。

表 8-16 中国作者作为第一作者的国际合著论文数居前 6 位的地区

地区	论文篇数	占本地区论文比例	地区	论文篇数	占本地区论文比例
北京	12648	18.63%	广东	5511	8.12%
江苏	7552	11.12%	湖北	4336	6.39%
上海	6550	9.65%	浙江	3607	5.31%

（4）中国已具备参与国际大科学合作能力

近年来，通过参与国际热核聚变实验堆（ITER）计划、国际综合大洋钻探计划和全球对地观测系统等一系列"大科学"计划，中国与美国、欧洲、日本、俄罗斯等主要科技大国开展平等合作，为参与制定国际标准、解决全球性重大问题做出了应有贡献。陆续建立起来的 5 个国家级国际创新园、33 个国家级国际联合研究中心和 222 个国际科技合作基地，成为中国开展国际科技合作的重要平台。随着综合国力和科技实力的增强，中国已具备参与国际"大科学"合作的能力。

"大科学"研究一般来说是指具有投资强度大、多学科交叉、实验设备复杂、研究目标宏大等特点的研究活动。"大科学"工程是科学技术高度发展的综合体现，是显示各国科技实力的重要标志。

2017 年中国发表的国际论文中，作者数大于 1000 人、合作机构数大于 150 个的论文共有 218 篇。作者数超过 100 人且合作机构数量大于 50 个的论文共计 508 篇，比 2016 年增加 12 篇。涉及的学科有：高能物理、天文与天体物理、生物学和医药卫生等。其中，中国机构作为第一作者的论文 40 篇，中国科学院高能物理所 38 篇。

8.3　讨论

　　通过对 CSTPCD 2017 和 SCI 2017 收录的中国科技人员参与的合著论文情况的分析，我们可以看到，更加广泛和深入的合作仍然是科学研究方式的发展方向。中国的合著论文数及其在全部论文中所占的比例显示出趋于稳定的趋势。

　　各种合著类型的论文所占比例与往年相比变化不大，同机构内的合作仍然是主要的合著类型。

　　不同地区由于其具体情况不同，合著情况有所差别。但是从整体上看，西部地区和其他地区相比，尽管在合著论文数上有一定的差距，但是在合著论文的比例上并没有明显的差异。而且在用国际合著和省际合著的比例考查地区对外合作情况时，西部地区的合作势头还略强一些。

　　由于研究方法和学科特点的不同，不同学科之间的合著论文的数量和规模差别较大，基础学科的合著论文数往往比较多，应用工程和工业技术方面的合著论文相对较少。

参考文献

[1]　中国科学技术信息研究所 . 2004 年度中国科技论文统计与分析 . 北京：科学技术文献出版社，2006.

[2]　中国科学技术信息研究所 . 2005 年度中国科技论文统计与分析 . 北京：科学技术文献出版社，2007.

[3]　中国科学技术信息研究所 . 2007 年版中国科技期刊引证报告（核心版）. 北京：科学技术文献出版社，2007.

[4]　中国科学技术信息研究所 . 2006 年度中国科技论文统计与分析 . 北京：科学技术文献出版社，2008.

[5]　中国科学技术信息研究所 . 2008 年版中国科技期刊引证报告（核心版）. 北京：科学技术文献出版社，2008.

[6]　中国科学技术信息研究所 . 2007 年度中国科技论文统计与分析 . 北京：科学技术文献出版社，2009.

[7]　中国科学技术信息研究所 . 2009 年版中国科技期刊引证报告（核心版）. 北京：科学技术文献出版社，2009.

[8]　中国科学技术信息研究所 . 2008 年度中国科技论文统计与分析 . 北京：科学技术文献出版社，2010.

[9]　中国科学技术信息研究所 . 2010 年版中国科技期刊引证报告（核心版）. 北京：科学技术文献出版社，2010.

[10]　中国科学技术信息研究所 . 2011 年版中国科技期刊引证报告（核心版）. 北京：科学技术文献出版社，2011.

[11]　中国科学技术信息研究所 . 2012 年版中国科技期刊引证报告（核心版）. 北京：科学技术文献出版社，2012.

[12]　中国科学技术信息研究所 . 2012 年度中国科技论文统计与分析（年度研究报告）. 北京：科学技术文献出版社，2014.

[13]　中国科学技术信息研究所 . 2013 年度中国科技论文统计与分析（年度研究报告）. 北京：科学技术文献出版社，2015.

[14]　中国科学技术信息研究所 . 2014 年度中国科技论文统计与分析（年度研究报告）. 北京：科学技术文献出版社，2016.

[15]　中国科学技术信息研究所 . 2015 年度中国科技论文统计与分析（年度研究报告）. 北京：科学技术文献出版社，2017.

[16]　中国科学技术信息研究所 . 2016 年度中国科技论文统计与分析（年度研究报告）. 北京：科学技术文献出版社，2018.

9 中国卓越科技论文的统计与分析

9.1 引言

根据 SCI、Ei、CPCI-S、SSCI 等国际权威检索数据库的统计结果，中国的国际论文数排名均位于世界前列，经过多年的努力，中国已经成为科技论文产出大国。但也应清楚地看到，中国国际论文的质量与一些科技强国相比仍存在一定差距，所以在提高论文数量的同时，我们也应重视论文影响力的提升，真正实现中国科技论文从"量变"向"质变"的转变。为了引导科技管理部门和科研人员从关注论文数量向重视论文质量和影响转变，考量中国当前科技发展趋势及水平，既鼓励科研人员发表国际高水平论文，也重视发表在中国国内期刊的优秀论文，中国科学技术信息研究所从 2016 年开始，采用中国卓越科技论文这一指标进行评价。

中国卓越科技论文，由中国科研人员发表在国际、国内的论文共同组成。其中，国际论文部分即为之前所说的表现不俗论文，指的是各学科领域内被引次数超过均值的论文，即在每个学科领域内，按统计年度的论文被引次数世界均值画一条线，高于均线的论文入选，表示论文发表后的影响超过其所在学科的一般水平。国内部分取近 5 年由"中国科技论文与引文数据库"（CSTPCD）收录的发表在中国科技核心期刊，且论文"累计被引用时序指标"超越本学科期望值的高影响力论文。

以下我们将对 2017 年度中国卓越科技论文的学科、地区、机构、期刊、基金和合著等方面的情况进行统计与分析。

9.2 中国卓越国际科技论文的研究分析与结论

若在每个学科领域内，按统计年度的论文被引次数世界均值画一条线，则高于均线的论文为卓越论文，即论文发表后的影响超过其所在学科的一般水平。2009 年我们第一次公布了利用这一方法指标进行的统计结果，当时称为"表现不俗论文"，受到国内外学术界的普遍关注。

以 SCI 统计，2017 年，中国机构作者为第一作者的论文共 32.39 万篇，其中卓越论文数为 13.77 万篇，占论文总数的 42.6%，较 2016 年下降了 0.6 个百分点。按文献类型分，中国卓越国际科技论文的 95% 是原创论文，5% 是述评类文章。

9.2.1 学科影响力关系分析

2017 年，中国卓越国际论文主要分布在 39 个学科中（表 9-1），与 2016 年一致。其中 37 个学科的卓越国际论文数超过 100 篇；卓越国际论文达 1000 篇及以上的学科数量为 20 个，与 2016 年一致；500 篇以上的学科数量为 28 个，比 2016 年增加 4 个。

表 9-1 中国卓越国际论文的学科分布

学科	卓越国际论文篇数	全部论文篇数	2017 年卓越国际论文占全部论文的比例	2016 年卓越国际论文占全部论文的比例
数学	2860	9275	30.84%	28.14%
力学	1637	3135	52.22%	47.65%
信息、系统科学	400	853	46.89%	43.12%
物理学	8220	31417	26.16%	22.88%
化学	21504	47224	45.54%	63.42%
天文学	527	1595	33.04%	53.43%
地学	6061	12547	48.31%	43.16%
生物学	16814	37751	44.54%	38.47%
预防医学与卫生学	1316	3188	41.28%	40.34%
基础医学	7638	21297	35.86%	32.02%
药物学	4941	9782	50.51%	43.50%
临床医学	12710	34226	37.14%	37.51%
中医学	346	1031	33.56%	25.89%
军事医学与特种医学	192	466	41.20%	40.65%
农学	1942	4263	45.55%	41.14%
林学	350	841	41.62%	37.50%
畜牧、兽医	518	1390	37.27%	32.52%
水产学	749	1478	50.68%	42.88%
材料科学	9252	24328	38.03%	53.75 %
工程与技术基础学科	509	1623	31.36%	23.12%
矿山工程技术	163	392	41.58%	41.91%
能源科学技术	4932	7370	66.92%	61.83%
冶金、金属学	479	1646	29.10%	24.76%
机械、仪表	1734	4542	38.18%	33.37%
动力与电气	729	997	73.12%	68.97%
核科学技术	512	1422	36.01%	30.04%
电子、通信与自动控制	8139	16663	48.84%	41.17%
计算技术	5440	12049	45.15%	41.72%
化工	4967	7975	62.28%	61.00%
轻工、纺织	610	1096	55.66%	71.43%
食品	1502	4020	37.36%	58.37%
土木建筑	1599	3102	51.55%	46.67%
水利	594	1367	43.45%	42.93%
交通运输	328	736	44.57%	38.41%
航空航天	421	1027	40.99%	29.96%
安全科学技术	97	126	76.98%	63.37%
环境科学	6515	10475	62.20%	51.49%

续表

学科	卓越国际论文篇数	全部论文篇数	2017 年卓越国际论文占全部论文的比例	2016 年卓越国际论文占全部论文的比例
管理学	420	816	51.47%	43.73%
自然科学类其他	57	346	16.47%	23.53%

数据来源：SCIE 2017。

　　卓越国际论文数在一定程度上可以反映学科影响力的大小，卓越国际论文越多，表明该学科的论文越受到关注，中国在该学科的影响力也就越大。卓越国际论文数达 1000 篇的 20 个学科中，能源科学技术的论文比例最高，为 66.92%；化工和环境科学 2 个学科的卓越国际论文比例也均超过 60%，分别达到 62.28% 和 62.20%。

9.2.2　中国各地区卓越国际科技论文的分布特征

　　2017 年，中国 31 个省（市、自治区）卓越国际科技论文的发表情况如表 9-2 所示。

　　按发表卓越国际论文数计，100 篇以上的省（市、自治区）为 30 个，比 2016 年增加 1 个；1000 篇以上的省（市、自治区）有 23 个，与 2016 年一致。从卓越国际论文篇数来看，虽然边远地区与其他地区相比还存在一定差距，但也有较为明显的增加，如青海的卓越国际论文数已超过 100 篇。

　　按卓越国际论文数占全部论文篇数（所有文献类型）的比例看，高于 30% 的省（市、自治区）共有 30 个，占所有地区数量的 96.8%，这 30 个省（市、自治区）的卓越国际论文均达到 100 篇以上。卓越国际论文的比例居前 3 位的是：湖北、湖南和广东，分别为 45.75%、45.04% 和 44.71%。

表 9-2　卓越国际论文的地区分布及增长情况

地区	卓越国际论文篇数	年增长率	全部论文篇数	比例	地区	卓越国际论文篇数	年增长率	全部论文篇数	比例
北京	22971	2.45	52401	43.84%	湖北	8096	15.46	17697	45.75%
天津	4266	14.52	9707	43.95%	湖南	4812	14.82	10685	45.04%
河北	1443	8.41	4158	34.70%	广东	9458	23.67	21156	44.71%
山西	1250	6.93	3399	36.78%	广西	968	20.40	2625	36.88%
内蒙古	339	10.06	1068	31.74%	海南	241	11.06	700	34.43%
辽宁	4922	4.02	11839	41.57%	重庆	3238	7.90	7411	43.69%
吉林	3138	4.39	7777	40.35%	四川	5300	12.86	13861	38.24%
黑龙江	3617	3.58	8599	42.06%	贵州	481	15.07	1435	33.52%
上海	12169	3.35	28119	43.28%	云南	1211	8.61	3182	38.06%
江苏	15419	10.55	34736	44.39%	西藏	8	100.00	43	18.60%
浙江	7073	13.22	16733	42.27%	陕西	7000	12.05	17013	41.15%
安徽	3518	3.71	8452	41.62%	甘肃	1844	2.16	4205	43.85%
福建	2902	6.57	6625	43.80%	青海	117	82.81	341	34.31%

续表

地区	卓越国际论文篇数	年增长率	全部论文篇数	比例	地区	卓越国际论文篇数	年增长率	全部论文篇数	比例
江西	1326	7.37	3457	38.36%	宁夏	129	12.17	352	36.65%
山东	7011	24.53	16840	41.63%	新疆	631	17.72	1738	36.31%
河南	2826	16.44	7524	37.56%					

数据来源：SCIE 2017。

9.2.3　卓越国际论文的机构分布特征

2017 年中国 137724 篇卓越国际论文中，由高等院校发表的为 117140 篇（占比 85.05%），由研究机构发表的为 15301 篇（占比 11.11%），由医疗机构发表的为 4148 篇（占比 3.01%），由其他部门发表的为 1135 篇（占比 0.82%），机构占比分布如图 9-1 所示。与 2016 年相比，高等院校的卓越国际论文占总数的比例有所上升，由 2016 年的 83.84% 上升为 85.05%；研究机构比例则略有下降，由 2016 年的 11.45% 降为 11.11%；医疗机构比例有所上升，由 2016 年的 2.10% 上升为 3.01%。

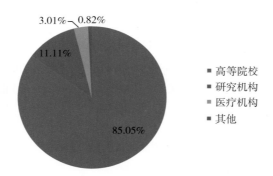

图 9-1　2017 年中国卓越国际论文的机构占比分布

（1）高等院校

2017 年，共有 762 所高等院校有卓越国际论文产出，比 2016 年的 720 所高等院校有所增加。其中，卓越国际论文超过 1000 篇的有 26 所高等院校，与 2016 年的 22 所高等院校相比，增加 4 所高等院校。卓越国际论文数均超过 2000 篇的高等院校有 7 所，分别是：上海交通大学、浙江大学、清华大学、华中科技大学、北京大学、中南大学和中山大学。大于 500 篇的有 64 所，与 2016 年的 58 所相比增加 10%。卓越国际论文数居前 20 位的高等院校如表 9-3 所示，其卓越国际论文占本校 SCI 论文（Article 和 Review 两种文献类型）的比例均已超过 40%。其中，华南理工大学、苏州大学和清华大学的卓越国际论文比例排名居前 3 位。

表 9-3　卓越国际论文数居前 20 位的高等院校

机构名称	卓越国际论文篇数	全部论文篇数	卓越国际论文占全部论文的比例
上海交通大学	3255	6912	47.09%
浙江大学	3101	6620	46.84%
清华大学	2810	5370	52.33%
华中科技大学	2344	4702	49.85%
北京大学	2243	4602	48.74%
中南大学	2038	4036	50.50%
中山大学	2029	4133	49.09%
四川大学	1974	4606	42.86%
西安交通大学	1944	4305	45.16%
哈尔滨工业大学	1936	4011	48.27%
复旦大学	1890	4172	45.30%
吉林大学	1775	4214	42.12%
山东大学	1768	4009	44.10%
武汉大学	1753	3689	47.52%
天津大学	1688	3578	47.18%
华南理工大学	1638	2980	54.97%
南京大学	1631	3190	51.13%
东南大学	1396	3007	46.43%
同济大学	1380	2917	47.31%
中国科学技术大学	1337	2867	46.63%

数据来源：SCIE 2017。

（2）研究机构

2017 年，共有 293 个研究机构有卓越国际论文产出，比 2016 年的 292 个增加了 1 个。其中，发表卓越国际论文大于 100 篇的机构有 40 个，比 2016 年的 42 个有所减少。发表卓越国际论文数居前 20 位的研究机构如表 9-4 所示，占本研究机构论文数（Article 和 Review 两种文献类型）的比例超过 60% 的有 4 个。其中，中国科学院上海生命科学研究院的卓越国际论文比例最高，为 64.81%。

表 9-4　发表卓越国际论文数居前 20 位的研究机构

单位名称	卓越国际论文篇数	全部论文篇数	卓越国际论文占全部论文的比例
中国科学院长春应用化学研究所	396	677	58.49%
中国科学院化学研究所	370	667	55.47%
中国科学院生态环境研究中心	342	543	62.98%
中国科学院大连化学物理研究所	340	548	62.04%
中国科学院合肥物质科学研究院	304	742	40.97%
中国科学院地理科学与资源研究所	280	512	54.69%

续表

单位名称	卓越国际论文篇数	全部论文篇数	卓越国际论文占全部论文的比例
中国工程物理研究院	252	818	30.81%
中国科学院海西研究院	244	425	57.41%
中国科学院兰州化学物理研究所	225	378	59.52%
中国科学院上海生命科学研究院	221	341	64.81%
国家纳米科学中心	221	355	62.25%
中国科学院地质与地球物理研究所	218	456	47.81%
中国科学院上海硅酸盐研究所	210	435	48.28%
中国科学院过程工程研究所	201	384	52.34%
军事医学科学院	190	421	45.13%
中国科学院海洋研究所	188	433	43.42%
中国科学院宁波工业技术研究院	180	375	48.00%
中国科学院物理研究所	176	457	38.51%
中国科学院金属研究所	171	436	39.22%
中国科学院大气物理研究所	171	324	52.78%

数据来源：SCIE 2017。

（3）医疗机构

2017 年，共有 815 个医疗机构有卓越国际论文产出，与 2016 年的 731 个相比有较大增加。其中，发表卓越国际论文大于 100 篇的医疗机构有 55 个。发表卓越国际论文数居前 20 位的医疗机构如表 9–5 所示，发表卓越国际论文最多的医疗机构是四川大学华西医院，共产出论文 612 篇，而重庆医科大学附属第一医院发表的论文中卓越国际论文比例最高，为 51.27%。

表 9–5　发表卓越国际论文数居前 20 位的医疗机构

单位名称	卓越国际论文篇数	全部论文篇数	卓越国际论文占全部论文的比例
四川大学华西医院	612	1453	42.12%
解放军总医院	352	879	40.05%
中南大学湘雅医院	305	626	48.72%
郑州大学第一附属医院	277	613	45.19%
南京医科大学第一附属医院	268	548	48.91%
北京协和医院	265	631	42.00%
复旦大学附属中山医院	263	575	45.74%
华中科技大学同济医学院附属同济医院	261	583	44.77%
浙江大学第一附属医院	257	632	40.66%
中南大学湘雅二医院	249	494	50.40%
华中科技大学同济医学院附属协和医院	241	525	45.90%
上海交通大学医学院附属第九人民医院	240	543	44.20%

单位名称	卓越国际论文篇数	全部论文篇数	卓越国际论文占全部论文的比例
上海交通大学医学院附属瑞金医院	235	503	46.72%
南方医科大学南方医院	232	495	46.87%
西安交通大学医学院第一附属医院	232	482	48.13%
中山大学附属第一医院	227	540	42.04%
上海交通大学附属第六人民医院	225	498	45.18%
上海交通大学医学院附属仁济医院	208	428	48.60%
吉林大学白求恩第一医院	203	542	37.45%
重庆医科大学附属第一医院	202	394	51.27%

数据来源：SCIE 2017。

9.2.4　卓越国际论文的期刊分布

2017 年，中国的卓越国际论文共发表在 5919 种期刊中，比 2016 年的 5704 增长了 3.8%。其中在中国大陆编辑出版的期刊 173 种，共 5377 篇，占全部卓越国际论文数的 3.9%，比 2016 年的 3.4% 有所上升。2017 年，在发表卓越国际论文的全部期刊中，700 篇以上的期刊有 12 种，如表 9-6 所示。发表卓越国际论文数大于 100 篇的中国科技期刊共 9 种，如表 9-7 所示。

表 9-6　发表卓越国际论文大于 700 篇的国际科技期刊

期刊名称	论文篇数
SCIENTIFIC REPORTS	3358
ONCOTARGET	2594
ACS APPLIED MATERIALS & INTERFACES	1496
JOURNAL OF ALLOYS AND COMPOUNDS	1479
RSC ADVANCES	1418
PLOS ONE	1298
JOURNAL OF MATERIALS CHEMISTRY A	1033
APPLIED SURFACE SCIENCE	955
CHEMICAL ENGINEERING JOURNAL	939
SENSORS AND ACTUATORS B-CHEMICAL	799
INTERNATIONAL JOURNAL OF HYDROGEN ENERGY	720
APPLIED THERMAL ENGINEERING	719

表 9-7　发表卓越国际论文 100 篇以上的中国科技期刊

期刊名称	论文篇数
NANO RESEARCH	178
CHINESE MEDICAL JOURNAL	162
JOURNAL OF ENVIRONMENTAL SCIENCES	160

续表

期刊名称	论文篇数
CHINESE CHEMICAL LETTERS	141
CHINESE JOURNAL OF GEOPHYSICS-CHINESE EDITION	139
CHINESE JOURNAL OF CATALYSIS	136
SCIENCE BULLETIN	126
SCIENCE CHINA-LIFE SCIENCES	111
SCIENCE CHINA-INFORMATION SCIENCES	106

9.2.5 卓越国际论文的国际国内合作情况分析

2017 年，合作（包括国际国内合作）研究产生的卓越国际论文为 88463 篇，占全部卓越国际论文的 64.2%，比 2016 年的 74.6% 下降了 10.4 个百分点。其中，高等院校合作产生 71736 篇，占合作产生的 81.1%；研究机构合作产生 13101 篇，占 14.8%。高等院校合作产生的卓越国际论文占高等院校卓越国际论文（117140 篇）的 61.2%，而研究机构合作产生的卓越国际论文占研究机构卓越国际论文（15301 篇）的 85.6%。与 2016 年相比，高等院校和研究机构的合作卓越国际论文在全部合作卓越国际论文中的比例均有所上升，高等院校的合作卓越国际论文在其机构类型的全部卓越国际论文的比例有所下降，研究机构的合作卓越国际论文在其机构类型的全部卓越国际论文的比例有所上升。

2017 年，以中国为主的国际合作卓越国际论文共有 35458 篇，地区分布如表 9–8 所示。其中，数量超过 100 篇的省（市、自治区）为 26 个；北京、江苏和上海的国际合作卓越国际论文数最多且均超过 3000 篇，这 3 个地区的国际合作的卓越国际论文分别为 6771 篇、4134 篇和 3375 篇。国际合作卓越国际论文（只统计论文数大于 10 篇）占卓越国际论文比大于 20% 的有 22 个省（市、自治区）。

表 9–8   以中国为主的卓越国际合作论文的地区分布

地区	国际合作论文篇数	卓越国际论文总篇数	合作论文占全部论文比例
北京	6771	22971	29.48%
天津	946	4266	22.18%
河北	197	1443	13.65%
山西	278	1250	22.24%
内蒙古	65	339	19.17%
辽宁	1067	4922	21.68%
吉林	660	3138	21.03%
黑龙江	861	3617	23.80%
上海	3375	12169	27.73%
江苏	4134	15419	26.81%
浙江	1826	7073	25.82%

地区	国际合作论文篇数	卓越国际论文总篇数	合作论文占全部论文比例
安徽	845	3518	24.02%
福建	792	2902	27.29%
江西	254	1326	19.16%
山东	1370	7011	19.54%
河南	464	2826	16.42%
湖北	2364	8096	29.20%
湖南	1209	4812	25.12%
广东	2921	9458	30.88%
广西	159	968	16.43%
海南	57	241	23.65%
重庆	809	3238	24.98%
四川	1357	5300	25.60%
贵州	130	481	27.03%
云南	337	1211	27.83%
西藏	2	8	25.00%
陕西	1712	7000	24.46%
甘肃	313	1844	16.97%
青海	22	117	18.80%
宁夏	27	129	20.93%
新疆	134	631	21.24%

从以中国为主的国际合作的卓越国际论文学科分布看（表 9-9），数量超过 100 篇的学科为 31 个；超过 300 篇的学科为 20 个。其中，论文数最多的为化学，卓越国际合作论文数为 4591 篇，其次为生物学，电子、通信与自动控制，地学，临床医学，计算技术，材料科学，环境科学，物理学，基础医学，能源科学技术和化工，卓越国际合作论文均达到 1000 篇以上。卓越国际合作论文占卓越国际论文比大于 20%（只计卓越国际论文数大于 10 篇的学科）的学科有 31 个，大于 30% 的学科为 15 个。

表 9-9　以中国为主的卓越国际合作论文的学科分布

学科	国际合作论文篇数	卓越国际论文总篇数	合作论文占全部论文比例
数学	853	2860	29.83%
力学	417	1637	25.47%
信息、系统科学	152	400	38.00%
物理学	2073	8220	25.22%
化学	4591	21504	21.35%
天文学	259	527	49.15%
地学	2530	6061	41.74%
生物学	4210	16814	25.04%
预防医学与卫生学	404	1316	30.70%

续表

学科	国际合作论文篇数	卓越国际论文总篇数	合作论文占全部论文比例
基础医学	1578	7638	20.66%
药物学	811	4941	16.41%
临床医学	2404	12710	18.91%
中医学	70	346	20.23%
军事医学与特种医学	47	192	24.48%
农学	595	1942	30.64%
林学	146	350	41.71%
畜牧、兽医	99	518	19.11%
水产学	126	749	16.82%
材料科学	2132	9252	23.04%
工程与技术基础学科	149	509	29.27%
矿山工程技术	36	163	22.09%
能源科学技术	1251	4932	25.36%
冶金、金属学	56	479	11.69%
机械、仪表	410	1734	23.64%
动力与电气	128	729	17.56%
核科学技术	118	512	23.05%
电子、通信与自动控制	2676	8139	32.88%
计算技术	2157	5440	39.65%
化工	1059	4967	21.32%
轻工、纺织	101	610	16.56%
食品	383	1502	25.50%
土木建筑	610	1599	38.15%
水利	221	594	37.21%
交通运输	156	328	47.56%
航空航天	67	421	15.91%
安全科学技术	50	97	51.55%
环境科学	2086	6515	32.02%
管理学	220	420	52.38%
自然科学类其他	27	57	47.37%

9.2.6　卓越国际论文的创新性分析

　　中国实行的科学基金资助体系是为了扶持中国的基础研究和应用研究，但要获得基金的资助，要求科技项目的立意具有新颖性和前瞻性，即要有创新性。下文我们将从由各类基金（这里所指的基金是广泛意义的、各省部级以上的各类资助项目和各项国家大型研究和工程计划）资助产生的论文来了解科学研究中的一些创新情况。

　　2017 年，中国的卓越国际论文中得到基金资助产生的论文为 126336 篇，占卓越国际论文数的 91.7%，比 2016 年上升 0.7 个百分点。

　　从卓越国际基金论文的学科分布看（表 9-10），论文数最多的学科是化学，其卓越国际基金论文数超过 20000 篇，超过 5000 篇的学科还有生物学，临床医学，材料科学，物理学，电子、通信与自动控制，基础医学，环境科学，地学和计算技术。94.9% 的学科中，卓越国际基金论文占学科卓越国际论文的比例在 80% 以上。

表 9-10　卓越国际基金论文的学科分布

学科	卓越国际基金论文数	卓越国际论文总数	卓越国际基金论文比	
			2017 年	2016 年
数学	2663	2860	93.11%	91.51%
力学	1536	1637	93.83%	94.26%
信息、系统科学	377	400	94.25%	95.18%
物理学	7873	8220	95.78%	95.55%
化学	20821	21504	96.82%	95.81%
天文学	509	527	96.58%	97.70%
地学	5657	6061	93.33%	92.92%
生物学	15547	16814	92.46%	93.24%
预防医学与卫生学	1145	1316	87.01%	85.98%
基础医学	6357	7638	83.23%	81.82%
药物学	4027	4941	81.50%	82.96%
临床医学	9541	12710	75.07%	73.99%
中医学	312	346	90.17%	89.96%
军事医学与特种医学	174	192	90.63%	82.30%
农学	1887	1942	97.17%	96.65%
林学	345	350	98.57%	97.29%
畜牧、兽医	480	518	92.66%	95.12%
水产学	742	749	99.07%	97.82%
材料科学	8921	9252	96.42%	94.27%
工程与技术基础学科	473	509	92.93%	89.83%
矿山工程技术	158	163	96.93%	97.47%
能源科学技术	4659	4932	94.46%	91.26%
冶金、金属学	421	479	87.89%	87.95%
机械、仪表	1622	1734	93.54%	89.78%
动力与电气	674	729	92.46%	92.12%
核科学技术	465	512	90.82%	85.83%
电子、通信与自动控制	7516	8139	92.35%	90.05%
计算技术	5094	5440	93.64%	90.16%
化工	4728	4967	95.19%	92.93%
轻工、纺织	577	610	94.59%	100.00%
食品	1425	1502	94.87%	96.34%

学科	卓越国际基金论文数	卓越国际论文总数	卓越国际基金论文比	
			2017 年	2016 年
土木建筑	1509	1599	94.37%	91.99%
水利	581	594	97.81%	94.70%
交通运输	315	328	96.04%	95.47%
航空航天	364	421	86.46%	87.73%
安全科学技术	88	97	90.72%	87.50%
环境科学	6311	6515	96.87%	95.61%
管理学	398	420	94.76%	92.01%
自然科学类其他	44	57	77.19%	100.00%

数据来源：SCIE 2017。

　　卓越国际基金论文数居前的地区仍是科技资源配置丰富、高等院校和研究机构较为集中的地区。例如，卓越国际基金论文数居前 6 位的地区：北京、江苏、上海、广东、湖北和浙江。2017 年，卓越国际基金论文比在 90% 以上的地区有 26 个。由表 9-11 中所列数据也可看出，各地区基金论文比的数值差距不是很大。

表 9-11　卓越国际基金论文的地区分布

地区	卓越国际基金论文数	卓越国际论文总数	卓越国际基金论文比	
			2017 年	2016 年
北京	21132	22971	91.99%	91.46%
天津	3941	4266	92.38%	91.11%
河北	1158	1443	80.25%	83.55%
山西	1171	1250	93.68%	92.99%
内蒙古	315	339	92.92%	91.23%
辽宁	4473	4922	90.88%	89.79%
吉林	2832	3138	90.25%	90.75%
黑龙江	3357	3617	92.81%	90.58%
上海	11101	12169	91.22%	90.33
江苏	14459	15419	93.77%	93.10%
浙江	6504	7073	91.96%	91.52%
安徽	3330	3518	94.66%	93.51%
福建	2749	2902	94.73%	94.38%
江西	1237	1326	93.29%	91.26%
山东	6144	7011	87.63%	87.55%
河南	2357	2826	83.40%	82.74%
湖北	7470	8096	92.27%	92.23%
湖南	4417	4812	91.79%	90.31%
广东	8800	9458	93.04%	91.30%

续表

地区	卓越国际基金论文数	卓越国际论文总数	卓越国际基金论文比	
			2017 年	2016 年
广西	890	968	91.94%	89.55%
海南	231	241	95.85%	98.62%
重庆	3009	3238	92.93%	91.30%
四川	4714	5300	88.94%	87.07%
贵州	450	481	93.56%	89.95%
云南	1120	1211	92.49%	94.17%
西藏	7	8	87.50%	50.00%
陕西	6418	7000	91.69%	90.89%
甘肃	1732	1844	93.93%	93.63%
青海	111	117	94.87%	96.88%
宁夏	120	129	93.02%	96.52%
新疆	587	631	93.03%	92.91%

数据来源：SCIE 2017。

9.3　中国卓越国内科技论文的研究分析与结论

根据学术文献的传播规律，科技论文发表后的 3 ～ 5 年形成被引的峰值。这个时间窗口内较高质量科技论文的学术影响力会通过论文的被引水平表现出来。为了遴选学术影响力较高的论文，我们为近 5 年中国科技核心期刊收录的每篇论文计算了"累计被引时序指标"——n 指数。

n 指数的定义方法是：若一篇论文发表 n 年之内累计被引次数达到 n 次，同时在 $n+1$ 年累计被引次数不能达到 $n+1$ 次，则该论文的"累计被引时序指标"的数值为 n。

对各个年度发表在中国科技核心期刊上的论文被引次数设定一个 n 指数分界线，各年度发表的论文中，被引次数超越这一分界线的就被遴选为"卓越国内科技论文"。我们经过数据分析测算后，对近 5 年的"卓越国内科技论文"分界线定义为：论文 n 指数大于发表时间的论文是"卓越国内科技论文"。例如，论文发表 1 年之内累计被引达到 1 次的论文，n 指数为 1；发表 2 年之内累计被引超过 2 次，n 指数为 2。以此类推，发表 5 年之内累计被引达到 5 次，n 指数为 5。

按照这一统计方法，我们根据近 5 年（2013—2017 年）的"中国科技论文与引文数据库"（CSTPCD）统计，共遴选出"卓越国内科技论文"14.33 万篇，占这 5 年 CSTPCD 收录全部论文的比例约为 5.6%。

9.3.1 卓越国内论文的学科分布

2017 年，中国卓越国内论文主要分布在 40 个学科中（表 9–12），论文数最多的学科是临床医学，发表了 29826 篇卓越国内论文，说明中国的临床医学在国内和国际均具有较大的影响力；其次是电子、通信与自动控制，为 11740 篇。卓越国内论文数超过 10000 篇的学科还有农学和地学，分别为 10942 篇和 10053 篇。

表 9-12　卓越国内论文的学科分布

学科	卓越国内论文篇数	学科	卓越国内论文篇数
数学	550	工程与技术基础学科	627
力学	391	矿山工程技术	2362
信息、系统科学	154	能源科学技术	3894
物理学	1198	金属、冶金学	2911
化学	2919	机械、仪表	2615
天文学	74	动力与电气	1032
地学	10053	核科学技术	59
生物学	4968	电子、通信与自动控制	11740
预防医学与卫生学	3986	计算技术	9401
基础医学	4114	化工	2238
药物学	3200	轻工、纺织	1318
临床医学	29826	食品	2602
中医药	6162	土木建筑	3361
军事医学与特种医学	567	水利	791
农学	10942	交通运输	2136
林学	2082	航空航天	1367
畜牧、兽医	1851	安全科学技术	96
水产学	835	环境科学	7885
测绘科学技术	1090	管理学	635
材料科学	1221		

数据来源：SCIE 2017。

9.3.2　中国各地区国内卓越论文的分布特征

2017 年，中国 31 个省（市、自治区）卓越国内科技论文的发表情况如表 9-13 所示，其中北京发表的卓越国内论文数最多，达到 27920 篇。卓越国内论文数能达到 10000 篇以上的地区还有江苏，为 13069 篇。卓越国内论文数居前 10 位的还有广东、上海、陕西、湖北、山东、四川、浙江和辽宁等地区。对比卓越国际论文的地区分布，可以看出，这些地区的卓越国际论文数也较多，说明这些地区无论是国际科技产出还是国内科技产出，其影响力均较国内其他地区较大。

表 9-13　卓越国内论文的地区分布

地区	卓越国内论文篇数	地区	卓越国内论文篇数
北京	27920	湖北	6301
天津	3740	湖南	4716
河北	3903	广东	8055

续表

地区	卓越国内论文篇数	地区	卓越国内论文篇数
山西	1744	广西	2024
内蒙古	1069	海南	614
辽宁	5195	重庆	3498
吉林	2668	四川	6045
黑龙江	3059	贵州	1317
上海	7907	云南	1961
江苏	13069	西藏	49
浙江	5826	陕西	7581
安徽	3367	甘肃	3180
福建	2481	青海	319
江西	1913	宁夏	504
山东	6159	新疆	2323
河南	4090		

数据来源：SCIE 2017。

9.3.3　国内卓越论文的机构分布特征

2017 年中国 143253 篇卓越国内论文中，高等院校发表论文 78036 篇，研究机构发表论文 23646 篇，医疗机构发表论文 32027 篇，公司企业发表论文 3933 篇，其他部门发表论文 5611 篇，各机构发表论文数占比分布如图 9-2 所示。

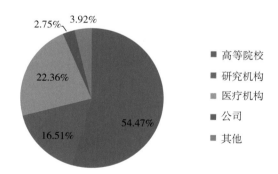

图 9-2　2017 年中国卓越国内论文的机构占比分布

（1）高等院校

2017 年，卓越国内论文数居前 20 位高等院校如表 9-14 所示。其中，北京大学、上海交通大学和首都医科大学居前 3 位，其国内卓越论文数分别为 1639 篇、1404 篇和 1294 篇。

表 9–14　卓越国内论文数居前 20 位的高等院校

单位名称	卓越国内论文篇数	单位名称	卓越国内论文篇数
北京大学	1639	清华大学	992
上海交通大学	1404	华北电力大学	975
首都医科大学	1294	同济大学	966
浙江大学	1246	四川大学	943
中国石油大学	1202	中山大学	871
中南大学	1117	华中科技大学	785
中国地质大学	1062	南京大学	780
武汉大学	1046	复旦大学	754
西北农林科技大学	1029	重庆大学	748
中国矿业大学	1023	吉林大学	732

（2）研究机构

2017 年，卓越国内论文数居前 20 位的研究机构如表 9–15 所示。其中，中国科学院长春光学精密机械与物理研究所、中国疾病预防控制中心和中国中医科学院居前 3 位，卓越国内论文数分别为 504 篇、451 篇和 391 篇。论文数超过 300 篇的研究机构还有中国科学院地理科学与资源研究所、中国林业科学研究院和中国水产科学研究院。

表 9–15　卓越国内论文数居前 20 位的研究机构

单位名称	卓越国内论文篇数	单位名称	卓越国内论文篇数
中国科学院长春光学精密机械与物理研究所	504	中国地质科学院矿产资源研究所	202
中国疾病预防控制中心	451	中国环境科学研究院	199
中国中医科学院	391	中国医学科学院肿瘤研究所	193
中国科学院地理科学与资源研究所	374	中国科学院新疆生态与地理研究所	181
中国林业科学研究院	323	中国地质科学院地质研究所	176
中国水产科学研究院	317	中国科学院南京土壤研究所	168
中国科学院寒区旱区环境与工程研究所	298	中国科学院大气物理研究所	155
中国科学院地质与地球物理研究所	269	中国农业科学院农业资源与农业区划研究所	154
江苏省农业科学院	215	军事医学科学院	127
中国科学院生态环境研究中心	213	中国热带农业科学院	114

数据来源：SCIE 2017。

（3）医疗机构

2017 年，卓越国内论文数居前 20 位的医疗机构如表 9–16 所示。其中，解放军总医院、北京协和医院和四川大学华西医院居前 3 位，卓越国内论文数分别为 500 篇、342 篇和 307 篇。

表 9-16　卓越国内论文数居前 20 位的医疗机构

单位名称	卓越国内论文篇数	单位名称	卓越国内论文篇数
解放军总医院	500	首都医科大学附属北京安贞医院	182
北京协和医院	342	南京医科大学第一附属医院	179
四川大学华西医院	307	南方医科大学南方医院	175
北京大学第一医院	246	新疆医科大学第一附属医院	174
北京大学第三医院	240	中山大学附属第一医院	164
南京军区南京总医院	209	上海交通大学医学院附属瑞金医院	162
中国医科大学附属盛京医院	207	安徽医科大学第一附属医院	160
北京大学人民医院	197	首都医科大学宣武医院	159
华中科技大学同济医学院附属同济医院	184	武汉大学人民医院	158
郑州大学第一附属医院	183	第二军医大学附属长海医院	157

9.3.4　国内卓越论文的期刊分布

2017 年，中国的卓越国内论文共发表在 2169 种中国期刊上。其中，《中国电机工程学报》的卓越国内论文数最多，为 1515 篇，其次为《农业工程学报》和《生态学报》，发表卓越国内论文分别为 1472 篇和 1403 篇。2017 年，在发表卓越国内论文的全部期刊中，发表 1000 篇以上的期刊有 9 种，比 2016 年增加 2 种，如表 9-17 所示。

表 9-17　发表卓越国内论文数大于 1000 篇的国内科技期刊

期刊名称	论文篇数	期刊名称	论文篇数
中国电机工程学报	1515	电力系统保护与控制	1110
农业工程学报	1472	电力系统自动化	1083
生态学报	1403	电工技术学报	1061
食品科学	1222	环境科学	1008
电网技术	1155		

9.4　讨论

2017 年，中国机构作者为第一作者的 SCI 论文共 32.39 万篇，其中卓越国际论文数为 137724 篇，占论文总数的 42.6%，较 2016 年下降了 0.6 个百分点。中国作者发表卓越国际论文的期刊共 5919 种，其中在中国大陆编辑出版的期刊 173 种，共收录 5377 篇论文，占全部卓越国际论文数的 3.9%，比 2016 年有所上升。

2012—2017 年，中国的卓越国内论文为 14.33 万篇，占这 5 年 CSTPCD 收录全部论文的比例为 5.6%。卓越国内论文的机构分布与卓越国际论文相似，高等院校均为论文产出最多机构类型。地区分布也较为相似，发表卓越国际论文较多的地区，其卓越国内论文也较多，说明这些地区无论是国际科技产出还是国内科技产出，其影响力均较国内其他地区大。从学科分布来看，优势学科稍有不同，但中国的临床医学在国内和国际均具有较大的影响力。

从 SCI、Ei、CPCI–S 等重要国际检索系统收录的论文数看，中国经过多年的努力，已经成为论文的产出大国。2017 年，SCI 收录中国内地科技论文（不包括港澳地区）32.39 万篇，占世界的比重为 16.7%，排在世界第 2 位，仅次于美国。中国已进入论文产出大国的行列，但是论文的影响力还有待进一步提高。

卓越论文，主要是指在各学科领域，论文被引次数高于世界或国内均值的论文。因此要提高这类论文的数量，关键是继续加大对基础研究工作的支持力度，以产生较好的创新成果，从而产生优秀论文和有影响的论文，增加国际和国内同行的引用。从文献计量角度看，文献能不能获得引用，与很多因素有关，如文献类型、语种、期刊的影响、合作研究情况等。我们深信，在中国广大科技人员不断潜心钻研和锐意进取的过程中，中国论文的国际国内影响力会越来越大，卓越论文会越来越多。

参考文献

[1] Thomson Scientific 2017.ISI Web of Knowledge:Web of Science[DB/OL].Available at http://portal.isiknowledge.com/web of science.

[2] Thomson Scientific 2017.ISI journal citation reports 2016[DB/OL].Available at http://portal.isiknowledge.com/journal citation reports.

[3] http://www.thomsonscientific.com.cn/Web of science[DB/OL]. Journal selection process.

[4] 中国科学技术信息研究所 .2016 年度中国科技论文统计与分析（年度研究报告）[M]. 北京：科学技术文献出版社，2018.

[5] 张玉华，潘云涛 . 科技论文影响力相关因素研究 [J]. 编辑学报，2007(1): 1–4.

10 领跑者 5000 论文情况分析

为了进一步推动中国科技期刊的发展，提高其整体水平，更好地宣传和利用中国的优秀学术成果，起到引领和示范的作用。中国科学技术信息研究所在中国精品科技期刊中遴选优秀学术论文，建设了"中国精品科技期刊顶尖学术论文平台——领跑者 5000"（F5000），集中对外展示和交流中国的优秀学术论文。

2000 年开始，中国科学技术信息研究所承担科技部中国科技期刊战略相关研究任务，在国内首先提出了精品科技期刊战略的概念，2005 年研制完成中国精品科技期刊评价指标体系，并承担了建设中国精品科技期刊服务与保障系统的任务，该项目领导小组成员来自中华人民共和国科学技术部、国家广播电视总局、中共中央宣传部、中华人民共和国国家卫生健康委员会、中国科学技术协会、国家自然科学基金委员会和中华人民共和国教育部等科技期刊的管理部门。2008 年、2011 年、2014 年和 2017 年公布了四届"中国精品科技期刊"的评选结果，对提升优秀学术期刊质量和影响力，带动我国科技期刊整体水平进步起到了推动作用。

F5000 论文是基于"中国科技论文与引文数据库"（CSTPCD）的数据，结合定性和定量的方法选取的、具有较高学术水平的国内科技论文。自 2012 年，该项目已经发布了 7 批 F5000 提名论文，而最新的第 7 批 F5000 提名论文是在 2018 年 11 月 1 日在北京国际会议中心举行的"2018 年中国科技论文统计结果发布会"上公布的。

本章是以 2018 年度 F5000 提名论文为基础，分析 F5000 论文的地区、学科、机构及被引情况等。

10.1 引言

中国科学技术信息研究所于 2012 年集中力量启动了"中国精品科技期刊顶尖学术论文——领跑者 5000"（F5000）项目，同时为此打造了向国内外展示 F5000 论文的平台（f5000.istic.ac.cn），并已与国际专业信息服务提供商科睿唯安（Clarivate Analytics）、爱思唯尔集团（Elsevier）和 Wiley 集团展开深入合作。

F5000 展示平台的总体目标是充分利用精品科技期刊评价成果，形成面向宏观科技期刊管理和科研评价工作直接需求，具有一定社会显示度和国际国内影响的新型论文数据平台。平台通过与国际知名信息服务商的合作，最终将国内优秀的科研成果和科研人才推向世界。

10.2 2018 年度 F5000 论文遴选方式

①强化单篇论文定量评估方法的研究和实践。在 CSTPCD 的基础上，采用定量分析和定性分析相结合的方法，对学术期刊的质量和影响力做了进一步的科学评价，遴选新

的精品科技期刊，并从每种精品期刊中择优选取了 2013—2017 年发表的最多 20 篇学术论文作为 F5000 的提名论文。

具体评价方法为：

a. 以 CSTPCD 为基础，计算每篇论文在 2013—2017 年累计被引次数。

b. 根据论文发表时间的不同和论文所在学科的差异，分别进行归类，并且对论文按照累计被引次数排名。

c. 对各个学科类别每个年度发表的论文，分别计算前 1% 高被引论文的基准线（如表 10-1 所示）。

d. 在各个学科领域各年度基准线以上的论文中，遴选各个精品期刊的提名论文。如果一个期刊在基准线以上的论文数量超过 20 篇，则根据累计被引次数相对基准线标准的情况，择优选取其中 20 篇作为提名论文；如果一个核心期刊在基准线以上的论文不足 20 篇，则只有过线论文作为提名论文。

根据统计，2013—2017 年累计被引次数达到其所在学科领域和发表年度基准线以上的论文，并最终通过定量分析方式获得精品期刊顶尖论文提名的论文共有 2304 篇。

②中国科学技术信息研究所将继续与各个精品科技期刊编辑部协作配合推进 F5000 项目工作。各个精品科技期刊编辑部通过同行评议或期刊推荐的方式遴选 2 篇 2018 年度发表的学术水平较高的研究论文，作为提名论文。

提名论文的具体条件包括：

a. 遴选范围是在 2018 年期刊上发表的学术论文，增刊的论文不列入遴选范围。已经收录并且确定在 2018 年正刊出版，但是尚未正式印刷出版的论文，可以列入遴选范围。

b. 论文内容科学、严谨，报道原创性的科学发现和技术创新成果，能够反映期刊所在学科领域的最高学术水平。

③中国科学技术信息研究所依托各个精品科技期刊编辑部的支持和协作，联系和组织作者，补充获得提名论文的详细完整资料（包括全文或中英文长摘要、其他合著作者的信息、论文图表、编委会评价和推荐意见等），提交到领跑者 5000 工作平台参加综合评估。

④中国科学技术信息研究所进行综合评价，根据定量分析数据和同行评议结果，从信息完整的提名论文中评定出 2018 年度 F5000 论文，颁发入选证书，收录入"领跑者 5000"（f5000.istic.ac.cn）。

表 10-1　2013—2017 年中国各学科 1% 高被引论文基准线

学科	2013 年	2014 年	2015 年	2016 年	2017 年
数学	9	8	6	4	2
力学	13	9	7	5	2
信息、系统科学	17	14	10	5	2
物理学	12	10	7	5	2
化学	14	11	8	5	2
天文学	15	14	6	5	3
地学	26	20	14	8	3

续表

学科	2013 年	2014 年	2015 年	2016 年	2017 年
生物学	17	14	9	6	3
预防医学与卫生学	15	13	10	7	3
基础医学	13	11	9	6	3
药物学	14	11	9	6	3
临床医学	15	12	9	6	3
中医学	15	12	10	6	3
军事医学与特种医学	14	11	8	5	3
农学	21	16	12	7	3
林学	20	14	11	7	3
畜牧、兽医	15	13	8	5	3
水产学	17	13	9	5	2
测绘科学技术	16	16	10	6	3
材料科学	12	9	7	5	2
工程与技术基础学科	11	8	7	5	2
矿山工程技术	21	16	11	6	3
能源科学技术	27	19	15	9	3
冶金、金属学	13	9	8	5	2
机械、仪表	14	11	5	5	2
动力与电气	16	11	8	5	2
核科学技术	8	6	5	3	2
电子、通信与自动控制	24	18	15	8	3
计算技术	17	13	10	6	2
化工	11	9	7	5	2
轻工、纺织	15	8	7	5	2
食品	13	13	9	6	3
土木建筑	15	13	9	5	2
水利	14	12	9	5	2
交通运输	12	10	7	4	2
航空航天	14	11	8	5	2
安全科学技术	13	15	10	5	3
环境科学	25	18	13	7	3
管理学	24	18	13	6	3

10.3　数据与方法

2018 年的 F5000 提名论文包括定量评估的论文和编辑部推荐的论文，后者由于时间（报告编写时间为 2018 年 12 月）的关系，并不完整。为此，后续 F5000 论文的分析仅基于定量评估的 2304 篇论文。

论文归属：按国际文献计量学研究的通行做法，论文的归属按照第一作者所在第一地区和第一单位确定。

论文学科：依据国家技术监督局颁布的《学科分类与代码》，在具体进行分类时，一般是依据刊载论文期刊的学科类别和每篇论文的具体内容。由于学科交叉和细分，论文的学科分类问题十分复杂，先暂仅分类至一级学科，共划分了 40 个学科类别，且是按主分类划分，一篇文献只做一次分类。

10.4　研究分析与结论

10.4.1　F5000 论文概况

（1）F5000 论文的参考文献研究

在科学计量学领域，通过大量的研究分析发现，论文的参考文献数量与论文的科学研究水平有较强的相关性。

2018 年度 F5000 论文的平均参考文献数为 23.7 篇，具体分布情况如表 10-2 所示。

表 10-2　2018 年度 F5000 论文参考文献数分布情况

序号	参考文献数	论文篇数	比例	序号	参考文献数	论文篇数	比例
1	0～10	705	30.6%	4	30～50	308	13.4%
2	10～20	663	28.8%	5	50～100	143	6.2%
3	20～30	444	19.3%	6	>100	41	1.7%

其中，参考文献数在 10 篇以内的论文数最多，为 705 篇，约占总量的 30.6%，紧随其后的是参考文献数在 10～20 篇的论文数。甚至有 41 篇论文的参考文献数超过 100 篇。

其中，引用参考文献数最多的 1 篇 F5000 论文是发表在《动物学研究》上，由中国科学院昆明动物研究所遗传资源与进化国家重点实验室陈小勇撰写的论文《云南鱼类名录》，共引用了 585 条参考文献。之后，单篇论文引用参考文献数超过 300 篇的论文还有 2 篇，分别是中国地质科学院矿产资源研究所国土资源部成矿作用与资源评价重点实验室唐菊兴、王勤、杨欢欢等人发表在《地球学报》的论文《西藏斑岩－矽卡岩－浅成低温热液铜多金属矿成矿作用、勘查方向与资源潜力》，以及北京大学工学院材料科学与工程系郑玉峰和吴远浩发表在《金属学报》的《处在变革中的医用金属材料》。

（2）F5000 论文的作者数研究

在全球化日益明显的今天，不同学科不同身份不同国家的科研合作已经成为非常普遍的现象。科研合作通过科技资源的共享、团队协作的方式，有利于提高科研生产率和促进科研创新。

2018 年度的 F5000 论文由单一作者完成的论文有 58 篇，约占总量的 2.5%，亦即 2018 年度的 F5000 论文合著率高达 97.5%。5 人合作完成的论文量最多，为 406 篇，占总量的 17.6%；之后，则是 4 人合作和 6 人合作的论文，分别是 403 篇和 323 篇。此外，合作者数量为 2 人、3 人、7 人、8 人和 9 人的论文量，也都超过了百篇（如图 10-1 所示）。

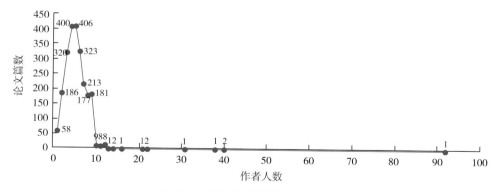

图 10-1 不同合作规模的论文产出

合作者数量最多的 1 篇论文是由 92 位作者合作发表在《中国感染与化疗杂志》上的论文《2015 年上海市细菌耐药性监测》。该项研究采用纸片扩散法（K–B 法）对上海市 44 所医院的临床分离菌进行药敏试验，以了解 2015 年上海市细菌的耐药性。

10.4.2　F5000 论文学科分布

学科建设与发展是科学技术发展的基础，了解论文的学科分布情况是十分必要的。论文学科的划分一般是依据刊载论文的期刊的学科类别进行的。在 CSTPCD 统计分析中，论文的学科分类除了依据论文所在期刊进行划分外，还会进一步根据论文的具体研究内容进行区分。

在 CSTPCD 中，所有的科技论文被划分为 40 个学科，包括数学、力学、物理学、化学、天文学、地学、生物学、药物学、农学、林学、水产学、化工和食品等。在此基础上，40 个学科被进一步归并为五大类，分别是基础学科、医药卫生、农林牧渔、工业技术和管理及其他。

如图 10-2 所示，工业技术的 F5000 论文最多，为 884 篇，占总量的 38.4%；紧随其后的医药卫生，其论文量为 830 篇，占总量的 36.0%；之后则是基础学科，其论文量为 385 篇，占总量的 16.7%。论文量最少的大类是管理及其他，包括 5 篇论文，约占总量的 0.2%。

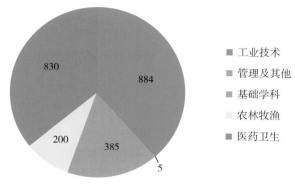

图 10-2 2018 年度 F5000 论文大类分布

　　2018 年度 F5000 论文按照学科进行排名，具体分布情况如表 10-3 所示。其中临床医学方面的论文数量最多，为 534 篇，占总量的 23.2%；之后则是计算技术，其论文数是 204 篇，占总量的 8.9%，居第 3 位的是地学，其论文量是 171 篇，占总量的 7.4%。

　　相对而言，信息、系统科学，天文学和核科学技术 3 个学科的论文数量最少，分别是 4 篇、3 篇和 1 篇，占总论文量的比例都不足 0.2%。

表 10-3　2018 年度 F5000 论文居前 10 位的学科

排名	学科	论文篇数	排名	学科	论文篇数
1	临床医学	534	6	环境科学	100
2	计算技术	204	7	基础医学	86
3	地学	171	8	化学	79
4	农学	130	9	中医学	78
5	电子、通信与自动控制	102	10	预防医学与卫生学	71

10.4.3　F5000 论文地区分布

　　对全国各地区的 F5000 论文进行统计，可以从一个侧面反映出中国具体地区的科研实力和技术水平，而这也是了解区域发展状况及区域科研优劣势的重要参考。

　　2018 年 F5000 论文的地区分布情况如表 10-4 所示，其中北京以论文数为 608 篇，位列首位，占总量的 26.4%；排在第 2 位的是江苏，论文数为 193 篇，占总量的 8.4%；之后则是广东，其论文数为 121 篇，占比 5.3%。

表 10-4　2018 年 F5000 论文数居前 10 位的地区分布

排名	地区	论文篇数	比例	排名	地区	论文篇数	比例
1	北京	608	26.4%	6	陕西	107	4.6%
2	江苏	193	8.4%	7	湖北	98	4.3%
3	广东	121	5.3%	8	浙江	96	4.2%
4	上海	113	4.9%	9	山东	94	4.1%
5	四川	109	4.7%	10	湖南	79	3.4%

　　此外，排在前 10 位的还有上海、四川、陕西、湖北、浙江、山东和湖南。相对于 F5000 论文较多的地区，中国的西藏、海南、青海和宁夏的 F5000 论文较少，均不足 10 篇。

10.4.4　F5000 论文机构分布

　　2018 年度 F5000 论文的机构分布情况如图 10-3 所示。高等院校（包括其附属医院）共发表了 1499 篇论文，占论文总数的 65.1%；科研院所居第 2 位，共发表了 477 篇论文，占总量的 20.7%；之后则是医疗机构，共发表了 199 篇论文，占总量的比例为 8.6%；最后则是企业及其他类型机构，分别产出了 38 篇论文和 91 篇论文，分别占总量的 1.6% 和 4.0%。

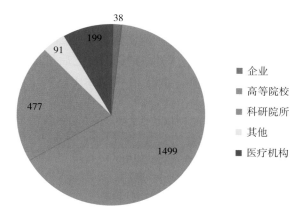

图 10-3　2018 年度 F5000 论文机构分布情况

2018 年 F5000 论文分布在多所高等院校，其中，论文数居前 5 位的高等院校分别为北京大学、清华大学、浙江大学、中南大学和复旦大学。其中，居第 1 位的是北京大学，为 66 篇，包括北京大学本部、北京大学附属人民医院、北京大学附属第三医院和北京大学附属第一医院等。浙江大学居第 3 位，包括浙江大学本部、浙江大学医学院附属邵逸夫医院、浙江大学医学院附属儿童医院、浙江大学医学院附属第一医院、浙江大学医学院附属第二医院和浙江大学医学院附属妇产科医院等。中南大学居第 4 位，其论文量为 26 篇，包括中南大学本部、中南大学湘雅医院、中南大学湘雅二医院、中南大学湘雅医学院附属肿瘤医院和中南大学湘雅三医院等（如表 10-5 所示）。

表 10-5　2018 年度 F5000 论文数居前 5 位高等院校

排名	高等院校	论文篇数
1	北京大学	66
2	清华大学	35
3	浙江大学	29
4	中南大学	26
5	复旦大学	24

在医疗机构方面，将高等院校附属医院与普通医疗机构进行统一排名比较。北京协和医院的 F5000 论文数最多，为 32 篇；之后则是北京大学第三医院的 14 篇；最后居第 3 ～第 5 位的是北京大学第一医院、四川大学华西医院和中南大学湘雅医院，论文量分别为 10 篇、10 篇和 8 篇（如表 10-6 所示）。

表 10-6　2018 年度 F5000 论文数居前 5 位的医疗机构

排名	医疗机构	论文篇数
1	北京协和医院	32
2	北京大学第三医院	14
3	北京大学第一医院	10
3	四川大学华西医院	10
5	中南大学湘雅医院	8

在研究机构方面，中国疾病预防控制中心以论文数为 31 篇，居首位；之后则是中国地质科学院和中国石油勘探开发研究院，论文数分别是 26 篇和 24 篇；居第 4 位的是中国科学院地理科学与资源研究所，论文数为 16 篇；之后居第 5 位的是中国科学院地质与地球物理研究所，论文数为 10 篇（如表 10-7 所示）。

表 10-7　2018 年度 F5000 论文数居前 5 位的研究机构

排名	研究机构	论文篇数
1	中国疾病预防控制中心	31
2	中国地质科学院	26
3	中国石油勘探开发研究院	24
4	中国科学院地理科学与资源研究所	16
5	中国科学院地质与地球物理研究所	10

10.4.5　F5000 论文基金分布情况

基金资助课题研究一般都是在充分调研论证的基础上展开的，是属于某个学科当前或者未来一段时间内的研究热点或者研究前沿。下文主要分析 2018 年度 F5000 论文的基金资助情况。

2018 年度产出 F5000 论文最多的项目是国家自然科学基金委员会下的各项基金项目（如表 10-8 所示），包括国家自然科学基金面上项目、国家自然科学基金青年基金项目、国家自然科学基金委员会创新研究群体科学基金资助项目和国家自然科学基金委员会重大研究计划重点研究项目等，共产出 737 篇，占论文总数的 32.0%；居第 2 位的是国家重点基础研究发展计划（973 计划）项目，共产出 117 篇；之后则是国家科技支撑计划项目的 115 篇。

表 10-8　2018 年度 F5000 论文数居前 5 位的基金项目

排名	基金项目名称	论文篇数
1	国家自然科学基金委员会各项基金	737
2	国家重点基础研究发展计划 (973 计划) 项目	117
3	国家科技支撑计划项目	115
4	国家科技重大专项项目	74
5	国家高技术研究发展计划 (863 计划) 项目	65

10.4.6　F5000 论文被引情况

论文的被引情况，可以用来评价一篇论文的学术影响力。这里 F5000 论文的被引情况，指的是论文从发表当年到 2018 年的累计被引情况，亦即 F5000 论文定量遴选时的累计被引次数。其中，被引次数为 10 次的论文数最多，为 160 篇；之后则是被引次数为 16 次，其论文量为 155 篇，而被引次数为 13 次的论文有 136 篇（如图 10-4 所示）。

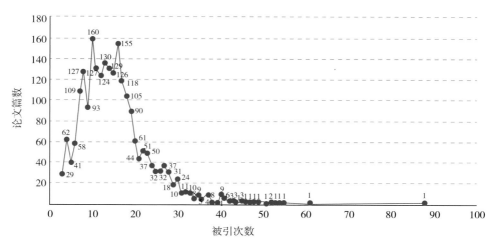

图 10-4　2018 年度 F5000 论文的被引情况

数据来源：CSTPCD。

其中单篇论文被引用次数最高的是国家癌症中心陈万青等人于 2017 年发表在《中国肿瘤》上的论文《2013 年中国恶性肿瘤发病和死亡分析》，其被引次数为 88 次；单篇论文被引次数居第 2 位的是中国疾病预防控制中心信息中心的胡跃华等人于 2014 年发表在《中华疾病控制杂志》上的论文《2008—2011 年中国大陆手足口病流行特征分析》，其被引次数为 61 次；居第 3 位的是复旦大学附属华山医院胡付品等人于 2016 年发表在《中国感染与化疗杂志》上的论文《2015 年 CHINET 细菌耐药性监测》，其被引次数为 55 次。

鉴于 2018 年的 F5000 论文是精品期刊发表在 2013—2017 年的高被引论文，故而不同发表年论文的统计时段是不同的。相对而言，发表较早的论文，它的被引次数会相对较高。

由表 10-9 可以看出来，不同发表年的 F5000 论文，在被引次数方面有显著差异。发表年份是 2013 年的 F5000 论文，其篇均被引次数为 21.3 次；在 2014 年，其篇均被引次数为 18.7 次；在 2015 年，篇均被引次数则是 14.7 次。

表 10-9　2018 年度 F5000 论文在不同发表年的论文分布及其被引情况

发表年份	论文篇数	总被引次数	篇均被引次数 /（次 / 篇）
2013	490	10456	21.3
2014	515	9649	18.7
2015	632	9273	14.7
2016	500	4939	9.9
2017	167	924	5.5

相对于论文发表年对论文被引次数的影响，论文分类对论文被引次数的影响相对较

小。农林牧渔论文的篇均被引次数最高，为 18.1 次；之后则是管理及其他，其篇均被引次数为 17.8 次；居第 3 位的是工业技术，其篇均被引次数为 16.2 次（如表 10-10 所示）。

表 10-10 2018 年度 F5000 不同学科论文分布及其引用情况

论文分类	论文篇数	总被引次数	篇均被引次数 /（次 / 篇）
工业技术	884	14314	16.2
管理及其他	5	89	17.8
基础学科	385	5941	15.4
农林牧渔	200	3624	18.1
医药卫生	830	11273	13.6

10.5 讨论

在 2013 年、2014 年、2015 年、2016 年和 2017 年的基础上，F5000 项目在 2018 年又有了深入的发展。本章首先对 2018 年度 F5000 论文的遴选方式进行了介绍，重点是对 F5000 论文的定量评价指标体系进行了详细说明。

在此基础上，本章对 2018 年度定量选出来的 2304 篇 F5000 论文，从参考文献、学科分布、地区分布、机构分布、基金分布和被引情况等角度进行了统计分析。

2018 年度 F5000 论文的平均参考文献数为 23.7 篇，有 97.5% 的论文是通过合著的方式完成的，其中 5 人合作完成的论文数最多。在学科分布方面，工业技术和医药卫生方面的 F5000 论文较多，二者约占总量的 74.4%，其中临床医学、计算技术和地学等方面的 F5000 论文相对较多。在地区分布方面，F5000 论文主要分布在北京、江苏、广东等省（直辖市），其中北京大学、清华大学、浙江大学、中南大学和复旦大学位居高等院校前列；北京协和医院和北京大学第三医院则是 F5000 论文较多的医疗机构；中国疾病预防控制中心、中国地质科学院、中国石油勘探开发研究院是论文数最多的研究机构。

在基金方面，F5000 论文主要是由国家自然科学基金委员会下各项基金资助发表的，占论文总量的 32.0%。此外，科技部下国家重点基础研究发展计划（973 计划）项目、国家科技支撑计划项目、国家科技重大专项项目和国家高技术研究发展计划（863 计划）项目也是 F5000 论文主要的项目基金来源。

在被引方面，2018 年度 F5000 论文的篇均被引次数为 15.3 次，不过该值与论文的发表年份显著相关，而与论文所属分类关联较弱。在 2013 年发表的 F5000 论文，篇均被引次数最大，为 21.3 次，而在 2017 年发表的论文，篇均被引次数最小，为 5.5 次。农林牧渔的 F5000 论文篇均被引次数最高，为 18.1 次，而医药卫生的篇均被引次数相对较低，为 13.6 次。

11 中国科技论文引用文献与被引文献情况分析

本章针对 CSTPCD 2017 收录的中国科技论文引用文献与被引文献，分别进行了 CSTPCD 2017 引用文献的学科分布、地区分布的情况分析，并分别对期刊论文、图书文献、网络资源和专利文献的引用与被引情况进行分析。2017 年度论文发表数比 2016 年度的论文发表数下降 0.14%，引用文献数下降 12.51%。期刊论文仍然是被引文献的主要来源，图书文献和会议论文也是重要的引文来源，学位论文的被引比例相比 2015 年、2016 年增长的基础上又有所提高，说明中国学者对学位论文研究成果的重视程度逐渐加强。在期刊论文引用方面，被引次数较多的学科是生物学、天文学、地学、交通运输、水产学等，北京地区仍是科技论文发表数和引用文献数方面的领头羊。从论文被引的机构类型分布来看，高等院校占比最高，其次是研究机构和医疗机构，二者相差不多。从图书文献的引用情况来看，用于指导实践的辞书、方法手册及用于教材的指导综述类图书，使用的频率较高，被引次数要高于基础理论研究类图书。从网络资源被引情况来看，动态网页及其他格式是最主要引用的文献类型，商业网站（.com）是占比最大的网络文献的来源，其次是研究机构网站（.org）和政府网站（.gov）。

11.1 引言

在学术领域中，科学研究是具有延续性的，研究人员撰写论文，通常是对前人观念或研究成果的改进、继承发展，完全自己原创的其实是少数。科研人员产出的学术作品如论文和专著等都会在末尾标注参考文献，表明对前人研究成果的借鉴、继承、修正、反驳、批判，或是向读者提供更进一步研究的参考线索等，于是引文与正文之间建立起一种引证关系。因此，科技文献的引用与被引用，是科技知识和内容信息的一种继承与发展，也是科学不断发展的标志之一。

与此同时，一篇文章的被引情况也从某种程度上体现了文章的受关注程度，以及其影响和价值。随着数字化程度的不断加深，文献的可获得性越来越强，一篇文章被引的机会也大大增加。因此，若能够系统地分学科领域、分地区、分机构和文献类型来分析应用文献，便能够弄清楚学科领域的发展趋势、机构的发展和知识载体的变化等。

本章根据 CSTPCD 2017 的引文数据，详细分析了中国科技论文的参考文献情况和中国科技文献的被引情况，重点分析了不同文献类型、学科、地区、机构、作者的科技论文的被引情况，还包括了对图书文献、网络文献和专利文献的被引情况分析。

11.2 数据与方法

本书所涉及的数据主要来自 2017 年度 CSTPCD 论文与 1988—2017 年引文数据库，在数据的处理过程中，对长年累积的数据进行了大量清洗和处理的工作，在信息匹配和关联过程中，由于 CSTPCD 收录的是中国科技论文统计源期刊，是学术水平较高的期刊，因而并没有覆盖所有的科技期刊，以及限于部分著录信息不规范不完善等客观原因，并非所有的引用和被引信息都足够完整。

11.3 研究分析与结论

11.3.1 概况

CSTPCD 2017 年共收录 472120 篇中国科技论文，下降 0.14%；共引用 7257458 次各类科技文献，同比下降 17.51%；篇均引文数达到 20.41 篇，相比 2016 年度的 17.80 篇有所上升（如图 11-1 所示）。

从图 11-1 可以看出 1995—2017 年，除 2007 年、2009 年、2013 年及 2015 年有所下降外，中国科技论文的篇均引文数一直保持上升态势。2016 年的篇均引文数较 1995年增加了 241.14%，可见这几十年来科研人员越来越重视对参考文献的引用。同时，各类学术文献的可获得性的增加也是论文篇均被引数增加的一个原因。

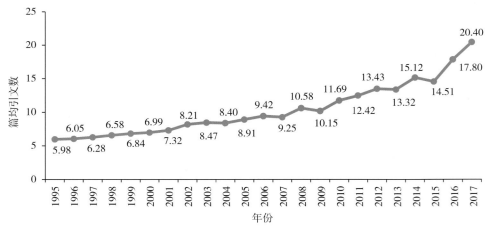

图 11-1　1995—2017 年 CSTPCD 论文篇均引文量

通过比较各类型的文献在知识传播中被使用的程度，可以从中发现文献在科学研究成果的传递中所起的作用。被引文献包括期刊论文、图书文献、学位论文、标准、研究报告、专利文献、网络资源和会议论文等类型。图 11-2 显示了 2017 年被引用的各类型文献所占的比例，图中期刊论文所占的比例最高，达到了 87.11%，相比 2016 年的 87.05%，略有上升。这说明科技期刊仍然是科研人员在研究工作中使用最多的科技文献，所以本章重点讨论科技论文的被引情况。列在期刊之后的图书专著，所占比例为 7.18%。期刊和图书两项比例之和超过 94%，值得注意的是，学位论文的被引比例占到了 2.66%，相比 2015 年、2016 年增长的基础上又有所提高，说明中国学者对学位论文研究成果的重视程度逐渐加强。

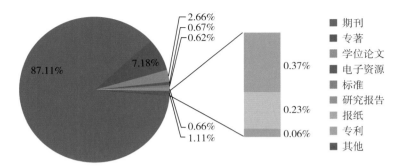

图 11-2　CSTPCD 2017 各类科技文献被引次数所占比例

11.3.2　引用文献的学科和地区分布情况

表 11-1 列出了 CSTPCD 2017 各学科的引文总数和篇均引文数。由表 11-1 可知，篇均引文数居前 5 位的学科是生物学（49.27）、天文学（35.22）、地学（32.13）、交通运输（30.39）、水产学（29.19）。

表 11-1　CSTPCD 2017 各学科参考文献量

学科	论文篇数	引文总数 A/ 篇	篇均引文数 / 篇
数学	4688	73586	15.70
力学	1922	38003	19.77
信息、系统科学	355	6709	18.90
物理学	4941	115949	23.47
化学	8643	227859	26.36
天文学	403	14193	35.22
地学	14142	454449	32.13
生物学	11505	566895	49.27
预防医学与卫生学	14306	195093	13.64
基础医学	13027	278669	21.39
药物学	12773	220706	17.28
临床医学	128524	222152	1.73
中医学	22159	365167	16.48
军事医学与特种医学	2170	34140	15.73
农学	21193	491561	23.19
林学	3796	95484	25.15
畜牧、兽医	6356	143887	22.64

续表

学科	论文篇数	引文总数 A/ 篇	篇均引文数 / 篇
水产学	1809	52799	29.19
测绘科学技术	2993	48675	16.26
材料科学	5887	134391	22.83
工程与技术基础学科	3797	70207	18.49
矿山工程技术	6433	80214	12.47
能源科学技术	5323	102735	19.30
冶金、金属学	12978	165349	12.74
机械、仪表	10903	141594	12.99
动力与电气	3610	61408	17.01
核科学技术	1160	14217	12.26
电子、通信与自动控制	26058	400239	15.36
计算技术	28325	459848	16.23
化工	12426	220928	17.78
轻工、纺织	2210	29613	13.40
食品	9120	201318	22.07
土木建筑	12014	183106	15.24
水利	3225	49018	15.20
交通运输	10617	322604	30.39
航空航天	5251	136289	25.95
安全科学技术	228	5124	22.47
环境科学	14728	335189	22.76
管理学	915	23187	25.34
其他	21207	474904	22.39

如表 11-2 所示，2017 年 SCI 收录的中国论文中有 39 个学科的篇均引文数在 20 篇以上；篇均引文数排在前 5 位的学科是天文学、林学、地学、环境科学、水产学。

为了更清楚地看到中文文献与外文文献被引上的不同，将 SCI 2017 收录的中国论文被引情况与 2017 年 CSTPCD 收录的中国论文被引情况进行对比，SCI 各个学科收录文献的参考文献量均大于 2017 年 CSTPCD 各学科的参考文献数。

表 11-2 2017 年 SCI 和 CSTPCD 收录的中国学科论文和参考文献数对比

学科	SCI			CSTPCD		
	论文篇数	引文总篇数	篇均引文数	论文篇数	引文总篇数	篇均引文数
数学	9503	250689	26.38	4688	73586	15.70
力学	3195	113327	35.47	1922	38003	19.77
信息、系统科学	890	30295	34.04	355	6709	18.90
物理学	31898	1112332	34.87	4941	115949	23.47

续表

学科	SCI			CSTPCD		
	论文篇数	引文总篇数	篇均引文数	论文篇数	引文总篇数	篇均引文数
化学	47951	2154626	44.93	8643	227859	26.36
天文学	1636	88130	53.87	403	14193	35.22
地学	12824	642822	50.13	14142	454449	32.13
生物学	38463	1662068	43.21	11505	566895	49.27
预防医学与卫生学	3480	122936	35.33	14306	195093	13.64
基础医学	21670	760778	35.11	13027	278669	21.39
药物学	9971	382659	38.38	12773	220706	17.28
临床医学	36130	1063274	29.43	128524	222152	1.73
中医学	1112	43021	38.69	22159	365167	16.48
军事医学与特种医学	481	15674	32.59	2170	34140	15.73
农学	4268	195922	45.90	21193	491561	23.19
林学	843	42445	50.35	3796	95484	25.15
畜牧、兽医	1401	49036	35.00	6356	143887	22.64
水产学	1493	69283	46.41	1809	52799	29.19
测绘科学技术	1	24	24.00	2993	48675	16.26
材料科学	24651	909985	36.91	5887	134391	22.83
工程与技术基础学科	1655	53520	32.34	3797	70207	18.49
矿山工程技术	394	12957	32.89	6433	80214	12.47
能源科学技术	7498	305461	40.74	5323	102735	19.30
冶金、金属学	1645	46528	28.28	12978	165349	12.74
机械、仪表	4636	132847	28.66	10903	141594	12.99
动力与电气	1014	32375	31.93	3610	61408	17.01
核科学技术	1430	40440	28.28	1160	14217	12.26
电子、通信与自动控制	17223	496150	28.81	26058	400239	15.36
计算技术	12465	449152	36.03	28325	459848	16.23
化工	8049	328117	40.76	12426	220928	17.78
轻工、纺织	1124	40399	35.94	2210	29613	13.40
食品	4053	115546	28.51	9120	201318	22.07
土木建筑	3297	113284	34.36	12014	183106	15.24
水利	1404	57161	40.71	3225	49018	15.20
交通运输	773	29412	38.05	10617	322604	30.39
航空航天	1036	31515	30.42	5251	136289	25.95
安全科学技术	130	4977	38.28	228	5124	22.47
环境科学	10757	514568	47.84	14728	335189	22.76
管理学	894	36309	40.61	915	23187	25.34

统计2017年各省(市、自治区)发表期刊论文数及引文数,并比较这些省(市、自治区)的篇均引文数量,如表 11-3 所示。可以看到,各省（市、自治区）论文引文量存在一定的差异,从篇均引文数来看,排在前 10 位的是北京、甘肃、黑龙江、福建、上海、西藏、云南、湖南、江西、天津。

表 11-3　CSTPCD 2017 各地区参考文献数

排名	地区	论文篇数	引文篇数	篇均引文数 / 篇
1	北京	64986	1345178	20.70
2	甘肃	7695	159143	20.68
3	黑龙江	10840	217042	20.02
4	福建	8452	166255	19.67
5	上海	28911	561842	19.43
6	西藏	321	6202	19.32
7	云南	8024	153738	19.16
8	湖南	13080	250044	19.12
9	江西	6614	124284	18.79
10	天津	13364	250661	18.76
11	重庆	11257	209943	18.65
12	吉林	8012	148612	18.55
13	山东	21209	393248	18.54
14	浙江	18302	336654	18.39
15	贵州	6169	113105	18.33
16	广东	27216	495173	18.19
17	辽宁	18802	341750	18.18
18	四川	22160	402436	18.16
19	江苏	42452	769753	18.13
20	湖北	25188	455768	18.09
21	新疆	7878	142548	18.09
22	安徽	11751	211104	17.96
23	内蒙古	4524	80973	17.90
24	海南	3147	55441	17.62
25	陕西	27662	486015	17.57
26	青海	1551	27079	17.46
27	山西	7950	136878	17.22
28	广西	8069	138118	17.12
29	宁夏	1979	32515	16.43
30	河南	18008	295417	16.40
31	河北	16491	263787	16.00

11.3.3 期刊论文被引情况

在被引文献中，期刊论文所占比例超过八成，可以说期刊论文是目前最重要的一种学术科研知识传播和交流载体。2017 年 CSTPCD 共引用期刊论文 7257458 次，下文对被引用的期刊论文从学科分布、机构分布和地区分布等方面进行多角度分析，并分析基金论文、合著论文的被引情况。我们利用 2017 年度中文引文数据库与 1988—2017 年度 CSTPCD 数据库的累积数据进行分级模糊关联，从而得到被引用的期刊论文的详细信息，并在此基础上进行各项统计工作。由于统计源期刊的范围是各个学科领域学术水平较高的刊物，并不能覆盖所有科技期刊，再加上部分期刊编辑著录不规范，因此并不是所有被引用的期刊论文都能得到其详细信息。

（1）各学科期刊论文被引情况

由于各个学科的发展历史和学科特点不同，论文数和被引次数都有较大的差异。表 11-4 列出的是被 CSTPCD 2017 引用次数居前 10 位的学科，数据显示，生物学为被引次数最多的学科，其次是农学，计算技术，地学，电子、通信与自动控制和中医学。

表 11-4　CSTPCD 2017 收录论文被引总次数居前 10 位的学科

学科	被引情况	
	总次数	排名
生物学	566895	1
农学	491561	2
计算技术	459848	3
地学	454449	4
电子、通信与自动控制	400239	5
中医学	365167	6
环境科学	335189	7
交通运输	322604	8
基础医学	278669	9
化学	227859	10

（2）各地区期刊论文被引情况

按照篇均引文数，排在前 10 位的是北京、甘肃、江苏、西藏、新疆、青海、吉林、陕西、湖南、上海；按照论文篇数，排在前 10 位的是北京、上海、湖南、江西、河南、安徽、天津、四川、内蒙古、青海（如表 11-5 所示）。北京的各项指标的绝对值和相对数值的排名都遥遥领先，这表明北京作为全国的科技中心，发表论文的数量和质量都位居全国之首，体现出其具备最强的科研综合实力。

表 11-5　CSTPCD 2017 收录的各地区论文被引情况

排名	地区	篇均被引次数	被引次数	被引文章篇数
1	北京	1.91	443201	232071
2	甘肃	1.75	60358	34409
3	江苏	1.67	62905	37689
4	西藏	1.66	26487	15959
5	新疆	1.63	14832	9102
6	青海	1.63	84004	51596
7	吉林	1.62	39990	24629
8	陕西	1.62	52198	32238
9	湖南	1.60	140442	87987
10	上海	1.59	213181	133953
11	四川	1.59	100059	62910
12	浙江	1.59	53487	33639
13	重庆	1.59	38821	24443
14	广东	1.59	27415	17264
15	天津	1.58	99833	63054
16	湖北	1.58	69015	43641
17	安徽	1.58	111035	70327
18	黑龙江	1.57	75656	48094
19	江西	1.57	137659	87670
20	山东	1.57	32801	20897
21	辽宁	1.57	10275	6557
22	福建	1.57	55113	35193
23	内蒙古	1.54	94770	61350
24	宁夏	1.54	21175	13739
25	贵州	1.53	30997	20278
26	云南	1.49	832	557
27	河南	1.52	118874	78166
28	河北	1.52	42549	28007
29	山西	1.52	5214	3434
30	广西	1.48	6867	4649
31	海南	1.46	32407	22261

（3）各类型机构的论文被引情况

从 CSTPCD 2017 所显示各类型机构的论文被引情况来看，高等院校占比最高，其次是医疗机构和研究机构，二者相差不多（如图 11-3 所示）。

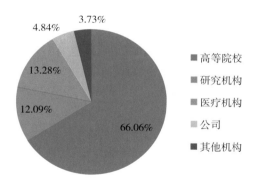

图 11-3　CSTPCD 2017 收录的各类型机构发表的期刊论文被引比例

　　表 11-6 显示了期刊论文被 CSTPCD 2017 引用排名居前 50 位的高等院校。北京大学、北京航空航天大学、大连理工大学 2017 年论文发表数和被引次数均名列前茅。

　　由于高等院校产生的论文研究领域较为广泛，因此可以从宏观上反映科研的整体状况。通过比较可以看出，2017 年被引次数排在前 10 位的高等院校，在 2017 年发表的论文数也大都位于前 10 位。

表 11-6　CSTPCD 2017 收录的期刊论文被引次数居前 50 位的高等院校

高等院校名称	2017 年论文发表情况		2017 年被引情况	
	篇数	排名	次数	排名
北京大学	1309	2	14772	1
北京航空航天大学	1277	4	9188	2
大连理工大学	1307	3	8780	3
东南大学	1079	7	8502	4
北京科技大学	1065	8	8134	5
北京师范大学	560	22	7618	6
北京林业大学	847	11	6724	7
东北大学	1155	6	6719	8
北京中医药大学	1355	1	6661	9
北京工业大学	1274	5	5918	10
北京交通大学	902	10	5659	11
北京理工大学	916	9	5433	12
复旦大学	824	13	5426	13
东北农业大学	767	15	5151	14
成都理工大学	651	18	5129	15
东北林业大学	818	14	4978	16
福州大学	834	12	3712	17
福建农林大学	734	16	3265	18
电子科技大学	503	23	3019	19

续表

高等院校名称	2017 年论文发表情况		2017 年被引情况	
	篇数	排名	次数	排名
成都中医药大学	618	20	2783	20
北京化工大学	613	21	2727	21
安徽医科大学	422	25	2581	22
安徽农业大学	328	34	2448	23
福建师范大学	397	27	2307	24
东华大学	635	19	2212	25
东北石油大学	703	17	1916	26
安徽理工大学	381	28	1746	27
北京工商大学	334	33	1714	28
大连海事大学	441	24	1645	29
东北电力大学	348	32	1639	30
安徽师范大学	235	39	1632	31
东北师范大学	170	44	1597	32
安徽大学	379	29	1573	33
北京邮电大学	235	39	1535	34
福建省农业科学院	306	36	1532	35
常州大学	419	26	1355	36
渤海大学	353	31	1335	37
福建中医药大学	297	37	1230	38
第二军医大学	12	48	1206	39
北京市农林科学院	148	45	1151	40
第三军医大学	2	50	1033	41
安徽工业大学	313	35	980	42
第四军医大学	5	49	970	43
对外经济贸易大学	64	47	945	44
东北财经大学	76	46	929	45
安徽中医药大学	357	30	821	46
安徽医科大学第二附属医院	229	41	819	47
北京农学院	191	42	798	48
大连交通大学	278	38	792	49
大连医科大学	190	43	775	50

　　表 11-7 列出了 2017 年被引次数排在前 50 位的研究机构的论文被引次数与排名，以及相应的被 CSTPCD 2017 收录的论文数与排名。排首位的是福建省农业科学院，被引次数达到了 1532 次。与高等院校不同，被引次数比较多的研究机构，其论文数并不

一定排在前列。表 11-7 所列出的研究机构论文数和被引次数同时排在前 50 位的并不多。相对于高等院校，由于研究机构的学科领域特点更突出，不同学科方向的研究机构在论文数和引文数方面的差异十分明显。

表 11-7　CSTPCD 2017 收录的期刊论文被引次数居前 50 位的研究机构

研究机构名称	2017 年论文发表情况		2017 年被引情况	
	篇数	排名	次数	排名
福建省农业科学院	306	1	1532	1
北京市农林科学院	148	4	1151	2
北京市疾病预防控制中心	95	9	877	3
北京农学院	191	2	798	4
北京航空材料研究院	9	42	699	5
北京有色金属研究总院	73	12	663	6
安徽省农业科学院	108	6	600	7
北京矿冶研究总院	100	7	392	8
北京石油化工学院	178	3	391	12
北京市环境保护监测中心	20	35	383	14
北京农业信息技术研究中心	43	22	337	16
福建省疾病预防控制中心	60	14	323	19
北京建筑工程学院	1	49	321	21
成都地质矿产研究所	8	45	318	25
北京市环境保护科学研究院	21	33	305	28
北京控制工程研究所	90	11	280	29
北京空间飞行器总体设计部	96	8	280	30
北京空间机电研究所	92	10	273	31
北京应用物理与计算数学研究所	51	15	202	32
北京卫星环境工程研究所	67	13	184	36
安徽省气象科学研究所	16	39	176	38
成都市疾病预防控制中心	49	18	175	40
北京市西城区疾病预防控制中心	30	23	168	41
北京市城市规划设计研究院	8	46	158	43
北京市气象台	2	47	157	47
北京矿产地质研究院	21	34	154	51
北京市理化分析测试中心	30	24	152	53
北京市朝阳区疾病预防控制中心	44	21	149	55
北京市药品检验所	17	38	146	56
地科院地质所	50	16	138	57
北京宇航系统工程研究所	123	5	136	61
北京航空制造工程研究所	2	48	129	63

续表

研究机构名称	2017 年论文发表情况		2017 年被引情况	
	篇数	排名	次数	排名
安徽省疾病预防控制中心	28	26	128	65
北京航天自动控制研究所	49	19	126	66
北京市结核病胸部肿瘤研究所	9	43	124	67
北京市红十字血液中心	24	30	123	72
大庆油田有限责任公司勘探开发研究院	47	20	122	76
北京强度环境研究所	50	17	119	83
北京跟踪与通信技术研究所	18	36	118	88
福建省中医药研究院	15	40	114	95
大连市疾病预防控制中心	15	41	110	98
北京出入境检验检疫局	30	25	104	101
北京市顺义区疾病预防控制中心	18	37	100	107
北京市气象局	1	50	99	110
北京市丰台区疾病预防控制中心	23	31	99	119
北京市昌平区疾病预防控制中心	25	29	99	122
福建省水产研究所	26	28	98	124
北京军区疾病预防控制中心	27	27	95	179
北京市气候中心	9	44	94	182
常州市疾病预防控制中心	23	32	93	202

表 11-8 列出了 2017 年论文被引次数排在前 50 位的医疗机构的论文被引次数与排名，以及相应的被 CSTPCD 2017 收录的论文数与排名。由表中数据可以看出，北京大学第一医院被引次数最多（3718 次），其次是北京大学第三医院、北京大学人民医院。

表 11-8　CSTPCD 2017 收录的期刊论文被引次数居前 50 位的医疗机构

医疗机构名称	2017 年论文发表情况		2017 年被引情况	
	篇数	排名	次数	排名
北京大学第一医院	674	3	3718	1
北京大学第三医院	691	2	3407	2
北京大学人民医院	508	7	3275	3
复旦大学附属中山医院	506	8	2722	4
北京协和医院	1360	1	2586	5
复旦大学附属华山医院	378	9	2521	6
第二军医大学附属长海医院	598	6	2452	7
安徽医科大学第一附属医院	616	4	2253	8
第四军医大学西京医院	615	5	1800	9
安徽医科大学附属省立医院	334	11	1581	10

续表

医疗机构名称	2017 年论文发表情况		2017 年被引情况	
	篇数	排名	次数	排名
北京积水潭医院	311	14	1483	11
北京中医药大学东直门医院	302	15	1402	12
第三军医大学西南医院	252	19	1377	13
第二军医大学附属长征医院	5	48	1329	14
北京军区总医院	9	47	1274	15
北京医院	322	12	1170	17
第四军医大学唐都医院	362	10	1162	18
大连医科大学附属第一医院	279	17	1070	19
复旦大学附属肿瘤医院	189	26	1026	20
第三军医大学新桥医院	228	21	1015	21
复旦大学附属儿科医院	217	22	972	22
东南大学附属中大医院	171	28	905	23
福建医科大学附属第一医院	167	29	884	24
蚌埠医学院第一附属医院	282	16	847	26
安徽医科大学第二附属医院	229	20	819	27
复旦大学附属华东医院	187	27	794	28
北京中医药大学东方医院	194	25	782	29
北京大学肿瘤医院	200	23	780	30
川北医学院附属医院	255	18	777	31
北京大学深圳医院	138	34	741	34
福建医科大学附属协和医院	138	35	722	35
成都军区总医院	115	39	658	36
安徽医科大学附属第一医院	50	46	628	40
复旦大学附属妇产科医院	157	31	617	42
承德医学院附属医院	322	13	609	43
安徽省立医院	126	37	569	45
滨州医学院附属医院	197	24	565	47
第二军医大学附属东方肝胆外科医院	128	36	523	48
阜外心血管病医院	90	44	517	51
成都军区昆明总医院	61	45	489	52
大连医科大学附属第二医院	156	32	486	54
复旦大学附属眼耳鼻喉科医院	154	33	467	57
第三军医大学附属西南医院	101	42	466	61
第四军医大学附属西京医院	1	50	459	63
成都中医药大学附属医院	105	40	440	75
佛山市第一人民医院	124	38	433	77

续表

医疗机构名称	2017 年论文发表情况		2017 年被引情况	
	篇数	排名	次数	排名
第三军医大学大坪医院·野战外科研究所	160	30	429	84
大连大学附属中山医院	102	41	391	102
安徽中医药大学第一附属医院	95	43	388	213
第二军医大学长海医院	3	49	385	301

（4）基金论文被引情况

表 11-9 列出了 2017 年论文被引次数排在前 10 位的基金资助项目的论文被引次数与排名。由表中数据可以看出，国家自然科学基金委各项基金资助的项目被引次数最高（304056 次），且远高于其他基金项目，其次是其他部委资助基金、科技部其他基金项目及国家重点基础研究发展规划（973 计划）项目。

表 11-9　CSTPCD 2017 收录的期刊论文被引次数居前 10 位的基金资助项目

基金项目	2017 年被引情况	
	次数	排名
国家自然科学基金委各项基金	304056	1
其他部委基金项目	156304	2
科学技术部其他基金项目	68597	3
国家重点基础研究发展计划（973 计划）	48390	4
其他资助	36154	5
国家高技术研究发展计划（863 计划）	34394	6
国家教育部基金	27152	7
国内大学、研究机构和公益组织资助	21666	8
广东省科学基金与资助	18805	9
江苏省科学基金与资助	16947	10

（5）被引最多的作者

根据被引论文的作者名字、机构来统计每个作者在 CSTPCD 2017 中被引的次数。表 11-10 列出了论文被引次数居前 20 位的作者。从作者机构所在地来看，一半左右的机构在北京地区；从作者机构类型来看，11 位作者来自高校及附属医疗机构；被引最高的是中国社会科学院蔡昉，其所发表的论文在 2017 年被引 291 次。

表 11-10　CSTPCD 2017 收录的期刊论文被引次数居前 20 位的作者

作者	机构	被引次数
蔡昉	中国社会科学院	291
陈伟伟	阜外心血管病医院	227

作者	机构	被引次数
陈刚	浙江大学	188
陈伟	武汉理工大学	188
陈静	中国科学院上海冶金研究所	182
白重恩	清华大学经济管理学院	171
陈勇	电子科技大学	171
陈兴良	四川省第四人民医院	145
陈诗一	复旦大学	136
陈卫东	上海交通大学自动化研究所	134
方军雄	复旦大学	130
樊纲	中国改革基金会国民经济研究所	129
陈波	第二军医大学长征医院	123
陈斌开	中央财经大学	118
陈斌	中山大学附属第一医院	114
傅勇	华中科技大学	112
陈杰	北京理工大学	111
陈瑞华	北京大学	109
单豪杰	南京大学	109
丁一汇	国家气候中心	105

11.3.4　图书文献被引情况

图书文献，是对某一学科或某一专门课题进行全面系统论述的著作，具有明确的研究性和系统连贯性，是非常重要知识载体。尤其在年代较为久远时，图书文献在学术的传播和继承中有着十分重要和不可替代的作用。它有着较高的学术价值，可用来评估科研人员的科研能力及研究学科发展的脉络，这种作用在社会科学领域尤为明显。但是由于图书的一些外在特征，如数量少、篇幅大、周期长等，使其在统计学意义上不具有优势，并且较难阅读分析和快速传播。

而今学术交流形式变化鲜明，图书文献的被引次数在所有类型文献的总被引次数所占比例虽不及期刊论文，但数量仍然巨大，是仅次于期刊论文的第二大文献。图书文献以其学术性、系统性和全面性的特点，成为学术和科研中不可或缺的一部分。

在 CSTPCD 2017 引文库中，图书类型的文献总被引 74.2 万次。表 11–11 列出了 CSTPCD 2017 被引次数超过 400 次的图书文献，共有 10 部。

这 10 部图书文献中有 7 部分布在医药学领域之中，这一方面是由于医学领域论文数较多，另一方面是由于医学领域自身具有明确的研究体系和清晰的知识传承的学科特点。从这些图书文献的题目可以看出，大部分是用于指导实践的辞书、方法手册及用于教材的指导综述类图书。这些图书与实践结合密切，所以使用的频率较高，被引次数要高于基础理论研究类图书。

表 11–11　CSTPCD 2017 收录的被引次数居前 10 位的图书文献情况

排名	作者	图书文献	被引次数
1	鲍士旦	土壤农化分析	1232
2	鲁如坤	土壤农业化学分析方法	840
3	谢幸	妇产科学	830
4	李合生	植物生理生化实验原理和技术	696
5	葛均波	内科学	568
6	陈灏珠	实用内科学	519
7	乐杰	妇产科学	508
8	陆再英	内科学	425
9	赵辨	中国临床皮肤病学	381
10	胡亚美	诸福棠实用儿科学	357

11.3.5　网络资源被引情况

在数字资源迅速发展的今天，网络中存在着大量的信息资源和学术材料。因此对网络资源的引用越来越多。虽然网络资源被引次数在 CSTPCD 2017 数据库中所占的比例不大，也无法和期刊论文、专著相比，但是网络确实是获取最新研究热点和动态的一个较好的途径，互联网确实缩短了信息搜寻的周期，减少了信息搜索的成本。但由于网络资源引用的著录格式有些非常不完整、不规范，因此在统计中只是尽可能地根据所能采集到的数据进行比较研究。

（1）网络文献的文件格式类型分布

网络文献的文件格式类型主要包括静态网页、动态网页两种。根据 CSTPCD 2017 统计，两者构成比例如图 11–4 所示。从数据可以看出，动态网页及其他格式是最主要类型，所占比例为 66.20%；其次是静态网页 24.98%，PDF 格式比例为 8.82%。

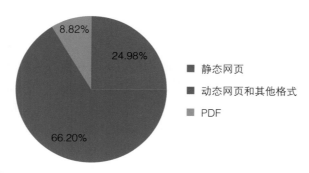

图 11-4　CSTPCD 2017 网络文献主要文件格式类型及其所占比例

（2）网络文献的来源

网络文献资源一半都会列出完整的域名，大部分网络文献资源可以根据顶级域名进行分类。被引次数较多的文献资源类型包括商业网站（.com）、机构网站（.org）、高校网站（.edu）和政府网站（.gov）4类，分别对应着顶级域名中出现的网站资源。如图11-5所示为这几类网络文献来源的构成情况。从图中可以看出，其他所占比例最大，比例达到了42.20%；商业网站（.com）所占比例也较大，达到了21.75%；政府网站（.gov）及研究机构网站（.org）所占比例也比较大，分别为17.22%和12.65%；高校网站（.edu）份额小一些。

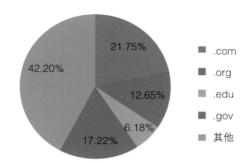

图 11-5　CSTPCD 2017 所引的网络文献资源的域名分布

11.3.6　专利被引情况

一般而言，专利不会马上被引用，而发表时间太久远的专利也不会一直被引用。专利的引用高峰期普遍为发表后的 2~3 年。如图 11-6 所示是专利从 1994—2017 年的被引时间分布，2015 年为被引最高峰，符合专利被引的普遍规律。

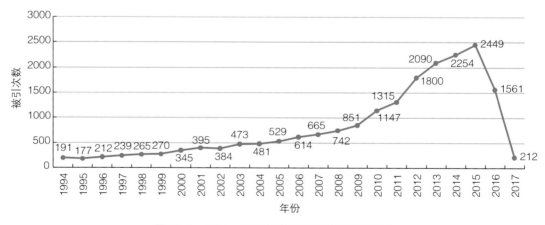

图 11-6　1994—2017 年专利被引时间分布对比

11.4　讨论

通过对 CSTPCD 2017 中被引用的文献的分析，可以看出中国科技论文的引文数量越来越多，也就是说科学研究工作中人们越来越重视对前人和同行的研究结果的了解和使用，其中科技期刊论文仍然是使用最多的文献。在期刊论文中，从学科、地区、机构等角度的统计数据显示，由于各学科、各地区和各类机构自身特点的不同，体现在论文篇均引文数指标数值的差异明显。

网络文献、图书文献、专利文献、会议论文和学位论文等不同类型文献的被引数据统计结果，显示出了他们各自的特点。

12 中国科技期刊统计与分析

12.1 引言

2017 年全国共出版期刊 10130 种，平均期印数 13085 万册，总印数 24.92 亿册，总印张 131.66 亿印张，定价总金额 223.89 亿元。与 2016 年相比，种数增长 0.46%，平均期印数下降 5.90%，总印数下降 7.59%，总印张下降 10.06%，定价总金额下降 3.67%。2014—2017 年，全国期刊的种数微量增加，但平均期印数、总印数、总印张和总定价连续下降。

2009—2017 年中国期刊的总量总体呈微增长态势，2011 年期刊总量有所下降，2012—2017 年连续缓慢上升，2009—2017 年中国期刊平均期印数连续下降；在总印数和总印张连续多年增长的态势下，2013—2017 年总印数和总印张有所下降，2014—2017 年期刊定价有所下降。

2009—2017 年中国科技期刊总量的变化与中国期刊总量变化的态势总体相同，均呈微量上涨态势（如表 12-1 所示）。中国科技期刊的总量多年来一直占期刊总量的50% 左右。2017 年中国科技期刊 5027 种，占期刊总量的 49.62%，平均期印数 2298 万册，总印数 33349 万册，总印张 2620875 千印张；与 2016 年相比，品种增长 0.26%，平均期印数降低 7.92%，总印数降低 9.67%，总印张降低 13.80%。2014—2017 年，全国科技期刊的种数微量增加，但平均期印数、总印数和总印张连续下降。

表 12-1 2009—2017 年中国期刊出版情况

	2009 年	2010 年	2011 年	2012 年	2013 年	2014 年	2015 年	2016 年	2017 年
自然科学、技术类期刊种数（A）	4926	4936	4920	4953	4944	4974	4983	5014	5027
期刊总种数（B）	9851	9884	9849	9867	9877	9966	10014	10084	10130
A/B	50.01%	49.94%	49.95%	50.20%	50.06%	49.91%	49.76%	49.72%	49.62%

12.2 研究分析与结论

12.2.1 中国科技核心期刊

中国科学技术信息研究所受科技部委托，自 1987 年开始从事中国科技论文统计与分析工作，研制了"中国科技论文与引文数据库"（CSTPCD），并利用该数据库的数据，每年对中国科研产出状况进行各种分类统计和分析，以年度研究报告和新闻发布的形式定期向社会公布统计分析结果。由此出版的一系列研究报告，为政府管理部门和广大高等院校、研究机构提供了决策支持。

"中国科技论文与引文数据库"选择的期刊称为中国科技核心期刊（中国科技论文统计源期刊）。中国科技核心期刊的选取经过了严格的同行评议和定量评价，选取的是中国各学科领域中较重要的、能反映本学科发展水平的科技期刊。并且对中国科技核心期刊遴选设立动态退出机制。研究中国科技核心期刊的各项科学指标，可以从一个侧面反映中国科技期刊的发展状况，也可映射出中国各学科的研究力量。本章期刊指标的数据来源即为中国科技核心期刊。2017 年 CSTPCD 共收录中国科技核心期刊 2029 种（如表 12-2 所示）。

表 12-2   2009—2017 年中国科技核心期刊收录情况

期刊数量	2009 年	2010 年	2011 年	2012 年	2013 年	2014 年	2015 年	2016 年	2017 年
中国科技核心期刊种数（A）	1946	1998	1998	1994	1989	1989	1985	2008	2028
自然科学、技术类期刊总种数（B）	4926	4936	4920	4953	4944	4974	4983	5014	5027
A/B	39.51%	40.48%	40.61%	40.25%	40.23%	39.99%	39.83%	40.05%	40.34%

图 12-1 显示 2017 年 2029 种中国科技核心期刊（中国科技论文统计源期刊）的学科部类分布情况，其中工业技术类所占比例最高，为 37.29%，其次是医药卫生类，为 32.61%，基础科学类居第 3 位，为 15.99%，以后依次为农林牧渔和管理学及综合，分别为 8.49% 和 5.62%。与 2016 年比较，收录的中国科技核心期刊总数增加 21 种。除管理学及综合没有变化外，其他四大部类期刊学科所占比例近 3 年均有略微增减。

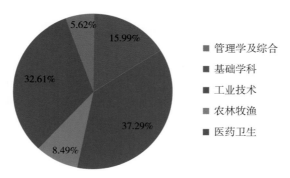

图 12-1   2017 年中国科技核心期刊学科部类分布

据对 2009 年《乌里希国际期刊指南》的统计分析，目前世界上有生物医学类科技期刊占世界全部科技期刊的 30% 左右，综合类科技期刊占 3%，与中国科技核心期刊收录的期刊数相比较，中国的综合类期刊所占的比例大于世界水平，医药卫生类期刊所占的比例与世界趋势一致。

12.2.2　中国科技期刊引证报告

　　自 1994 年中国科技论文统计与分析项目组出版第一本《中国科技期刊引证报告》至今，本研究小组连续每年出版新版的科技期刊指标报告。《中国科技期刊引证报告（核心版）》的数据取自中国科学技术信息研究所自建的 CSTPCD，该数据库将中国各学科重要的科技期刊作为统计源期刊，每年进行动态调整。2018 年中国科技论文统计源期刊共 2029 种。研究小组在统计分析中国科技论文整体情况的同时，也对中国科技期刊的发展状况进行了跟踪研究，并形成了每年定期对中国科技核心期刊的各项计量指标进行公布的制度。此外，为了促进中国科技期刊的发展，为期刊界和期刊管理部门提供评估依据，同时为选取中国科技核心期刊做准备，自 1998 年起中国科学技术信息研究所还连续出版了《中国科技期刊引证报告（扩刊版）》，2007 年起，"扩刊版引证报告"与万方公司共同出版，涵盖中国 6000 余种科技期刊。

12.2.3　中国科技期刊的整体指标分析

　　为了全面、准确、公正、客观地评价和利用期刊，《中国科技期刊引证报告（核心版）》在与国际评价体系保持一致的基础上，结合中国期刊的实际情况，《2018 年版中国科技期刊引证报告（核心版）》选择 25 项计量指标，这些指标基本涵盖和描述了期刊的各个方面。指标包括：

　　①期刊被引用计量指标。核心总被引次数、核心影响因子、核心即年指标、核心他引率、核心引用刊数、核心扩散因子、核心开放因子、核心权威因子和核心被引半衰期。

　　②期刊来源计量指标。来源文献量、文献选出率、参考文献量、平均引文数、平均作者数、地区分布数、机构分布数、海外论文比、基金论文比、引用半衰期和红点指标。

　　③学科分类内期刊计量指标。综合评价总分、学科扩散指标、学科影响指标、核心总被引次数的离均差率和核心影响因子的离均差率。

　　其中，期刊被引用计量指标主要显示该期刊被读者使用和重视的程度，以及在科学交流中的地位和作用，是评价期刊影响的重要依据和客观标准。

　　期刊来源计量指标通过对来源文献方面的统计分析，全面描述了该期刊的学术水平、编辑状况和科学交流程度，也是评价期刊的重要依据。综合评价总分则是对期刊整体状况的一个综合描述。

表 12-3　2004—2017 年中国科技核心期刊主要计量指标平均值统计

年份	2004	2005	2006	2007	2008	2009	2010	2011	2012	2013	2014	2015	2016	2017
核心总被引次数	434	534	650	749	804	913	971	1022	1023	1180	1265	1327	1361	1381
核心影响因子	0.386	0.407	0.444	0.469	0.445	0.452	0.463	0.454	0.493	0.523	0.560	0.594	0.628	0.648
核心即年指标	0.053	0.052	0.055	0.054	0.055	0.057	0.060	0.059	0.068	0.072	0.070	0.084	0.087	0.091
基金论文比	0.41	0.45	0.47	0.46	0.46	0.49	0.51	0.53	0.53	0.56	0.54	0.59	0.58	0.63
海外论文比	0.02	0.02	0.02	0.02	0.01	0.02	0.02	0.023	0.02	0.02	0.02	0.02	0.03	0.03

续表

年份	2004	2005	2006	2007	2008	2009	2010	2011	2012	2013	2014	2015	2016	2017
篇均作者数	3.43	3.47	3.55	3.81	3.66	3.71	3.92	3.8	3.9	4.0	4.1	4.3	4.2	4.3
篇均引文数	9.27	9.91	10.55	10.01	11.96	12.64	13.41	13.97	14.85	15.9	17.1	15.8	19.6	20.3

表 12-3 显示了科技期刊主要计量指标 2004—2017 年的变化情况。可以看到自 2004 年起，中国科技期刊的各项重要计量指标，除期刊海外论文比在保持多年 0.02 的基础上，2016—2017 年稍有上升至 0.03 外，各项指标都呈上升趋势。反映科技期刊被引用情况的总被引次数和影响因子指标每年都有进步，其中 2011 年中国期刊的总被引次数平均值首次突破 1000 次，达到了 1022 次，2012—2017 年核心总被引次数连续上升，2017 年为 1381 次，是 2004 年的 3.18 倍，年平均增长率为 9.55%；核心影响因子 2017 年又有所提高，上升到 0.648，是 2004 年的 1.68 倍，年平均增长率为 4.49%；这 2 个指标都是反映科技期刊影响的重要指标。即年指标，即论文发表当年的被引用率，自 2004 年起折线上升，2017 年至 0.091。基金论文比显示的是在中国科技核心期刊中国家、省部级以上及其他各类重要基金资助的论文占全部论文的比例，这也是衡量期刊学术水平的重要指标，2004—2017 年，中国科技核心期刊的基金论文比呈上升趋势，2016 年略有降低，但 2017 年又上升至 0.63，这说明在 2029 种科技核心期刊中有超过 60% 的期刊发表省部级以上基金资助的论文。显示期刊国际化水平的指标之一的海外论文比，2004—2017 年数值比变化不大，2007 年和 2008 年都是 0.01，2009—2015 年为 0.02，2016—2017 年上升为 0.03。平均作者数呈上升趋势，至 2017 年为 4.3；篇均引文数由 2004—2016 年（除 2015 年）逐年上升，2017 年为 20.3。

图 12-2 显示的是 2004—2017 年核心总被引次数和核心影响因子的变化情况，由图可见，2004—2017 年中国科技核心期刊的平均核心总被引次数和核心影响因子总体呈上升趋势，核心总被引次数 2004—2011 年接近线性增长；2012 年增长明显放缓，仅增加 1 次，但 2013—2017 年，平均核心总被引次数又连续上升，攀升至 1381 次。核心影响因子 2004—2007 年逐年上升至 0.469，之后的 4 年数值有所下降，2012 年以后平均核心影响因子连续上升，均超过 2007 年，至 2017 年上升为 0.648。图 12-3 显示的是 2004—2017 年平均核心即年指标变化情况，由图可见，平均核心即年指标呈上升趋势，2004—2011 年平均即年指标数据有涨有落，2012—2017 年核心即年指标上升的较快，从 0.068 上升至 0.091。总体来说，中国科技核心期刊发表论文当年被引用的情况在波动中有所上升。

图 12-4 反映了各年与上一年比较的平均核心总被引次数和平均核心影响因子数值的变化情况，由图可见，在 2005—2017 年中国科技核心期刊的平均核心总被引次数和平均核心影响因子在保持增长的同时，增长速度趋缓。平均核心总被引次数增长率 2005—2017 年增长速度虽有起伏，但总体呈下降状态，最低点为 2012 年，增长率几乎为 0。平均核心影响因子在 2005—2017 年呈波浪式发展，经历了 2008 年和 2011 年 2 个波谷期，增长率分别为 -5% 和 -2%，尤其是 2008 年达到最低值 -5%，平均核心影响因子不增反跌，2012—2017 年平均核心影响因子增长的速度持续放缓。

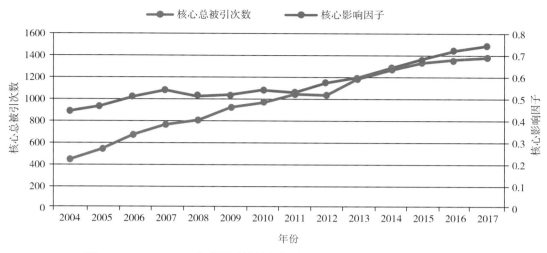

图 12-2　2004—2017 年中国科技核心期刊总被引次数和影响因子变化趋势

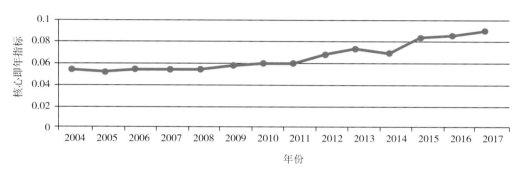

图 12-3　2004—2017 年中国科技核心期刊核心即年指标变化趋势

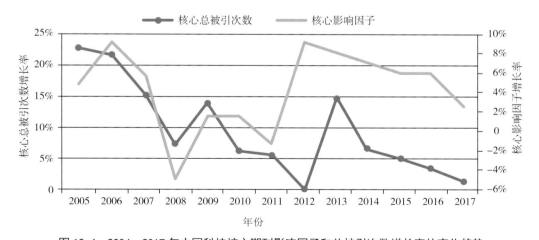

图 12-4　2004—2017 年中国科技核心期刊影响因子和总被引次数增长率的变化趋势

　　从科技期刊发表的论文指标分析，科技期刊中的重要基金和资助产生的论文的数量可以从一定程度上反映期刊的学术质量和水平，特别是对学术期刊而言，这个指标显得比较重要。海外论文比是期刊国际化的一个重要指标。图 12-5 反映出中国科技期刊的基金资助论文比和海外论文比的变化趋势，2004—2017 年基金论文比总体呈上升趋势，2004—2009 年基金论文比在 50% 之下，2010—2016 年基金论文比超过 50%，2017年上升为 63%，即目前中国科技核心期刊发表的论文有超过 60% 的论文是由省部级以上的项目基金或资助产生的。这与中国近年来加大科研投入密切相关。海外论文比从2004—2015 年在 1% ～ 2% 浮动，2016—2017 年上升至 3%。这说明，中国科技核心期刊的国际来稿量数量一直在较低水平徘徊，没有大的突破。

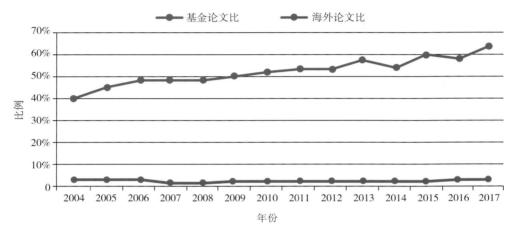

图 12-5　2004—2017 年中国科技核心期刊基金论文比和海外论文比变化趋势

篇均引文数指标是指期刊每一篇论文平均引用的参考文献数量，它是衡量科技期刊科学交流程度和吸收外部信息能力的相对指标；同时，参考文献的规范化标注，也是反映中国学术期刊规范化程度及与国际科学研究工作接轨的一个重要指标。由图 12-6 可见，2004—2017 年中国科技核心期刊的篇均引文数呈上升趋势，只是在2007 年和 2015 年有所下降，2006 年首次超过了 10 篇，至 2017 年超过 20 篇，为 20.3篇，是 2004 年的 2.19 倍。

中国科技论文统计与分析工作开展之初就倡导论文写作的规范，并对科技论文和科技期刊的著录规则进行讲解和辅导，每年的统计结果进行公布。30 多年来，随着中国科技论文统计与分析工作的长期坚持开展，随着科技期刊评价体系的广泛宣传，随着越来越多的中国科研人员与世界学术界交往的加强，科研人员在发表论文时越来越重视论文的完整性和规范性，意识到了参考文献著录的重要性。同时，广大科技期刊编辑工作者也日益认识到保留客观完整的参考文献是期刊进行学术交流的重要渠道。因此，中国论文的篇均引文数逐渐提高。2004—2012 年，中国科技核心期刊的平均作者数徘徊在3.3 ～ 3.9，2013 年有所突破，上升至 4.0，2017 年平均作者数为 4.3。

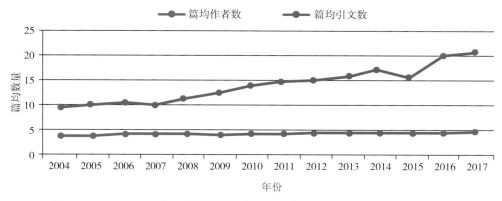

图 12-6　2004—2017 年中国科技核心期刊平均作者数和平均引文数的变化趋势

12.2.4　中国科技期刊的载文状况

2017 年 2029 种中国科技核心期刊，共发表论文 494729 篇，与 2016 年相比增加了 13984 篇，论文总数增加了 2.91%。平均每刊来源文献量为 243.83 篇。

来源文献量，即期刊载文量，即指期刊所载信息量的大小的指标，具体说就是一种期刊年发表论文的数量。需要说明的是，中国科技论文与引文数据库在收录论文时，是对期刊论文进行选择的，我们所指的载文量是指学术性期刊中的科学论文和研究简报；技术类期刊的科学论文和阐明新技术、新材料、新工艺和新产品的研究成果论文；医学类期刊中的基础医学理论研究论文和重要的临床实践总结报告及综述类文献。

2017 年有 612 种期刊的来源文献量大于中国期刊来源文献量的平均值，相比 2016 年减少 34 种。来源文献量大于 2000 篇的期刊有 2 种，发文量分别为 2019 篇和 2061 篇，为《科学技术与工程》和《江苏农业科学》，发文量超过 2000 篇的期刊与 2016 年相比增加 1 种；来源文献量大于 1000 篇的期刊有 28 种，比 2016 年减少 9 种，其中医学期刊为 17 种。

由表 12-4 和图 12-7 可见，在 2006—2017 年的 12 年间，来源文献量在 50 篇以下的期刊所占期刊总数的比例一直是最低的，期刊数量最少，最高为 2017 年的 2.81%，2016—2017 年发文量小于等于 50 的期刊数量有所增加；发表论文在 100 ~ 200 篇的期刊所占的比例最高，均在 40% 左右浮动，12 年间中国科技核心期刊有 40% 左右的期刊发文量在 100 ~ 200 篇；其余载文区间期刊所占比例均变化不大。

表 12-4　2006—2017 年中国科技核心期刊载文量变化

载文量（P）/篇	2006年	2007年	2008年	2009年	2010年	2011年	2012年	2013年	2014年	2015年	2016年	2017年
P>500	7.78%	9.86%	8.51%	10.07%	10.56%	10.21%	9.53%	9.30%	9.15%	9.37%	7.85%	8.08%
400<P ≤ 500	4.00%	6.46%	4.76%	4.98%	5.13%	5.01%	4.76%	5.03%	5.58%	4.99%	5.49%	4.78%
300<P ≤ 400	9.00%	11.05%	10.44%	10.53%	10.96%	10.56%	10.38%	9.60%	9.20%	9.27%	9.34%	9.36%

续表

载文量（P）/篇	2006年	2007年	2008年	2009年	2010年	2011年	2012年	2013年	2014年	2015年	2016年	2017年
200<P ≤ 300	18.17%	19.77%	18.52%	17.93%	18.00%	18.12%	18.51%	18.85%	18.45%	18.44%	17.51%	17.45%
100<P ≤ 200	40.86%	37.39%	40.10%	40.18%	39.42%	38.49%	39.92%	39.22%	39.82%	38.59%	39.05%	38.84%
50<P ≤ 100	18.33%	13.66%	15.85%	14.70%	14.71%	15.87%	15.20%	16.39%	16.29%	17.63%	18.59%	18.68%
P ≤ 50	1.86%	1.81%	1.82%	1.59%	1.75%	1.75%	2.11%	1.61%	1.51%	1.71%	2.18%	2.81%

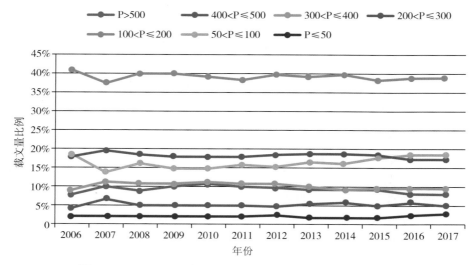

图 12-7   2006—2017 年中国科技核心期刊来源文献量变化情况

　　我们对 2017 年载文量分布区间期刊的学科分类情况做出分析，见图 12-8。由图可见，在载文量小于等于 50 篇的区域内，基础学科期刊数量所占比例远高于其他 4 个部类，为 52.68%，高于 2016 年的 45.83%，这说明与 2016 年相比，有超过 50% 的期刊载文量小于等于 50，载文量在 50 篇及以下的期刊数量在增加；随着载文量的逐渐增大，基础学科期刊所占比例急剧下降，在载文量大于 500 篇的区域中，基础学科期刊所占比例下降至 4.57%；医药卫生类别的期刊随着载文量的逐渐减少，期刊比例下降明显，在载文量小于 300 篇的区域中，期刊比例近乎呈线性下降。工业技术类在载文量 400 ～ 500 篇的区域内期刊数量最多，在载文量小于等于 50 篇的区域内期刊数量最少。农林牧渔类别在载文量大于 500 篇的区域内，期刊所占比例较小，在载文量 200 ～ 300 篇的区域内期刊所占比例最大，在其他区域中期刊载文量的比例变化不大。管理学及综合类在各个载文量区域内期刊所占比例都较少，所占比例最大为 9.05%。这说明，工业技术类和医药卫生类期刊均分布于载文量较大的区域内，基础科学的期刊在载文量较小的区域内分布较多。

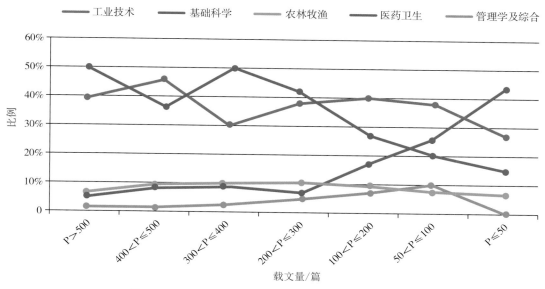

图 12-8　2017 年中国科技核心期刊学科载文量变化情况

12.2.5　中国科技期刊的学科分析

从《2013 版中国科技期刊引证报告（核心版）》开始，与前面的版本相比，期刊的学科分类发生较大变化。2013 版的引证报告的期刊分类参照的是最新执行的《学科分类与代码（国家标准 GB/T 13745—2009）》，我们将中国科技核心期刊重新进行了学科认定，将原有的 61 个学科扩展为了 112 个学科类别。《2018 版中国科技期刊引证报告（核心版）》科技期刊类别 112 个学科，同时对期刊的学科分类设置进行了调整和复分，对一部分交叉学科和跨学科期刊复分为 2 个或 3 个学科分类。新的学科分类体系体现了科学研究学科之间的发展和演变，更加符合当前中国科学技术各方面的发展整体状况，以及中国科技期刊实际分布状况。图 12-9 显示的是 2017 年 2029 种中国科技核心期刊各学科的期刊数量，由图可见，工程技术大学学报、自然科学综合大学学报和医学综合类的期刊数居前 3 位，最多为工程技术大学学报，是 94 种，大学学报类占总数的 13.95%，相较 2016 年占比有所下降。这种现象可能也是中国特色，大学学报是中国科技期刊的一支主要力量；期刊数量最少的学科为性医学，4 种。

2017 年中国科技核心期刊的平均影响因子和平均被引次数分别为 0.648 和 1381 次。其中，高于平均影响因子的学科有 57 个，比 2016 年增加 3 个学科；有 11 个学科的平均影响因子高于 1，比 2016 年增加 2 个学科。高于平均被引次数的学科有 44 个，比 2016 年增加 1 个学科。平均影响因子居前 3 位的学科分别是土壤学、地理学和管理学，平均被引次数居前 3 位的学科是生态学、中药学和护理学。影响因子与学科领域的相关性很大，不同的学科其影响因子有很大的差异。由于在学科内出现数值较大的差异性，因此 2017 年以学科中值作为分析对象，各学科影响因子中值及总被引次数中值如图 12-10 所示。

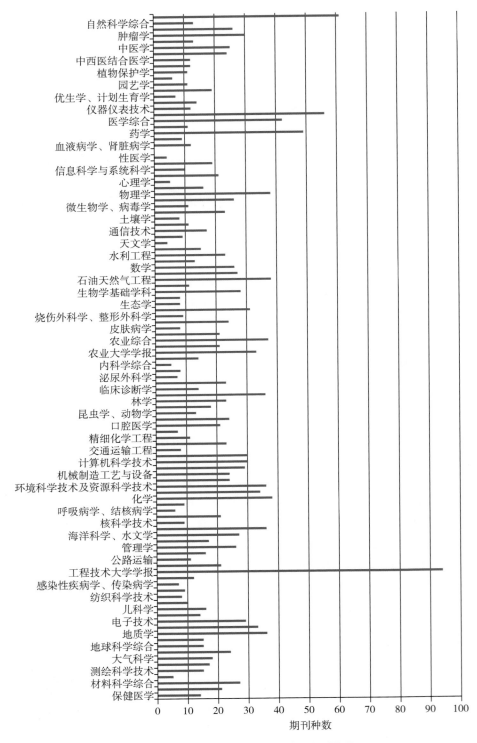

图 12-9 2017 年中国科技核心期刊各学科期刊数量

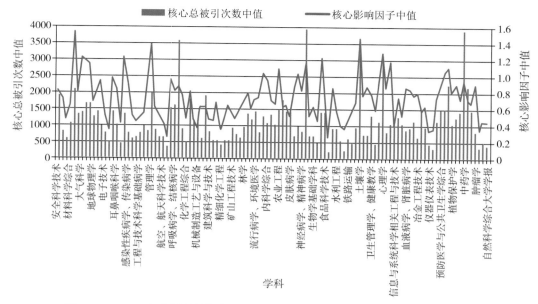

图 12-10　2017 年中国科技核心期刊各学科核心总被引次数与核心影响因子中值

2017 年 112 个学科中总被引次数中值超过 1000 次的学科有 48 个，居前 3 位的学科是中药学、生态学和护理学，较低的学科是应用化学工程、天文学和数学。48 个学科中有 23 个属于医药卫生类别。

2017 年学科影响因子中值居前 3 位的学科是草原学、土壤学和管理学；有 5 个学科的影响因子中值超过 1。而影响因子中值较低的学科有仪器仪表技术、核科学技术和数学等。因此，判断某一科技期刊影响因子的高低应在学科内与本学科的平均水平进行对比。

12.2.6　中国科技期刊的地区分析

地区分布数是指来源期刊登载论文作者所涉及的地区数，按全国 31 个省（市、自治区）计算。

一般说来，用一个期刊的地区分布数可以判定该期刊是否是一个地区覆盖面较广的期刊，其在全国的影响力究竟如何，地区分布数大于 20 个省（市、自治区）的期刊，我们可以认为它是一种全国性的期刊。

表 12-5 可见，2007 年以后中国科技核心期刊中地区分布数大于或等于 30 个省（市、自治区）的期刊数量总体呈增长态势，2015 年上升至 6% 以上，2016—2017 年有所下降。

表 12-5　2007—2017 年中国科技核心期刊地区分布数统计

地区（D）	2007 年	2008 年	2009 年	2010 年	2011 年	2012 年	2013 年	2014 年	2015 年	2016 年	2017 年
D ≥ 30	3.85%	3.32%	4.06%	4.70%	5.31%	4.61%	5.03%	5.68%	6.05%	5.03%	5.72%
20 ≤ D<30	56.71%	57.92%	57.91%	57.56%	57.86%	59.18%	59.23%	59.23%	60.66%	60.86%	60.63%
15 ≤ D<20	20.85%	21.04%	21.53%	21.42%	20.67%	21.21%	19.71%	20.11%	18.39%	20.17%	19.27%
10 ≤ D<15	12.35%	11.67%	11.51%	10.71%	10.66%	10.33%	11.71%	10.86%	10.33%	9.66%	10.00%
D<10	6.23%	6.05%	4.98%	5.61%	5.51%	4.66%	4.32%	3.82%	4.57%	4.28%	4.44%

由图 12-11 可见，论文作者所属地区覆盖 20 个省（市、自治区）的期刊总体呈上涨趋势，2007—2017 年全国性科技期刊占期刊总量均在 60% 以上，2017 年有 66.35% 的期刊属于全国性科技期刊。地区分布数小于 10 的期刊 2007—2017 年总体呈下降趋势，2012—2017 年所占的比例连续小于 5%，2017 年期刊数量为 90 种，其中大学学报为 38 种，占 42.22%，有 20 种英文版期刊，占 22.22%。

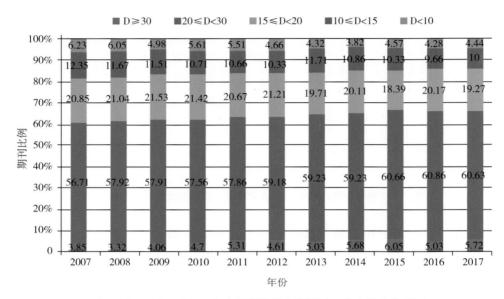

图 12-11　2007—2017 年中国科技核心期刊地区分布数变化情况

12.2.7　中国科技期刊的出版周期

由于论文发表时间是科学发现优先权的重要依据，因此，一般而言，期刊的出版周期越短，吸引优秀稿件的能力越强，也更容易获得较高的影响因子。研究显示，近年来中国科技期刊的出版周期呈逐年缩短趋势。

通过对 2017 年中国科技核心期刊进行统计，期刊的出版周期逐步缩短。出版周期刊中，月刊由 2007 年占总数的 28.73% 逐年上升至 2017 年的 42.26%；双月刊由 2007 年占总数的 52.49% 下降至 2017 年的 46.60%，有更多的双月刊转变成月刊；季刊由 2008 年占总数 13.22% 下降至 2017 年的 7.10%。与 2016 年期刊出版周期比较，双月刊的比例基本未变，季刊的比例稍有下降，月刊的比例略微有所上升，半月刊和旬刊比例略有上升，周刊比例基本维持不变。但旬刊和周刊的期刊较少，旬刊为 12 种，比 2016 年增加 2 种，周刊 2 种，比 2016 年减少 1 种。从总体上看，中国科技期刊的出版周期逐步缩短，双月刊和季刊的出版周期 2017 年较 2016 年下降了 0.41 个百分点，但还是有 50% 以上的期刊以双月刊和季刊的形式出版（如图 12-12 所示）。

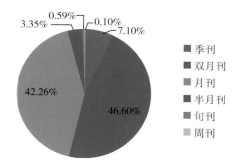

图 12-12　2017 年中国科技核心期刊出版周期

　　从学科分类来看，基础科学、农林牧渔类和管理学及综合类期刊季刊和双月刊的比例较高，基础科学为 68.99%，管理学及综合占到 78.08%，农林牧渔学科比例占到 59.42%。这说明，在这三类中，期刊主要是以季刊和双月刊的形式出版的。其中 2017 年基础科学类期刊的出版周期分布如图 12-13 所示；工业技术类期刊中（如图 12-14 所示），季刊和双月刊的比例占到该类期刊总数的 53.86%，较 2016 年略有下降，也就是说在工业技术类期刊中有超过 50% 的期刊是季刊和双月刊，但均低于基础学科、农林牧渔和管理学及综合等类期刊双月刊和季刊的比例，月刊所占比例在 40% 以上；医药卫生类期刊刊期的分布如图 12-15 所示，与以上类别期刊出版周期分布不尽相同，季刊和双月刊占该类总数的比例为 41.28%，较 2016 年的 42.40% 略有下降，2017 年月刊期刊比例为 52.31%，较 2016 年上升 0.98 个百分点，即在医药卫生类中，超过 50% 的期刊是以月刊及更短的周期出版。

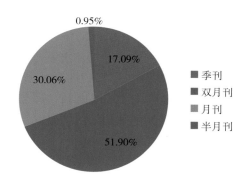

图 12-13　2017 年中国科技核心期刊基础科学类期刊刊期分布

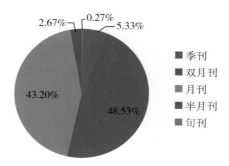

图 12-14   2017 年中国科技核心期刊工业技术类期刊刊期分布

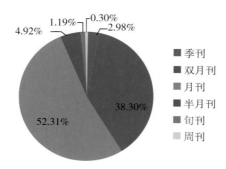

图 12-15   2017 年中国科技核心期刊医药卫生类期刊刊期分布

图 12-16 显示的是 2018 年 9 月之前 SCIE 收录期刊的刊期分布图，共有 9149 种期刊，收录刊期有多种出版形式，期刊的出版周期如图 12-16 所示。由图可见，截至 2018 年 9 月，SCIE 收录期刊中月刊所占比例最大，为 29.53%，其次为双月刊，为 28.55%，季刊为 24.62%。与 2018 年 2 月的数据相比，月刊的比例基本未变，双月刊和季刊的比例略有下降；刊期较长的 Tri-annual、半年刊和年刊期刊所占比例为 6.53%，与 2018 年 2 月数据相比基本不变。刊期较短的半月刊、双周刊、周刊和日刊比例为 5.33%，较 2018 年 2 月有所上升。SCIE 收录的期刊中月刊的比例略高于双月刊，季刊比例低于双月刊和月刊（分别是 3.93 个百分点和 4.91 个百分点）。而中国科技核心期刊，双月刊和月刊的比例高于 SCIE 期刊。季刊的比例远低于 SCIE 期刊，SCIE 收录的期刊中双月刊、季刊、Tri-annual、半年刊和年刊出版的期刊占总数的 59.7%，中国科技核心期刊双月刊和季刊所占比例为 53.7%，并且没有 Tri-annual、半年刊和年刊出版的期刊，所以中国科技核心期刊的刊期低于被 SCIE 收录期刊的刊期。

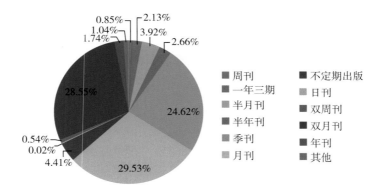

图 12-16　SCIE 收录期刊的出版周期

注：截至 2018 年 9 月。

图 12-17 显示的是 2017 年 SCIE 收录中国 173 种科技期刊的刊期分布。与 2016 年相比，期刊的数量有所增加，期刊出版的形式也多样，有周刊 1 种，半月刊 3 种。月刊的比例有所下降，下降了 0.82 个百分点；双月刊和季刊的比例有所上升，分别为 35.26% 和 30.64%，双月刊和季刊占到 65.9%，较 2016 年略有上升。与 2016 年相比，中国被 SCIE 收录的期刊出版周期略有增长。

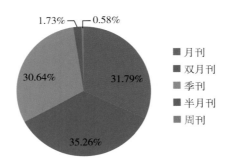

图 12-17　2017 年 SCIE 收录中国期刊的出版周期

12.2.8　中国科技期刊的世界比较

表 12-6 显示了 2011—2017 年中国科技核心期刊和 JCR 收录期刊的平均被引次数、平均影响因子和平均即年指标的情况。由表可见，2011—2017 年 JCR 收录期刊的平均被引次数、平均影响因子除 2015 年有所下降外，其余年份均在增长；2011—2017 年平均即年指标均在增长。中国科技核心期刊的总被引次数、影响因子和即年指标的绝对数值与国际期刊相比不在一个等级，国际期刊远高于中国科技核心期刊。

表 12-6　中国科技的核心期刊与 JCR 收录期刊主要计量指标平均值统计

	中国科技核心期刊			JCR		
	核心总被引次数	核心影响因子	核心即年指标	总被引次数	影响因子	即年指标
2011 年	1022	0.454	0.059	4430	2.05	0.414
2012 年	1023	0.493	0.068	4717	2.099	0.434
2013 年	1182	0.523	0.072	5095	2.173	0.465
2014 年	1265	0.560	0.070	5728	2.22	0.49
2015 年	1327	0.594	0.084	5565	2.21	0.511
2016 年	1361	0.628	0.087	6132	2.43	0.56
2017 年	1381	0.648	0.091	6636	2.567	0.645

2017 年美国 SCIE 中收录中国出版的期刊有 173 种。JCR 主要的评价指标有引文总数（Total Cites）、影响因子（Impact Factor）、即时指数（Immediacy Index）、当年论文数（Current Articles）和被引半衰期（Cited Half-Life）等，表 12-7、表 12-8 分别列出了 2017 年影响因子和被引次数进入本学科领域 Q1 区的期刊名单。

表 12-7　2017 年影响因子位于本学科 Q1 区的中国科技期刊

序号	刊名	影响因子
1	CELL RESEARCH	15.393
2	LIGHT-SCIENCE & APPLICATIONS	13.625
3	BONE RESEARCH	12.354
4	NATIONAL SCIENCE REVIEW	9.408
5	MOLECULAR PLANT	9.326
6	NANO RESEARCH	7.994
7	CELLULAR & MOLECULAR IMMUNOLOGY	7.551
8	NANO-MICRO LETTERS	7.381
9	GENOMICS PROTEOMICS & BIOINFORMATICS	6.615
10	PROTEIN & CELL	6.228
11	ACTA PHARMACEUTICA SINICA B	6.014
12	JOURNAL OF MOLECULAR CELL BIOLOGY	5.595
13	PHOTONICS RESEARCH	5.242
14	MICROSYSTEMS & NANOENGINEERING	5.071
15	CANCER BIOLOGY & MEDICINE	4.607
16	ASIAN JOURNAL OF PHARMACEUTICAL SCIENCES	4.56
17	SCIENCE CHINA-MATERIALS	4.318
18	INTERNATIONAL JOURNAL OF ORAL SCIENCE	4.138
19	SCIENCE BULLETIN	4.136
20	JOURNAL OF GENETICS AND GENOMICS	4.066
21	GEOSCIENCE FRONTIERS	4.051
22	JOURNAL OF ENERGY CHEMISTRY	3.886
23	JOURNAL OF SYSTEMATICS AND EVOLUTION	3.657

续表

序号	刊名	影响因子
24	JOURNAL OF MATERIALS SCIENCE & TECHNOLOGY	3.609
25	ACTA PHARMACOLOGICA SINICA	3.562
26	CHINESE JOURNAL OF CATALYSIS	3.525
27	ASIAN JOURNAL OF ANDROLOGY	3.259
28	JOURNAL OF ANIMAL SCIENCE AND BIOTECHNOLOGY	3.205
29	HIGH POWER LASER SCIENCE AND ENGINEERING	3.143
30	JOURNAL OF INTEGRATIVE PLANT BIOLOGY	3.129
31	SCIENCE CHINA-LIFE SCIENCES	3.085
32	SCIENCE CHINA-PHYSICS MECHANICS & ASTRONOMY	2.754
33	ENGINEERING	2.667
34	CROP JOURNAL	2.658
35	JOURNAL OF PALAEOGEOGRAPHY-ENGLISH	2.632
36	FOREST ECOSYSTEMS	2.426
37	CURRENT ZOOLOGY	2.393
38	JOURNAL OF BIONIC ENGINEERING	2.325
39	INSECT SCIENCE	2.091
40	PETROLEUM EXPLORATION AND DEVELOPMENT	2.065
41	INTEGRATIVE ZOOLOGY	1.856
42	PETROLEUM SCIENCE	1.624
43	CHINESE JOURNAL OF AERONAUTICS	1.614
44	APPLIED MATHEMATICS AND MECHANICS-ENGLISH EDITION	1.538
45	SCIENCE CHINA-MATHEMATICS	1.206
46	JOURNAL OF COMPUTATIONAL MATHEMATICS	1.026

表 12-8　2017 年被引次数位于本学科 Q1 区的中国科技期刊

序号	刊名	被引次数
1	CELL RESEARCH	13728
2	NANO RESEARCH	12540
3	JOURNAL OF ENVIRONMENTAL SCIENCES	10255
4	TRANSACTIONS OF NONFERROUS METALS SOCIETY OF CHINA	8583
5	ACTA PHARMACOLOGICA SINICA	8041
6	ACTA PETROLOGICA SINICA	7616
7	CHINESE MEDICAL JOURNAL	7606
8	MOLECULAR PLANT	7010
9	ASIAN JOURNAL OF ANDROLOGY	3502
10	SCIENCE CHINA-TECHNOLOGICAL SCIENCES	3192
11	PETROLEUM EXPLORATION AND DEVELOPMENT	2163
12	JOURNAL OF INTEGRATIVE AGRICULTURE	1680

2017 年，各检索系统收录中国内地科技期刊情况如下：SCI-E 数据库收录 173 种，比 2016 年增加了 11 种；Ei 数据库收录 221 种（如表 12-9 所示）；Medline 收录 132 种；SSCI 收录 2 种；Scopus 收录 640 种。

表 12-9　2005—2017 年 SCI-E 和 Ei 数据库收录中国科技期刊数量

检索系统	2005年	2006年	2007年	2008年	2009年	2010年	2011年	2012年	2013年	2014年	2015年	2016年	2017年
SCI-E/种	78	78	104	108	115	128	134	135	139	142	148	162	173
Ei/种	141	163	174	197	217	210	211	207	216	215	216	215	221

中国科技期刊在国际上的认知度也经历了一个发展变化的过程，在 1987 年时，SCI 选用中国期刊仅 11 种，占世界的 0.3%，Ei 收录中国期刊 20 种。20 多年来，中国科技期刊的队伍不断壮大，在世界检索系统中的影响也越来越大。中国科技期刊经历了数量从无到有、从少到多的积累阶段，又走过了摸着石头过河的质量提升阶段，我们希望中国科技期刊走向可持续发展的全面振兴阶段。

12.2.9　中国科技期刊综合评分

中国科学技术信息研究所每年出版的《中国科技期刊引证报告（核心版）》定期公布 CSTPCD 收录的中国科技论文统计源期刊的各项科学计量指标。1999 年开始，以此指标为基础，研制了中国科技期刊综合评价指标体系。采用层次分析法，由专家打分确定了重要指标的权重，并分学科对每种期刊进行综合评定。2009—2018 年版的《中国科技期刊引证报告（核心版）》连续公布了期刊的综合评分，即采用中国科技期刊综合评价指标体系对期刊指标进行分类、分层次、赋予不同权重后，求出各指标加权得分后，期刊在本学科内的排位。

根据综合评分的排名，结合各学科的期刊数量及学科细分后，自 2009 年起每年评选中国百种杰出学术期刊。

中国科技核心期刊（中国科技论文统计源期刊）实行动态调整机制，每年对期刊进行评价，通过定量及定性相结合的方式，评选出各学科较重要的、有代表性的、能反映本学科发展水平的科技期刊，评选过程中对连续两年公布的综合评分排在本学科末位的期刊进行淘汰。

对科技期刊的评价监测主要目的是引导，中国科技期刊评价指标体系中的各指标是从不同角度反映科技期刊的主要特征，涉及多个不同方面，为此要从整体上反映科技期刊的发展进程，必须对各个指标进行综合化处理，做出综合评价。期刊编辑出版者也可以从这些指标上找到自己的特点和不足，从而制定期刊的发展方向。

由科技部推动的精品科技期刊战略就是通过对科技期刊的整体评价和监测，发扬中国科学研究的优势学科，对科技期刊存在的问题进行政策引导，采取切实可行的措施，推动科技期刊整体质量和水平的提高，从而促进中国科技自主创新工作，在中国优秀期刊服务于国内广大科技工作者的同时，鼓励一部分顶尖学术期刊冲击世界先进水平。

12.3　讨论

① 2009—2017 年中国期刊的总量呈微增长态势，2009—2017 年中国期刊平均期印数连续下降，总印数和总印张连续多年增长的态势下，2013—2017 年有所下降；2014—2017 年期刊定价连续多年呈增长态势下，有所下降。2009—2017 年中国科技期刊数量呈微量增长态势，多年来一直占期刊总量的 50% 左右。2014—2017 年，平均期印数、总印数和总印张连续下降。

②中国科技期刊中，工业技术类期刊所占比例最高，医药卫生类期刊次之。

③中国科技期刊的平均核心总被引次数和平均核心影响因子在保持绝对数增长态势的同时，增长速度持续趋缓。

④ 2017 年基金论文相比 2016 年有所上升，为 63%，但从统计结果看，中国科技核心期刊论文 2015—2017 年有近 60% 是由省部级以上基金或资助产生的科研成果。

⑤ 2017 年中国期刊的发文数量集中在 100 ～ 200 篇，期刊数量占总数的比例最高；发文量超过 500 篇的期刊比例相较 2016 年有微量上升，发文量小于 50 篇的期刊数量较 2016 年有所上升。

⑥ 2017 年中国科技期刊的地区分布大于 20 个省（市、自治区）的期刊数量继续增长，有超过 60% 的期刊为全国性期刊；地区分布小于 10 的期刊数量总体减少，所占比例小于 5%。

⑦中国科技期刊的出版周期逐年缩短，2017 年月刊占总数的比例从 2007 年的 28.73% 上升至 42.26%；双月刊和季刊的出版周期有所下降，2017 年有 50% 以上的期刊以双月刊和季刊的形式出版，医药卫生类期刊的出版周期最短。

⑧通过比较 2017 年中国被 JCR 收录的科技期刊的影响因子和被引次数在各学科的位置发现，中国有 46 种期刊的影响因子处于本学科的 Q1 区，有 12 种期刊的被引次数处于本学科的 Q1 区，相较 2016 年均有所增长。

参考文献

[1]　中华人民共和国国家新闻出版广电总局 . 2017 年全国新闻出版业基本情况 [EB/OL].[2018-08-01]. http://www.sapprft.gov.cn/.

[2]　中国科学技术信息研究所 . 2018 年版中国科技期刊引证报告（核心版）[M]. 北京：科学技术文献出版社，2018.

[3]　中国科学技术信息研究所 . 2017 年版中国期刊引证报告（核心版）[M]. 北京：科学技术文献出版社，2017.

[4]　贾佳，潘云涛 . 期刊强国的各学科顶尖学术期刊的分布情况研究 [J]. 编辑学报，2011（1）：91-94.

[5]　2017 Journal Citation Reports® Science Edition . Thomson Reuters, 2018.

13 CPCI–S 收录中国论文情况统计分析

Conference Proceedings Citation Index – Science（CPCI–S）数据库，即原来的 ISTP 数据库，涵盖了所有科技领域的会议录文献，其中包括农业、生物化学、生物学、生物技术学、化学、计算机科学、工程学、环境科学、医学和物理学等领域。

本章利用统计分析方法对 2017 年 CPCI–S 收录的 73625 篇第一作者单位为中国的科技会议论文的地区、学科、会议举办地、参考文献数量、被引次数分布等进行简单的计量分析。

13.1 引言

2017 年 CPCI–S 数据库收录世界重要会议论文为 51.99 万篇，比 2016 年减少了 7.6%；共收录了中国作者论文 7.36 万篇，比 2016 年减少了 14.7%，占世界的 14.2%，排在世界第 2 位。排在世界前 5 位的是美国、中国、英国、德国和日本。CPCI–S 数据库收录美国论文 14.45 万篇，占世界论文总数的 27.8%。图 13-1 为中国国际科技会议论文数占世界论文总数比例的变化趋势。

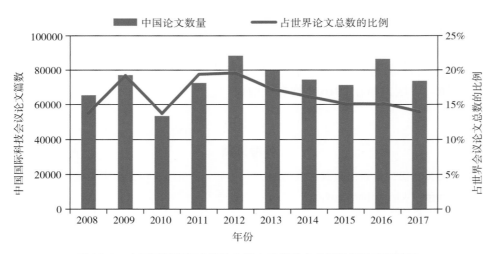

图 13-1 中国国际科技会议论文数占世界论文总数比例的变化趋势

若不统计港澳台地区的论文，2017 年 CPCI–S 收录第一作者单位为中国的科技会议论文共计 6.56 万篇，以下统计分析都基于此数据。

13.2 研究分析与结论

13.2.1 2017 年 CPCI-S 收录中国论文的地区分布

表 13-1 是 2017 年中国作者发表的 CPCI-S 论文，论文第一作者单位的地区分布居前 10 位的情况及其与 2016 年的比较情况。

表 13-1 CPCI-S 论文作者单位排名居前 10 位的地区

2017 年			2016 年		
排名	地区	论文篇数	排名	地区	论文篇数
1	北京	14297	1	北京	14750
2	江苏	5536	2	江苏	5582
3	上海	5310	3	上海	4504
4	陕西	4591	4	陕西	4397
5	广东	4175	5	湖北	3682
6	湖北	3827	6	广东	2985
7	山东	3296	7	辽宁	2791
8	辽宁	2823	8	四川	2714
9	四川	2786	9	山东	2520
10	浙江	2317	10	黑龙江	2503

由表 13-1 可以看出，2017 年排名前 3 位的城市分别为北京、江苏和上海，与 2016 年排名一致，分别产出论文 14297 篇、5536 篇和 5310 篇，占 CPCI-S 中国论文总数的 21.5%、8.3% 和 8.0%。2017 年排名前 10 位的地区作者被 CPCI-S 收录的论文共 48958 篇，占论文总数的 73.5%。2017 年排名前 10 位的地区与 2016 年相比，变化不大，只有 2016 年被黑龙江省取代的浙江省，在 2017 年重回第 10 位。

13.2.2 2017 年 CPCI-S 收录中国论文的学科分布

表 13-2 是 2017 年 CPCI-S 收录的第一作者为中国的论文学科分布情况及其与 2016 年的比较。

表 13-2 2017 年 CPCI-S 收录的第一作者为中国的论文数排名居前 10 位的学科

2017 年			2016 年		
排名	学科	论文篇数	排名	学科	论文篇数
1	计算技术	20136	1	计算技术	19510
2	电子、通信与自动控制	16638	2	电子、通信与自动控制	19463
3	物理学	4927	3	物理学	4719

续表

\multicolumn{3}{c}{2017 年}			\multicolumn{3}{c}{2016 年}		
排名	学科	论文篇数	排名	学科	论文篇数
4	能源科学技术	4467	4	临床医学	4655
5	临床医学	4194	5	工程与技术基础学科	3835
6	机械工程	3739	6	机械工程	3521
7	工程与技术基础学科	3495	7	能源科学技术	3457
8	材料科学	2453	8	材料科学	2504
9	化学	1915	9	地学	2149
10	生物学	1430	10	土木建筑	1757

由表 13-2 可以看出，2017 年 CPCI-S 中国论文分布排名前 3 位的学科为计算技术，电子、通信与自动控制和物理学。仅这 3 个学科的会议论文数量就占了中国论文总数的 62.6%。2017 年与 2016 年排名前 10 位的学科大致相同，论文数也没有太大变化。

13.2.3   2017 年中国作者发表论文较多的会议

2017 年 CPCI-S 收录的中国所有论文发表在 2813 个会议上，与 2016 年的 3007 个会议相比，相差不大。表 13-3 为 2017 年收录中国论文数居前 10 位的会议。

表 13-3   2017 年收录中国论文数居前 10 位的会议

排名	会议名称	论文篇数
1	36th Chinese Control Conference (CCC)	1831
2	Chinese Automation Congress (CAC)	1489
3	29th Chinese Control And Decision Conference (CCDC)	1406
4	43rd Annual Conference of the IEEE-Industrial-Electronics-Society (IECON)	764
5	Annual Conference of the Chinese-Society-for-Optical-Engineering (CSOE) on Applied Optics and Photonics China (AOPC)	706
6	253rd National Meeting of the American-Chemical-Society (ACS) on Advanced Materials, Technologies, Systems, and Processes	704
7	25th International Conference on Nuclear Engineering	617
8	28th Great Wall International Congress of Cardiology (GW-ICC)	603
9	IEEE International Geoscience & Remote Sensing Symposium	568
10	10th International Symposium on Heating, Ventilation and Air Con ditioning (ISHVAC)	560

由表 13-3 可以看出，论文数量排在第 1 位的是 2017 年由中国自动化学会控制理论专业委员（TCCT）发起，在大连举办的第 36 届中国控制会议（CCC 2017）。该会议现已成为控制理论与技术领域的国际性学术会议，共收录论文 1831 篇。

13.2.4　CPCI-S 收录中国论文的语种分布

基于 2017 年 CPCI-S 收录第一作者单位为中国（不包含港澳台地区论文）的 66605 篇科技会议论文，以英语发表的文章共 66316 篇，中文发表的论文共 243 篇，日语 44 篇，丹麦语 1 篇，威尔士语 1 篇（表 13-4）。由表 13-4 可以看出，与 2016 年相比，2017 年中文撰写的会议论文数量更多。

表 13-4　2017 年和 2016 年科技会议论文的语种分布情况

语种	2017 年		2016 年	
	篇数	比例	篇数	比例
英语	66316	99.60%	63041	99.87%
中文	243	0.40%	81	0.13%

13.2.5　2017 年 CPCI-S 收录论文的参考文献数和被引次数分布

（1）2017 年 CPCI-S 收录论文的参考文献数分布

表 13-5 列出了 2017 年 CPCI-S 收录中国论文的参考文献数分布。除 0 篇参考文献的论文外，排名居前 10 位的参考文献数均在 5 篇以上，最多为 15 篇，占总论文数的 54.00%。

表 13-5　2017 年 CPCI-S 收录论文的参考文献分布（TOP 10）

参考文献数	论文篇数	比例	参考文献数	论文篇数	比例
0	5467	8.21%	9	3354	5.04%
10	4589	6.89%	7	3257	4.89%
11	3444	5.17%	6	3149	4.73%
12	3428	5.15%	15	3077	4.62%
8	3412	5.12%	5	2973	4.46%

（2）2017 年 CPCI-S 收录论文的被引次数分布

2017 年 CPCI-S 收录论文的被引次数分布，如表 13-6 所示。由表 13-6 可以看出，大部分会议论文的被引次数为 0，有 63081 篇，占比 94.71%，这个比例比 2016 年的 96.03% 略有下降。被引 1 次以上的论文有 3524 篇，占比 3.3%；被引 5 次以上的论文为 345 篇，比 2016 年数量翻倍。

表 13-6　2017 年 CPCI-S 收录论文的被引次数分布

次数	论文篇数	比例	次数	论文篇数	比例
0	63081	94.71%	5	79	0.12%
1	2200	3.30%	6	49	0.07%
2	560	0.84%	7	33	0.04%
3	268	0.40%	9	33	0.04%
4	151	0.23%			

13.3　讨论

2017 年 CPCI–S 收录了中国（包括香港和澳门地区）作者论文 7.36 万篇，比 2016 年减少了 14.7%，占世界的 14.2%，排在世界第 2 位。

2017 年 CPCI–S 收录中国（不包含港澳台地区）的会议论文，以英语发表的文章共 66316 篇，中文发表的论文共 243 篇，日语 44 篇，丹麦语 1 篇，威尔士语 1 篇。

2017 年 CPCI–S 收录中国论文的参考文献数排名居前 10 位的参考文献数均在 5 篇 以上，最多为 15 篇，占总论文数的 54.00%。

2017 年论文数量排在第 1 位的会议是在中国大连举办的第 36 届中国控制会议（CCC 2017），共收录论文 1831 篇。

2017 年 CPCI–S 中国论文分布排名居前 3 位的学科为计算技术，电子、通信与自动控制和物理学，占了中国论文总数的 62.6%。

参考文献

[1]   中国科学技术信息研究所 . 2018 年版中国科技期刊引证报告（核心版）[M]. 北京：科学技术 文献出版社，2018.

[2]   中国科学技术信息研究所 . 2017 年版中国科技期刊引证报告（核心版）[M]. 北京：科学技术 文献出版社，2017.

[3]   中国科学技术信息研究所 . 2016 年度中国科技论文统计与分析 [M]. 北京：科学技术文献出 版社，2018.

14 Medline 收录中国论文情况统计分析

14.1 引言

Medline 是美国国立医学图书馆（The National Library of Medicine，NLM）开发的当今世界上最具权威性的文摘类医学文献数据库之一。《医学索引》（Index Medicus，IM）为其检索工具之一，收录了全球生物医学方面的期刊，是生物医学方面较常用的国际文献检索系统。

本章统计了中国科研人员被 Medline 2017 收录论文的机构分布情况、论文发表期刊的分布及期刊所属国家和语种分布情况，并在此基础上进行了分析。

14.2 研究分析与结论

14.2.1 Medline 收录论文的国际概况

Medline 2017 网络版共收录论文 1117727 篇，比 2016 年的 1122358 篇减少 0.41%，2012—2017 年 Medline 收录论文情况如图 14-1 所示。可以看出，2012—2016 年，Medline 收录论文数呈现逐年递增的趋势，2017 年 Medline 收录论文数有小幅减少。

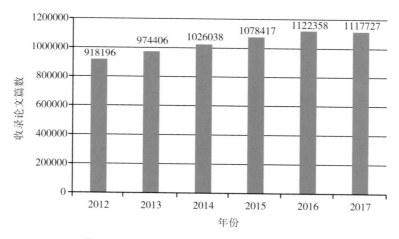

图 14-1　2012—2017 年 Medline 收录论文统计

14.2.2　Medline 收录中国论文的基本情况

　　Medline 2017 网络版共收录中国科研人员发表的论文 141344 篇，比 2016 年增长 10.28%。2012—2017 年 Medline 收录中国论文情况如图 14-2 所示。

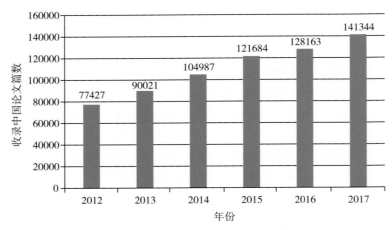

图 14-2　2012—2017 年 Medline 收录中国论文统计

14.2.3　Medline 收录中国论文的机构分布情况

　　被 Medline 2017 收录的中国论文，以第一作者单位的机构类型分类，其统计结果如图 14-3 所示。其中，高等院校所占比例最多，包括其所附属的医院等医疗机构在内，产出论文占总量的 78.26%。医疗机构中，高等院校所属医疗机构是非高等院校所属医疗机构产出论文数的 2.78 倍，二者之和在总量中所占比例为 40.04%。科研机构所占比例为 10.43%，与 2016 年相比略有降低。

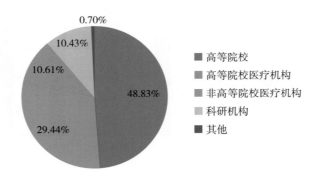

图 14-3　2017 年中国各类型机构 Medline 论文产出的比例

　　被 Medline 2017 收录的中国论文，以第一作者单位统计，高等院校、科研机构和医疗机构 3 类机构各自的居前 20 位单位分别如表 14-1 ～表 14-3 所示。

由表 14-1 中可以看到，发表论文数较多的高等院校大多为综合类大学。

表 14-1 2017 年 Medline 收录中国论文数居前 20 位的高等院校

排名	高等院校	论文篇数	排名	高等院校	论文篇数
1	上海交通大学	3980	11	吉林大学	1994
2	浙江大学	3423	12	南京大学	1814
3	北京大学	3347	13	武汉大学	1748
4	复旦大学	3228	14	南京医科大学	1630
5	四川大学	3156	15	苏州大学	1623
6	中山大学	3088	16	西安交通大学	1545
7	首都医科大学	2474	17	清华大学	1420
8	华中科技大学	2141	18	南方医科大学	1242
9	中南大学	2102	19	温州医科大学	1234
10	山东大学	2093	20	中国医科大学	1216

注：高等院校数据包括其所属的医院等医疗机构在内。

由表 14-2 中可以看到，发表论文数较多的科研机构中，中国科学院所属机构较多，在前 20 位中占据了 14 席。

表 14-2 2017 年 Medline 收录中国论文数居前 20 位的科研机构

排名	科研机构	论文篇数
1	中国疾病预防控制中心	492
2	军事医学科学院	466
3	中国科学院上海生命科学研究院	443
4	中国科学院生态环境研究中心	369
5	中国中医科学院	348
6	中国科学院化学研究所	344
7	中国医学科学院肿瘤研究所	333
8	中国科学院长春应用化学研究所	311
9	中国科学院动物研究所	234
10	中国科学院大连化学物理研究所	232
11	中国医学科学院药物研究所	219
12	中国水产科学研究院	216
13	中国科学院海洋研究所	195
14	中国科学院微生物研究所	192
15	中国科学院上海药物研究所	181
16	中国科学院海西研究院	172
17	中国科学院遗传与发育生物学研究所	169
18	中国科学院昆明植物研究所	168
19	中国科学院上海有机化学研究所	166
20	中国科学院合肥物质科学研究院	161

由 Medline 收录中国医疗机构发表的论文数分析（如表 14-3 所示），2017 年四川大学华西医院发表论文数以 1689 篇高居榜首；其次为北京协和医院，发表论文 1015 篇；解放军总医院排在第 3 位，发表论文 933 篇。在论文数居前 20 位的医疗机构中，除北京协和医院、解放军总医院外，其他全部是高等院校所属的医疗机构。

表 14-3 2017 年 Medline 收录中国论文数居前 20 位的医疗机构

排名	医疗机构	论文篇数
1	四川大学华西医院	1689
2	北京协和医院	1015
3	解放军总医院	933
4	中南大学湘雅医院	696
5	郑州大学第一附属医院	631
6	中南大学湘雅二医院	595
7	华中科技大学同济医学院附属同济医院	592
8	浙江大学第一附属医院	581
9	复旦大学附属中山医院	576
10	上海交通大学医学院附属瑞金医院	552
11	江苏省人民医院	551
12	中国医科大学附属第一医院	550
13	上海交通大学医学院附属第九人民医院	549
14	南方医科大学南方医院	535
15	中山大学附属第一医院	532
16	吉林大学白求恩第一医院	513
17	华中科技大学同济医学院附属协和医院	509
18	上海市第六人民医院	483
19	浙江大学医学院附属第二医院	468
20	山东大学齐鲁医院	466

14.2.4 Medline 收录中国论文的学科分布情况

Medline 2017 年收录的中国论文共分布在 121 个学科中，其中，有 18 个学科的论文数在 1000 篇以上，论文数最多的学科是生物化学与分子生物学，共有论文 13686 篇，超过 100 篇的学科数量为 64，占论文总量的 58.96%。论文数排名居前 10 位的学科如表 14-4 所示。

表 14-4 2017 年 Medline 收录中国论文数居前 10 位的学科

排名	学科	论文篇数	论文比例
1	生物化学与分子生物学	13686	9.68%
2	细胞生物学	7681	5.43%
3	老年病学和老年医学	7590	5.37%
4	药理学和药剂学	7532	5.33%

排名	学科	论文篇数	论文比例
5	小儿科	4486	3.17%
6	肿瘤学	3747	2.65%
7	遗传学与遗传性	3714	2.63%
8	微生物学	2280	1.61%
9	免疫学	2135	1.51%
10	神经科学和神经学	1959	1.39%

14.2.5　Medline 收录中国论文的期刊分布情况

Medline 2017 收录的中国论文，发表于 4256 种期刊上，期刊总数比 2016 年增长 4.03%。收录中国论文较多的期刊数量与收录的论文数均有所增加，其中，收录中国论文达到 100 篇及以上的期刊共有 250 种。

收录中国论文数居前 20 位的期刊如表 14-5 所示。可以看出，收录中国 Medline 论文最多的 20 个期刊全部是国外期刊。其中，收录论文数最多的期刊为英国出版的 *Scientific Report*，2017 年该刊共收录中国论文 6712 篇。

表 14-5　2017 年 Medline 收录中国论文数居前 20 位的期刊

期刊名	期刊出版国	论文篇数
SCIENTIFIC REPORTS	英国	6712
ONCOTARGET	美国	4774
PLOS ONE	美国	2881
ACS APPLIED MATERIALS & INTERFACES	美国	2230
MEDICINE	美国	1952
MOLECULAR MEDICINE REPORTS	希腊	1644
ONCOLOGY LETTERS	希腊	1274
SENSORS (BASEL, SWITZERLAND)	瑞士	1190
EXPERIMENTAL AND THERAPEUTIC MEDICINE	希腊	1189
CHEMICAL COMMUNICATIONS (CAMBRIDGE, ENGLAND)	英国	1065
NANOSCALE	英国	925
ENVIRONMENTAL SCIENCE AND POLLUTION RESEARCH INTERNATIONAL	德国	910
FRONTIERS IN PLANT SCIENCE	瑞士	850
BIOCHEMICAL AND BIOPHYSICAL RESEARCH COMMUNICATIONS	美国	828
PHYSICAL CHEMISTRY CHEMICAL PHYSICS : PCCP	英国	796
THE SCIENCE OF THE TOTAL ENVIRONMENT	荷兰	790
BIOMED RESEARCH INTERNATIONAL	美国	775
BIOMEDICINE & PHARMACOTHERAPY	法国	769
CHEMOSPHERE	英国	763
MOLECULES (BASEL, SWITZERLAND)	瑞士	748

按照期刊出版地所在的国家（地区）进行统计，发表中国论文数居前 10 位国家的情况如表 14–6 所示。

表 14–6　2017 年 Medline 收录的中国论文发表期刊所在国家相关情况统计

期刊出版地	期刊种数	论文篇数	论文比例
美国	1414	42166	29.83%
英国	1220	38761	27.42%
中国	117	15352	10.86%
荷兰	320	10863	7.69%
瑞士	162	8594	6.08%
德国	232	7965	5.64%
希腊	14	5464	3.87%
法国	46	1552	1.10%
澳大利亚	56	1413	1.00%
爱尔兰	33	1304	0.92%

中国 Medline 论文发表在 52 个国家出版的期刊上。其中，在美国的 1414 种期刊上发表 42166 篇论文，英国的 1220 种期刊上发表 38761 篇论文，中国的 117 种期刊共发表 15352 篇论文。

14.2.6　Medline 收录中国论文的发表语种分布情况

Medline 2017 收录的中国论文，其发表语种情况如表 14–7 所示。可以看出，几乎全部的论文都是用英文和中文发表的，而英文是中国科技成果在国际发表的主要语种，在全部论文中所占比例达到 92.09%。

表 14–7　2017 年 Medline 收录中国论文发表语种情况统计

语种	论文篇数	论文比例
英文	130159	92.09%
中文	11169	7.90%
其他	16	0.01%

14.3　讨论

Medline 2017 收录中国科研人员发表的论文共计 141344 篇，发表于 4256 种期刊上，其中 92.09% 的论文用英文撰写。

根据学科统计数据，Medline 2017 收录的中国论文中，生物化学与分子生物学学科的论文数最多，其次是细胞生物学、老年病学和老年医学、药理学及药剂学等学科。

2017 年，Medline 收录中国论文数增长达到 10.28%，其中高等院校产出论文达到论文总数的 78.26%，Medline 2017 收录的中国论文发表的期刊数量持续增加。

参考文献

[1]　中国科学技术信息研究所 . 2016 年度中国科技论文统计与分析（年度研究报告）[M]. 北京：
　　科学技术文献出版社, 2018: 161-167.

[2]　中国科学技术信息研究所 . 2015 年度中国科技论文统计与分析（年度研究报告）[M]. 北京：
　　科学技术文献出版社, 2017: 169-175.

[3]　中国科学技术信息研究所 . 2014 年度中国科技论文统计与分析（年度研究报告）[M]. 北京：
　　科学技术文献出版社, 2016: 163-169.

[4]　中国科学技术信息研究所 . 2013 年度中国科技论文统计与分析（年度研究报告）[M]. 北京：
　　科学技术文献出版社, 2015: 164-170.

[5]　中国科学技术信息研究所 . 2012 年度中国科技论文统计与分析（年度研究报告）[M]. 北京：
　　科学技术文献出版社, 2014: 183-188.

15　中国专利情况统计分析

发明专利的数量和质量能够反映一个国家的科技创新实力。本章基于美国专利商标局、欧洲专利局、三方专利数据，统计分析了 2008—2017 年中国专利产出的发展趋势，并与部分国家进行比较。同时根据科睿唯安 Derwent Innovation 数据库中 2017 年的专利数据，统计分析了中国授权发明专利的分布情况。

15.1　引言

2018 年 6 月 13 日，国家知识产权局在北京发布了《2017 年中国知识产权发展状况评价报告》（以下简称《报告》）。《报告》显示，近年来中国知识产权综合发展水平稳步提升，尤其是在 2017 年，中国知识产权综合发展状况呈现出创造发展水平提升加速、运用发展水平增速放缓、保护发展水平稳中有升、环境发展水平进步明显 4 个特点。

专利作为知识产权的重要表现形式之一，在体现知识产权综合发展水平方面具有重要的意义。为此，本章从美国专利商标局、欧洲专利局、三方专利数据、科睿唯安 Derwent Innovation（DI）数据库等角度，定量研究我国的专利发展状况，以期为我国后续的知识产权国际影响力提升提供一定的数据参考。

15.2　数据与方法

①基于美国专利商标局分析 2008—2017 年中国专利产出的发展趋势及其与部分国家（地区）的比较。

②基于欧洲专利局的专利数据库分析 2008—2017 年中国专利产出的发展趋势及其与部分国家（地区）的比较。

③基于 OECD 官网 2019 年 3 月 12 日更新的三方专利数据库分析 2007—2016 年（专利的优先权时间）中国专利产出的发展趋势及其与部分国家（地区）的比较。

④从 Derwent Innovation 数据库中按公开年检索出中国 2017 年获得授权的发明专利数据，进行机构翻译、机构代码标识和去除无效记录后，形成 2017 年中国授权发明专利数据库。按照德温特分类号统计出该数据库收录中国 2017 年获得授权发明专利数量最多的领域和机构分布情况。

15.3　研究分析与结论

15.3.1　中国专利产出的发展趋势及其与部分国家（地区）的比较

（1）中国在美国专利商标局申请和授权的发明专利数情况

根据美国专利商标局统计数据，中国在美国专利商标局申请专利数从 2015 年的

21386 件增加到 2016 年的 27935 件，再到 2017 年的 32127 件，名次与 2016 年相同，居第 5 位，仅次于美国、日本、韩国和德国，且专利数逼近德国，差距缩小到 600 多件（如表 15–1 和图 15–1 所示）。

表 15-1 2008—2017 年美国专利商标局专利申请数居前 10 位的国家（地区）

国家（地区）	年份									
	2008	2009	2010	2011	2012	2013	2014	2015	2016	2017
美国	231588	224912	241977	247750	268782	287831	285096	288335	318701	316718
日本	82396	81982	84017	85184	88686	84967	86691	86359	91383	89364
韩国	23584	23950	26040	27289	29481	33499	36744	38205	41823	38026
德国	25202	25163	27702	27935	29195	30551	30193	30016	33254	32771
中国	4455	6879	8162	10545	13273	15093	18040	21386	27935	32127
中国台湾	18001	18661	20151	19633	20270	21262	20201	19471	20875	19911
英国	9771	10568	11038	11279	12457	12807	13157	13296	14824	15597
加拿大	10307	10309	11685	11975	13560	13675	12963	13201	14328	14167
法国	8561	9331	10357	10563	11047	11462	11947	12327	13489	13552
印度	2879	3110	3789	4548	5663	6600	7127	7976	7676	9115

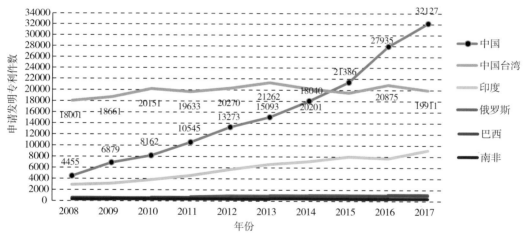

图 15-1 2008—2017 年中国在美国专利商标局申请的发明专利数情况及与
其他部分国家（地区）的比较

由表 15–1 和图 15–1 可以看出，日本在美国专利商标局申请的发明专利数仅次于美国本国申请专利数，约占到美国申请专利数的 28.22%。韩国近几年在美国专利商标局的申请专利数量也在不断增加，自 2012 年始已经连续 6 年超过德国稳居世界第 3 位。相较于印度、俄罗斯、巴西、南非等其他 4 个金砖国家，中国在美国专利商标局申请的发明专利数具有显著优势，并且也远高于其他四者专利申请数的总和。

表 15-2   2017 年美国专利商标局专利授权数排名居前 10 位的国家（地区）

国家（地区）	年份									
	2008	2009	2010	2011	2012	2013	2014	2015	2016	2017
美国	92001	95038	121178	121257	134194	147666	158713	155982	173650	167367
日本	36679	38066	46977	48256	52773	54170	56005	54422	53046	51743
韩国	8730	9566	12508	13239	14168	15745	18161	20201	21865	22687
德国	10085	10352	13633	12967	15041	16605	17595	17752	17568	17998
中国	1851	2262	3301	3786	5335	6597	7921	9004	10988	14147
中国台湾	7781	7781	9636	9907	11624	12118	12255	12575	12738	12540
英国	3832	4004	5028	4908	5874	6551	7158	7167	7289	7633
加拿大	4125	4393	5513	5756	6459	7272	7692	7492	7258	7532
法国	3813	3805	5100	5023	5857	6555	7103	7026	6907	7365
以色列	1312	1525	1917	2108	2598	3152	3618	3804	3820	4306

由表 15-2、表 15-3 和图 15-2 看，中国在美国专利局获得授权的专利数从 2016 年的 10988 件增加到 2017 年的 14147 件，名次相对于 2016 年上升 1 位，居第 5 位，仅次于美国、日本、韩国和德国。与印度、俄罗斯、巴西、南非等金砖国家相比，中国专利授权数已具有明显优势。

2017 年，美国的专利授权数依然位列首位，其以总量 167367 件，遥遥领先于其他国家，不过其比例却在下滑。

在金砖五国中，中国位列首位，之后则是印度、俄罗斯、巴西和南非，其中中国以 14147 件遥遥领先于其他 4 个国家，甚至要远超过这 4 个国家的总授权数 5388 件。在这 4 个国家中，印度的专利授权数增长较快，从 2010 年的不足 1000 件，增长到 2017 年的 4206 件。

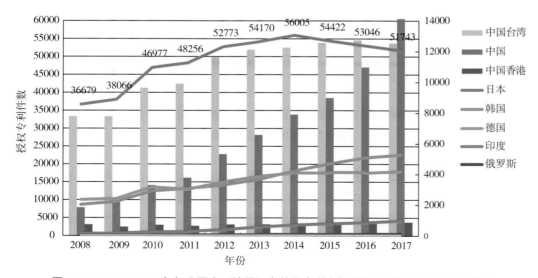

图 15-2   2008—2017 年部分国家（地区）在美国专利商标局获得授权专利数变化情况

2008—2017 年，中国的专利授权数保持年年增长，同时占总数的比例也在逐年增长，甚至所占比例也由 2008 年的 0.78%，上升到 2010 年的 1.21%，再到 2017 年的 4.47%，且排名也由 2008 年的 12 位上升为 2017 年的第 5 位。

表 15-3 2008—2017 年中国在美国专利商标局获得授权的专利数、排名及变化情况

年度	2008	2009	2010	2011	2012	2013	2014	2015	2016	2017
专利授权数	1225	1655	2657	3174	4637	5928	7236	9004	10988	14147
比上一年增长	58.68%	35.10%	60.54%	19.46%	46.09%	27.84%	22.06%	24.43%	22.03%	28.75%
排名	12	9	9	9	9	8	6	6	6	5
占总数比例	0.78%	0.99%	1.21%	1.41%	1.83%	2.13%	2.41%	2.76%	2.91%	4.47%

（2）中国在欧洲专利商标局申请专利数和授权发明专利数的变化情况

2016 年中国在欧洲专利局申请专利数为 7150 件，到 2017 年增加到 8330 件，增长了 16.50%，中国专利申请数在世界所处位次已经由 2016 年的第 6 位上升到了 2017 年的第 5 位，超过瑞士，所占份额也从 2016 年的 4.57% 上升为 2017 年的 5.03%。与美国、德国、日本和法国等发达国家相比，中国在欧洲专利局的申请数仍有较大差距（如表 15-4、表 15-5、图 15-3 和图 15-4 所示）。

表 15-4 2017 年在欧洲专利局申请专利数居前 10 位的国家

国家	年份										2017 年占比
	2008	2009	2010	2011	2012	2013	2014	2015	2016	2017	
美国	37009	32846	39508	35050	35268	34011	36668	42692	40076	42300	25.55%
德国	26652	25118	27328	26202	27249	26510	25633	24820	25086	25490	15.39%
日本	22972	19863	21626	20418	22490	22405	22118	21426	21007	20986	12.67%
法国	9082	8974	9575	9617	9897	9835	10614	10781	10486	10559	6.38%
中国	1501	1629	2061	2542	3751	4075	4680	5721	7150	8330	5.03%
瑞士	5946	5887	6864	6553	6746	6742	6910	7088	7293	7283	4.40%
荷兰	7318	6694	5965	5627	5067	5852	6874	7100	6889	7043	4.25%
韩国	4329	4189	4732	4891	5721	6333	6166	6411	6825	6261	3.78%
英国	4979	4801	5381	4746	4716	4587	4764	5037	5142	5313	3.21%
意大利	4330	3879	4078	3970	3744	3706	3649	3979	4166	4352	2.63%

2017 年，美国、德国和日本依然是在欧洲专利局申请专利数最多的前三甲，其中美国和日本都是属于欧洲之外的国家。此外，居前 10 位的国家中，除居第 1 位的美国、居第 3 位的日本、居第 5 位的中国和居第 8 位的韩国外，都是处于欧洲的国家，且以德国、法国为先。

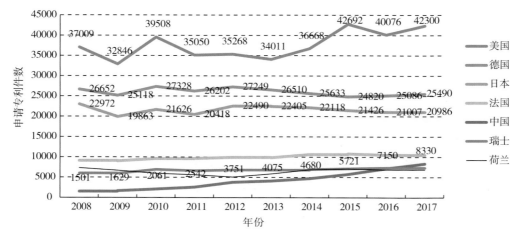

图 15-3 2008—2017 年部分国家在欧洲专利局申请专利数变化情况

表 15-5 2008—2017 年中国在欧洲专利局申请专利数变化情况

年度	2008	2009	2010	2011	2012	2013	2014	2015	2016	2017
申请件数	1501	1629	2055	2542	3732	4056	4680	5721	7150	8330
比上一年增长	32.48%	8.53%	26.15%	23.70%	46.81%	8.68%	15.38%	22.24%	24.98%	16.50%
排名	15	13	12	11	10	9	9	8	6	5
占总数的比例	1.03%	1.21%	1.36%	1.78%	2.51%	2.74%	3.06%	3.58%	4.57%	5.03%

图 15-4 2008—2017 年中国在欧洲专利局申请专利数及占总数比例的变化情况

2016 年中国在欧洲专利局获得授权的发明专利数为 2513 件，到 2017 年增加到 3180 件，增长了 26.65%，中国专利授权数在世界排名由 2016 年的第 11 位上升到 2017 年的第 8 位，且所占比例也从 2016 年的 2.62% 上升为 2017 年的 3.01%。与美国、德国、日本、法国等发达国家相比，中国在欧洲专利局获得授权的专利数还太少，不过已经开始超过传统强国，如英国、意大利等（如表 15–6、表 15–7、图 15–5 和图 15–6 所示）。

表 15-6   2017 年在欧洲专利局获得授权专利数居前 10 位的国家

国家	年份										2017 年占比
	2008	2009	2010	2011	2012	2013	2014	2015	2016	2017	
美国	12728	11344	12512	13391	14703	14877	14384	14950	21939	24960	23.63%
德国	13496	11370	12550	13578	13315	13425	13086	14122	18728	18813	17.81%
日本	10916	9437	10586	11650	12856	12133	11120	10585	15395	17660	16.72%
法国	4801	4028	4540	4802	4804	4910	4728	5433	7032	7325	6.93%
韩国	1201	1095	1390	1424	1785	1989	1891	1987	3210	4435	4.20%
瑞士	2420	2220	2390	2532	2597	2668	2794	3037	3910	3929	3.72%
荷兰	1944	1597	1726	1819	1711	1883	1703	1998	2784	3201	3.03%
中国	270	351	432	513	791	941	1186	1407	2513	3180	3.01%
意大利	2253	1992	2287	2286	2237	2353	2274	2476	3207	3111	2.95%
英国	1968	1648	1851	1946	2020	2064	2072	2097	2931	3116	2.95%

表 15-7   2008—2017 年中国在欧洲专利局获得授权专利数变化情况

年度	2008	2009	2010	2011	2012	2013	2014	2015	2016	2017
专利授权数	270	351	432	513	791	941	1186	1407	2513	3180
比上一年增长	98.53%	30.00%	23.08%	18.75%	54.19%	18.96%	26.04%	18.63%	78.61%	26.65%
排名	19	16	16	16	13	11	11	11	11	8
占总数比例	0.45%	0.68%	0.74%	0.83%	1.20%	1.41%	1.84%	2.06%	2.62%	3.01%

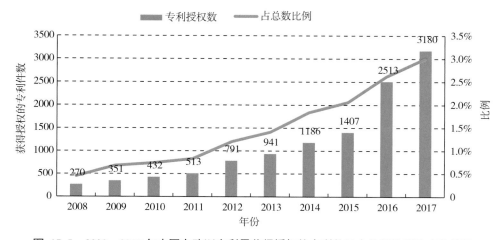

图 15-5   2008—2017 年中国在欧洲专利局获得授权的专利数及占总数比例的变化情况

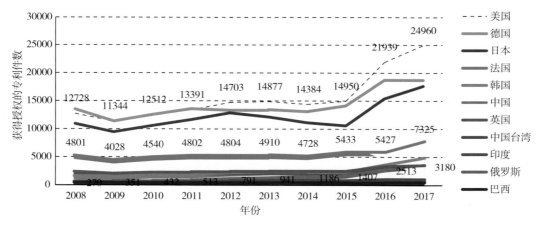

图 15-6 2008—2017 年部分国家（地区）在欧洲专利局获得授权的专利数变化情况

（3）中国三方专利情况

OECD 提出的"三方专利"指标通常是指向美国、日本及欧洲专利局都提出了申请并至少已在美国专利商标局获得发明专利权的同一项发明专利。通过三方专利，可以研究世界范围内最具市场价值和高技术含量的专利状况。一般认为，这个指标能很好地反映一个国家的科技实力。根据 2019 年 3 月 12 日 OECD 抽取的三方专利数据统计（http://stats.oecd.org/Index.aspx?DataSetCode=MSTI_PUB），中国三方专利数从 2015 年的 2889件上升到 2016 年的 3766 件，比上一年增长 30.36%，上升至第 4 位（如表 15-8、表15-9 和图 15-7 所示）。

表 15-8 2016 年三方专利排名居前 10 位的国家

国家	年份									
	2007	2008	2009	2010	2011	2012	2013	2014	2015	2016
日本	17757	15940	16112	16740	17140	16722	16197	17483	17360	17066
美国	13904	13828	13514	12725	13012	13709	14211	14688	14886	15219
德国	5807	5471	5562	5474	5537	5561	5525	4520	4455	4583
中国	690	827	1296	1420	1545	1715	1897	2477	2889	3766
韩国	1977	1826	2109	2459	2665	2866	3107	2683	2703	2671
法国	2783	2883	2721	2453	2555	2521	2466	2528	2578	2470
英国	1798	1695	1722	1649	1654	1693	1726	1793	1811	1740
瑞士	1008	997	970	1062	1108	1154	1195	1192	1207	1206
荷兰	1065	1128	1047	823	958	955	947	1161	1167	1306
意大利	729	760	736	682	672	679	685	762	781	836

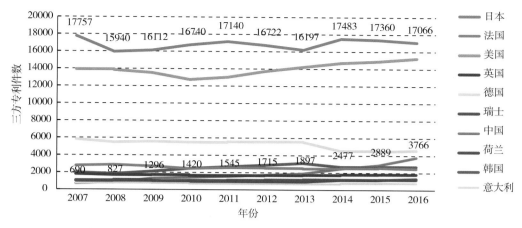

图 15-7　2007—2016 年部分国家（地区）三方专利数变化情况比较

表 15-9　2007—2016 年中国三方专利数变化情况

年度	2007	2008	2009	2010	2011	2012	2013	2014	2015	2016
三方专利数	690	827	1296	1420	1545	1715	1897	2477	2889	3766
比上一年增长	22.95%	19.84%	56.71%	9.59%	8.82%	10.97%	10.62%	30.57%	17.04%	30.36%
排名	11	10	7	7	7	6	6	6	4	4

(4) Derwent Innovation 收录中国发明专利授权数变化情况

Derwent Innovation（DI）是由科睿唯安集团提供的数据库，集全球最全面的国际专利与业内最强大的知识产权分析工具于一身，可提供全面、综合的内容，包括深度加工的德温特世界专利索引（Derwent World Patents Index，DWPI）、德温特专利引文索引（Derwent Patents Citation Index，DPCI）、欧美专利全文、英译的亚洲专利等。

此外，凭借强大的分析和可视化工具，Derwent Innovation 允许用户快速、轻松地识别与其研究相关的信息，提供有效信息来帮助用户在知识产权和业务战略方面做出更快、更准确的决策。

2017 年中国公开的授权发明专利约 42.03 万件，较 2016 年增长 0.37%（如表 15-10 和图 15-8 所示）。按第一专利权人（申请人）的国别看，中国机构（个人）获得授权的发明专利数约为 32.69 万件，约占 77.8%。从获得授权的发明专利的机构类型看，2017 年度，中国高等院校获得约 7.70 万件授权发明专利，占中国（不包含外国在华机构）获得授权发明专利数量的 23.5%；研究机构获得约 2.92 万件授权发明专利，占比为 9.0%；公司企业获得约 18.38 万件授权发明专利，占比为 56.2%。

表 15-10　2008—2017 年中国发明专利授权数变化情况

年度	2008	2009	2010	2011	2012	2013	2014	2015	2016	2017
专利授权数	44828	65869	75517	106581	143951	150152	229685	333195	418775	420307
比上一年增长	46.86%	46.94%	14.65%	41.14%	35.06%	4.31%	52.97%	45.06%	25.68%	0.37%

图 15-8　2008—2017 年 Derwent Innovation 收录中国发明专利授权数变化情况

15.3.2　中国获得授权的发明专利产出的领域分布情况

基于 Derwent Innovation 数据库，我们按照德温特专利分类号统计出该数据库收录中国 2017 年授权发明专利数量最多的 10 个领域（如表 15-11 所示）。

表 15-11　2017 年中国获得授权专利居前 10 位的领域比较

排名		类别	专利授权数
2017 年	2016 年		
1	1	计算机	64513
2	4	工程仪器	11778
3	7	科学仪器	10310
4	5	电话和数据传输系统	9829
5	3	电性有（无）机物	9795
6	2	天然产品和聚合物	9009
7	9	电子仪器	8706
8	8	电子应用	7475
9	6	造纸、唱片、清洁剂、食品和油井应用等其他类	7383
10	10	机械工程和工具	5471

注：按德温特专利分类号分类。

2017 年被 Derwent Innovation 数据库收录授权发明专利数量最多的领域与 2016 有一定的差异。第 1 位的计算机保持不变；第 2 位和第 3 位则是由 2016 年的天然产品和聚合物及电性有（无）机物，变化为工程仪器及科学仪器。

15.3.3　中国授权发明专利产出的机构分布情况

（1）2017 年中国授权发明专利产出的高等院校分布情况

基于 Derwent Innovation 数据库，我们统计出 2017 年中国获得授权专利数居前 10 位的高等院校，如表 15–12 所示。

表 15–12　2017 年中国获得授权专利数居前 10 位的高等院校

排名	高等院校	专利授权数	排名	高等院校	专利授权数
1	浙江大学	1974	6	华南理工大学	1156
2	清华大学	1679	7	北京航空航天大学	1155
3	哈尔滨工业大学	1671	8	上海交通大学	1139
4	东南大学	1456	9	西安电子科技大学	1119
5	电子科技大学	1195	10	华中科技大学	1048

由表 15–12 可以看出，2017 年浙江大学、清华大学、哈尔滨工业大学、东南大学和电子科技大学获得的授权发明专利数分别为 1974 件、1679 件、1671 件、1456 件和 1195 件，居前 5 位。与 2016 年相比，前 4 位的高等院校都保持不变，仅第 5 位由 2016 年的上海交通大学变为 2017 年的电子科技大学。

此外，在 2016 年，前 6 位的高等院校专利授权数都超过了 1000 件，而在 2017 年，前 10 位的高等院校专利授权数均超过了 1000 件。

（2）2017 年中国授权发明专利产出的科研院所分布情况

基于 Derwent Innovation 数据库，我们统计出 2017 年中国获得授权专利数居前 10 位的科研院所，如表 15–13 所示。

表 15–13　2017 年中国获得授权专利数居前 10 位的科研院所

排名	科研院所名称	专利授权数
1	中国工程物理研究院	488
2	中国科学院大连化学物理研究所	439
3	中国科学院长春光学精密机械与物理研究所	346
4	中国科学院微电子研究所	278
5	中国科学院合肥物质科学研究院	275
6	中国科学院宁波工业技术研究院	236
7	中国科学院深圳先进技术研究院	231
8	中国科学院自动化研究所	216
9	中国科学院化学研究所	195
10	中国科学院半导体研究所	190

由表 15–13 可以看出，2017 年被 Derwent Innovation 数据库收录的授权发明专利数排在前 10 位的科研机构，主要是中国科学院下属科研院所，包括中国科学院大连化学物理研究所、中国科学院长春光学精密机械与物理研究所、中国科学院微电子研究所、中国科学院合肥物质科学研究院、中国科学院宁波工业技术研究院、中国科学院深圳先进技术研究院、中国科学院自动化研究所、中国科学院化学研究所和中国科学院半导体研究所，分列第 2 ～第 10 位。其中，居第 1 位的是专利授权数为 488 件的中国工程物理研究院。

（3）2017 年中国授权发明专利产出的企业分布情况

由表 15-14 可以看出，2017 年被 Derwent Innovation 数据库收录的授权发明专利数居前 3 位的企业分别是国家电网公司、华为技术有限公司和中国石油化工股份有限公司，与 2016 年的排名一致。在前 3 位中，包括 2 家国有企业，分别是居第 1 位的国家电网公司和居第 3 位的中国石油化工股份有限公司。此外，居第 5 位的中国石油天然气股份有限公司和居第 8 位的南车株洲电力机车有限公司，也属于国有企业。

表 15-14　2017 年我国获得授权专利最多的 10 所企业

排名	企业	2017 年专利授权数	排名	企业	2017 年专利授权数
1	国家电网公司	3645	6	中兴通讯股份有限公司	1907
2	华为技术有限公司	3283	7	TCL 集团股份有限公司	1593
3	中国石油化工股份有限公司	2655	8	南车株洲电力机车有限公司	1499
4	京东方科技集团股份有限公司	1982	9	联想（北京）有限公司	1277
5	中国石油天然气股份有限公司	1948	10	珠海格力电器股份有限公司	1272

另外，居前 3 位的国家电网公司、华为技术有限公司和中国石油化工股份有限公司，在 2017 年的专利授权数均超过了 2000 件，遥遥领先于后边的京东方科技集团股份有限公司、TCL 集团股份有限公司、联想（北京）有限公司等企业。

15.4　讨论

根据 Derwent Innovation 专利数据，近几年，中国获得授权的发明专利快速增长，在 2017 年更是超过了 42 万件。中国已经连续多年专利授权数居世界第 3 位，提前完成了《国家"十二五"科学和技术发展规划》中提出的"本国人发明专利年度授权量进入世界前 5 位"的目标。此外，从三方专利数和美国专利局及欧洲专利局数据看，中国发明专利的进步也较为明显。尤其是在专利授权方面，在美国专利商标局中，2017 年中国共授权了 14147 件，超过了中国台湾，居第 5 位；在欧洲专利局，2017 年中国的专利授权数为 3180 件，相较于 2016 年上升 3 位，居第 8 位。

从 Derwent Innovation 数据库 2017 年收录中国授权发明专利的分布情况可以看出，中国授权发明专利数居前 10 位的领域，主要集中在计算机、工程仪器、科学仪器，其中计算机专利授权数连续多年遥遥领先于其他领域。在获得授权的专利权人方面，企业中的国家电网公司、华为技术有限公司和中国石油化工股份有限公司，相对于其他专利权人而言，有较大数量优势。

16　SSCI 收录中国论文情况统计与分析

对 2017 年 SSCI（SOCIAL SCIENCE CITATION INDEX）和 JCR（SSCI）数据库收录中国论文进行统计分析，以了解中国社会科学论文的地区、学科、机构分布，以及发表论文的国际期刊和论文被引等方面情况。并利用 SSCI 2017 和 SSCI JCR 2017 对中国社会科学研究的学科优势及在国际学术界的地位等情况做出分析。

16.1　引言

2017 年，反映社会科学研究成果的大型综合检索系统《社会科学引文索引》（SSCI）已收录世界社会科学领域期刊 3408 种。SSCI 覆盖的领域涉及人类学、社会学、教育、经济、心理学、图书情报、语言学、法学、城市研究、管理、国际关系和健康等 56 个学科门类。通过对该系统所收录的中国论文的统计和分析研究，可以从一个侧面了解中国社会科学研究成果的国际影响和所处的国际地位。为了帮助广大社会科学工作者与国际同行交流与沟通，也为促进中国社会科学和与之交叉的学科的发展，从 2005 年开始，我们就对 SSCI 收录的中国社会科学论文情况做出统计和简要分析。2017 年，我们继续对中国大陆的 SSCI 论文情况及在国际上的地位做一简要分析。

16.2　研究分析与结论

16.2.1　2017 年 SSCI 收录中国论文的简要统计

2017 年 SSCI 收录的世界文献数共计 32.38 万篇，与 2016 年收录的 31.11 万篇相比，增加了 1.27 万篇。SSCI 收录论文数居前 10 位的国家如表 16-1 所示。中国（含香港和澳门特区，不含台湾地区）被收录的文献数为 19960 篇，比 2016 年增加 3333 篇，增长 20.05%；按被收录论文数排名，中国居世界第 4 位，相比 2016 年上升 2 位。居前 10 位的国家依次为：美国、英国、澳大利亚、中国、加拿大、德国、荷兰、西班牙、意大利和法国。2017 年中国社会科学论文数占比虽有所上升，但与自然科学论文数在国际上的排名相比仍然有所差距。

表 16-1　2017 年 SSCI 收录论文数居前 10 位的国家

国家	论文篇数	论文比	排名
美国	125354	38.71%	1
英国	43979	13.58%	2
澳大利亚	22602	6.98%	3

续表

国家	论文篇数	论文比	排名
中国	19960	6.16%	4
加拿大	19643	6.07%	5
德国	19026	5.88%	6
荷兰	12783	3.95%	7
西班牙	11575	3.58%	8
意大利	10476	3.24%	9
法国	9320	2.88%	10

数据来源：SSCI 2017；数据截至 2018 年 7 月 3 日。

（1）第一作者论文的地区分布

若不计港澳台地区的论文，2017 年 SSCI 共收录中国机构为第一署名单位的论文为 14306 篇，14306 篇论文分布于 31 个省（市、自治区）中；论文数超过 300 篇的地区是：北京、上海、江苏、湖北、广东、浙江、四川、陕西、山东、湖南、天津、重庆、福建、辽宁和安徽。这 15 个地区的论文数为 13020 篇，占中国机构为第一署名单位论文（不包含港澳台）总数的 91.01%。各地区的 SSCI 论文详情见表 16–2 和图 16–1。

表 16–2　2017 年 SSCI 收录的中国第一作者论文的地区分布

地区	排名	论文篇数	比例	地区	排名	论文篇数	比例
北京	1	3459	24.18%	吉林	17	183	1.28%
上海	2	1567	10.95%	河南	18	182	1.27%
江苏	3	1288	9.00%	江西	19	145	1.01%
湖北	4	962	6.72%	河北	20	96	0.67%
广东	5	955	6.68%	甘肃	21	90	0.63%
浙江	6	793	5.54%	云南	22	86	0.60%
四川	7	621	4.34%	山西	23	72	0.50%
陕西	8	550	3.84%	广西	24	63	0.44%
山东	9	519	3.63%	新疆	25	49	0.34%
湖南	10	482	3.37%	内蒙古	26	27	0.19%
天津	11	396	2.77%	贵州	27	27	0.19%
重庆	12	380	2.66%	宁夏	28	15	0.10%
福建	13	368	2.57%	海南	29	13	0.09%
辽宁	14	351	2.45%	青海	30	9	0.06%
安徽	15	329	2.30%	西藏	31	4	0.03%
黑龙江	16	225	1.57%				

注：不计香港、澳门特区和台湾地区数据。

数据来源：SSCI 2017。

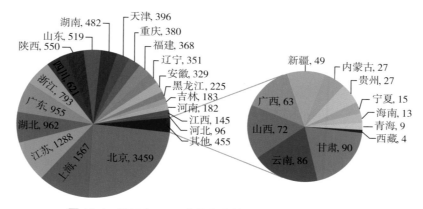

图 16-1　2017 年 SSCI 收录中国第一作者论文的地区分布

注：单位为篇。

（2）第一作者的论文类型

2017 年收录的中国第一作者的 14306 篇论文中：研究论文（Article）12715 篇、述评（Review）501 篇、书评（Book Review）270 篇、编辑信息（Editorial Material）183 篇和快报（Letter）53 篇，如表 16-3 所示。

表 16-3　SSCI 收录的中国论文类型

论文类型	论文篇数	占比
研究论文	12715	88.88%
述评	501	3.50%
书评	270	1.89%
编辑信息	183	1.28%
快报	53	0.37%
其他[①]	584	4.08%

数据来源：SSCI 2017。

①其他论文类型包括 Meeting Abstract 和 Correction 等。

（3）第一作者论文的机构分布

SSCI 收录的中国论文主要由高等院校的作者产生，共计 12873 篇，占比 89.99%，相比 2016 增加了 41.68%，如表 16-4 所示。其中，6.99% 的论文是研究院所作者所著。

表 16-4　中国 SSCI 论文的机构分布

机构类型	论文篇数	比例
高等院校	12873	89.98%
研究院所	1000	6.99%
医疗机构[①]	300	2.10%

续表

机构类型	论文篇数	比例
公司企业	114	0.80%
其他	19	0.13%

数据来源：SSCI 2017。

①这里所指的医疗机构不含附属于大学的医院。

SSCI 2017 收录的中国第一作者论文 14306 篇，分布于 900 多个机构中。被收录 10 篇及以上论文的机构 217 个，其中高等院校 187 个，科研院所 20 个，医疗机构 10 个。表 16-5 列出了论文数居前 20 位的机构，论文全部产自高等院校。

表 16-5　SSCI 收录的中国大陆论文数居前 20 位的机构

机构名称	论文篇数	机构名称	论文篇数
北京师范大学	423	西安交通大学	185
北京大学	377	华东师范大学	180
清华大学	326	南京大学	174
浙江大学	317	厦门大学	174
武汉大学	285	中国人民大学	169
上海交通大学	249	同济大学	163
中山大学	239	山东大学	161
华中科技大学	225	东南大学	156
复旦大学	216	中南大学	147
天津大学	200	西南大学	144

数据来源：SSCI 2017。

（4）第一作者论文当年被引情况

发表当年就被引的论文，一般来说研究内容都属于热点或大家都较为关注的问题。2017 年中国的 14306 篇第一作者论文中，当年被引的论文为 6396 篇，占总数的 44.71%。2017 年，中国机构为第一作者机构（不含港澳台）论文中，最高被引数为 53 次，该篇论文产自北京理工大学能源与环境政策研究中心的 "Socioeconomic impact assessment of China's CO_2 emissions peak prior to 2030" 一文。

（5）中国 SSCI 论文的期刊分布

目前，SSCI 收录的国际期刊为 3408 种。2017 年中国以第一作者发表的 14306 篇论文，分布于 2570 种期刊中，比 2016 年发表论文的范围增加 393 种，发表 5 篇以上（含 5 篇）论文的社会科学的期刊为 565 种，比 2016 年增加 118 种。

如表 16-6 所示为 SSCI 收录中国作者论文数居前 16 位的社会科学期刊分布情况，论文数最多的期刊是 *SUSTAINABILITY*，为 737 篇。

表 16-6　SSCI 收录中国作者论文数居前 15 位的社会科学期刊

论文篇数	期刊名称
737	SUSTAINABILITY
374	JOURNAL OF CLEANER PRODUCTION
373	INTERNATIONAL JOURNAL OF ENVIRONMENTAL RESEARCH AND PUBLIC HEALTH
275	FRONTIERS IN PSYCHOLOGY
267	AGRO FOOD INDUSTRY HI-TECH
241	EURASIA JOURNAL OF MATHEMATICS SCIENCE AND TECHNOLOG
231	SCIENTIFIC REPORTS
218	PLOS ONE
201	JOURNAL OF THE AMERICAN GERIATRICS SOCIETY
122	VALUE IN HEALTH
108	PHYSICA A-STATISTICAL MECHANICS AND ITS APPLICATIONS
107	ENERGY POLICY
95	APPLIED ENERGY
90	SOCIAL BEHAVIOR AND PERSONALITY
71	RENEWABLE & SUSTAINABLE ENERGY REVIEWS
71	EMERGING MARKETS FINANCE AND TRADE

数据来源：SSCI 2017。

（6）中国社会科学论文的学科分布

2017 年，SSCI 收录的中国机构作为第一作者单位的论文，学科论文数居前 10 位的学科情况如表 16-7 所示。

表 16-7　SSCI 收录中国论文数居前 10 位的学科

排名	主题学科	论文篇数	排名	主题学科	论文篇数
1	经济	2204	6	管理	174
2	教育	1485	7	图书、情报文献	129
3	社会、民族	499	8	法律	105
4	统计	279	9	政治	50
5	语言、文字	230	10	历史、考古	22

2017 年，在 16 个社科类学科分类中，中国在其中 13 个学科中均有论文发表。其中，发文量超过 100 篇的学科有 8 个；论文数超过 200 篇的学科分别是经济，教育，社会、民族，统计和语言、文字，论文数最多的学科为经济，2017 年共发表论文 2204 篇。

16.2.2　中国社会科学论文的国际显示度分析

（1）国际高影响期刊中的中国社会科学论文

据 SJCR 2017 统计，2017 年社会科学国际期刊共有 3408 种。其中期刊影响因子居前 21 位的期刊如表 16-8 所示，这 21 种期刊发表论文共 2682 篇。若不计港澳台地区的论文，2017 年，中国作者在期刊影响因子居前 21 位社会科学期刊中的 11 种期刊中发表了 43 篇论文，与 2016 年的 31 篇（7 种期刊）相比，期刊数及论文数均有所增加。其中，影响因子居前 10 位的国际社科期刊中，论文发表单位如表 16-9 所示。

表 16-8 影响因子居前 21 位的 SSCI 期刊

排名	期刊名称	总被引次数	影响因子	即年指标	中国论文数	期刊论文数	半衰期
1	WORLD PSYCHIATRY	4055	30.000	7.190	0	104	4.1
2	PSYCHOLOGICAL INQUIRY	4063	26.364	0.800	1	43	16.0
3	ANNUAL REVIEW OF PSYCHOLOGY	18461	22.774	6.042	0	25	11.1
4	PSYCHOLOGICAL SCIENCE IN THE PUBLIC INTEREST	1231	21.286	1.333	0	7	6.4
5	NATURE CLIMATE CHANGE	17986	19.181	3.817	13	282	3.7
6	LANCET GLOBAL HEALTH	4455	18.705	4.882	13	357	2.6
7	JAMA PSYCHIATRY	8414	16.642	4.757	2	278	2.9
8	INDUSTRIAL AND ORGANIZATIONAL PSYCHOLOGY-PERSPECTIVES ON SCIENCE AND PRACTICE	1123	16.375	6.000	0	88	5.3
9	TRENDS IN COGNITIVE SCIENCES	25391	15.557	3.239	2	109	9.5
10	LANCET PSYCHIATRY	3223	15.233	4.833	2	351	2.1
11	BEHAVIORAL AND BRAIN SCIENCES	8900	15.071	4.375	2	348	13.7
12	AMERICAN JOURNAL OF PSYCHIATRY	42370	13.396	3.773	4	244	13.1
13	ANNUAL REVIEW OF CLINICAL PSYCHOLOGY	4926	13.278	3.190	0	21	7.1
14	PSYCHOLOGICAL BULLETIN	47657	13.250	3.250	0	48	21.1
15	PSYCHOTHERAPY AND PSYCHOSOMATICS	3597	13.122	3.522	2	73	8.6
16	DIALOGUES IN HUMAN GEOGRAPHY	518	10.214	5.125	0	53	4.0
17	CLINICAL PSYCHOLOGY REVIEW	14836	9.577	1.523	1	86	8.1
18	ANNUAL REVIEW OF PUBLIC HEALTH	5847	9.491	3.000	1	26	9.9

续表

排名	期刊名称	总被引次数	影响因子	即年指标	中国论文数	期刊论文数	半衰期
19	*PERSPECTIVES ON PSYCHOLOGICAL SCIENCE*	8147	9.305	1.295	0	97	6.2
20	*ACADEMY OF MANAGEMENT ANNALS*	2783	9.281	1.963	0	27	6.4
20	*PERSONALITY AND SOCIAL PSYCHOLOGY REVIEW*	5766	9.281	2.000	0	15	11.3

数据来源：SSCI 2017。

表 16-9 影响因子居前 10 位的 SSCI 期刊中中国机构发表论文情况

序号	发表期刊	论文类型	发表机构	论文题目	第一作者信息
1	*PSYCHOLOGICAL INQUIRY*	Editorial Material	浙江大学	Personal Identity and Cortical Midline Structure (CMS): Do Temporal Features of CMS Neural Activity Transform Into "Self-Continuity"	Northoff Georg
2	*TRENDS IN COGNITIVE SCIENCES*	Review	中国科学院心理研究所	Human Connectomics across the Life Span	Zuo Xinian
3		Review	华南师范大学	An Integrative Interdisciplinary Perspective on Social Dominance Hierarchies	Qu Chen
4		Article	中国科学院大气物理研究所	Distinct global warming rates tied to multiple ocean surface temperature changes	Yao Shuailei
5		Article	中国科学院青藏高原研究所	Weakening temperature control on the interannual variations of spring carbon uptake across northern lands	Piao Shilong
6		Article	中国科学院南海海洋研究所	Western Pacific emergent constraint lowers projected increase in Indian summer monsoon rainfall	Li Gen
7	*NATURE CLIMATE CHANGE*	Article	北京大学	Climate mitigation from vegetation biophysical feedbacks during the past three decades	Zeng Zhenzhong
8		Article	清华大学	Recently amplified arctic warming has contributed to a continual global warming trend	Huang Jianbin
9		Article	中国海洋大学	Continued increase of extreme El Nino frequency long after 1.5 degrees C warming stabilization	Wang Guojian
10		Article	中国海洋大学	The increasing rate of global mean sea-level rise during 1993—2014	Chen Xianyao

续表

序号	发表期刊	论文类型	发表机构	论文题目	第一作者信息
11	*NATURE CLIMATE CHANGE*	Article	中国海洋大学	Weather conditions conducive to Beijing severe haze more frequent under climate change	Cai Wenju
12		Article	兰州大学	Aerosol-weakened summer monsoons decrease lake fertilization on the Chinese Loess Plateau	Liu Jianbao
13		Article	兰州大学	Drylands face potential threat under 2 degrees C global warming target	Huang Jianping
14		Article	国家海洋局	Increase in acidifying water in the western Arctic Ocean	Qi Di
15		Editorial Material	复旦大学	Warming boosts air pollution	Zhang Renhe
16		Editorial Material	华东师范大学	Ocean acidification without borders	Richard G. J. Bellerby
17	*JAMA PSYCHIATRY*	Article	北京大学第六医院；北京大学精神卫生研究所	Effect of Selective Inhibition of Reactivated Nicotine-Associated Memories With Propranolol on Nicotine Craving	Deng Jiahui
18		Letter	中南大学湘雅二医院	First-Episode Schizophrenia and Diabetes Risk	Luo Xuerong
19	*LANCET GLOBAL HEALTH*	Article	江苏省疾病预防控制中心	Immunity duration of a recombinant adenovirus type-5 vector-based Ebola vaccine and a homologous prime-boost immunisation in healthy adults in China: final report of a randomised, double-blind, placebo-con-trolled, phase 1 trial	Li Jingxin
20		Article	北京大学	Maternal pre-pregnancy infection with hepatitis B virus and the risk of preterm birth: a population-based cohort study	Liu Jue
21		Article	北京大学	Progress and challenges in maternal health in western China: a Countdown to 2015 national case study	Gao Yanqiu
22		Article	河北医科大学第三医院	National incidence of traumatic fractures in China: a retrospective survey of 512 187 individuals	Chen Wei
23		Article	四川大学华西医院	National and subnational all-cause and cause-specific child mortality in China, 1996—2015: a systematic analysis with implications for the Sustainable Development Goals	He Chunhua

续表

序号	发表期刊	论文类型	发表机构	论文题目	第一作者信息
24		Editorial Material	中国疾病预防控制中心	Lychee-associated encephalopathy in China and its reduction since 2000	Zhang Lijie
25		Editorial Material	中国疾病预防控制中心	National and regional under-5 mortality in China in the past two decades	Zhou Maigeng
26		Editorial Material	复旦大学	Achieving equity in maternal health in China: more to be done	Jiang Hong
27		Editorial Material	中山大学	China's Belt and Road Initiative from a global health perspective	Hu Ruwe
28	LANCET GLOBAL HEALTH	Editorial Material	南方医科大学附属南方医院	Maternal hepatitis B virus infection and risk of preterm birth in China	Huang Qitao
29		Letter	南通大学	Community-based screening and treatment for chronic hepatitis B in sub-Saharan Africa	Qin Gang
30		Letter	山东大学	Reducing adolescent smoking in India	Xi Bo
31		Letter	中国疾病预防控制中心寄生虫病预防控制所	Global burden of cancers attributable to liver flukes	Qian Menbao
32	LANCET PSYCHIATRY	Article	中山大学	Pre-migration and post-migration factors associated with mental health in humanitarian migrants in Australia and the moderation effect of post-migration stressors: findings from the first wave data of the BNLA cohort study	Chen Wen
33		Letter	成都学院	The IMPACT trial	Zhang Yu

数据来源：SJCR 2017 和 SSCI 2017。

（2）国际高被引期刊中的中国社会科学论文

总被引数居前 20 位的国际社科期刊如表 16-10 所示，这 20 种期刊共发表论文 5951 篇。不计港澳台地区的论文，中国作者在其中的 12 种期刊共有 392 篇论文发表，占这些期刊论文总数的 6.6%，相比 2016 年降低了 0.5 个百分点。这 392 篇论文中，同时也是影响因子居前 21 位的论文共有 4 篇，这些论文的详细情况如表 16-11 所示。

表 16-10　总被引数居前 20 位的 SSCI 期刊

排名	期刊名称	总被引数	影响因子	即年指标	中国论文篇数	期刊论文篇数	半衰期
1	JOURNAL OF PERSONALITY AND SOCIAL PSYCHOLOGY	69595	5.733	1.277	0	105	20.1
2	AMERICAN ECONOMIC REVIEW	48091	4.528	0.983	1	251	16.1

续表

排名	期刊名称	总被引数	影响因子	即年指标	中国论文篇数	期刊论文篇数	半衰期
3	PSYCHOLOGICAL BULLETIN	47657	13.250	3.250	0	48	21.1
4	AMERICAN JOURNAL OF PSYCHIATRY	42370	13.396	3.773	4	244	13.1
5	ENERGY POLICY	41513	4.039	0.915	107	712	6.7
6	SOCIAL SCIENCE & MEDICINE	40645	3.007	0.519	0	544	10.5
7	AMERICAN JOURNAL OF PUBLIC HEALTH	37368	4.380	1.449	4	655	10.0
8	JOURNAL OF APPLIED PSYCHOLOGY	35771	4.643	1.307	1	110	14.8
9	ACADEMY OF MANAGEMENT JOURNAL	34781	6.700	1.044	0	95	15.6
10	JOURNAL OF FINANCE	34342	5.397	0.937	1	66	17.6
11	ECONOMETRICA	32128	3.750	1.452	0	62	29.8
12	ACADEMY OF MANAGEMENT REVIEW	31863	8.855	2.250	0	46	19.1
13	STRATEGIC MANAGEMENT JOURNAL	30774	5.482	1.094	3	145	15.8
14	PSYCHOLOGICAL SCIENCE	30367	6.128	0.968	5	181	9.2
15	JOURNAL OF THE AMERICAN GERIATRICS SOCIETY	29943	4.155	1.070	201	1465	10.6
16	MANAGEMENT SCIENCE	29449	3.544	0.762	9	244	16.2
17	CHILD DEVELOPMENT	29042	3.779	1.833	0	157	15.5
18	JOURNAL OF FINANCIAL ECONOMICS	28511	5.162	0.744	1	123	13.5
19	PSYCHOLOGICAL REVIEW	27474	7.230	1.343	0	36	24.9
20	JOURNAL OF AFFECTIVE DISORDERS	26957	3.786	0.892	55	662	5.9

数据来源：SJCR 2017。

表 16-11　总被引次数和影响因子居前 20 位的 SSCI 期刊中中国机构发表论文情况

序号	发表期刊	论文类型	发表机构	论文题目	第一作者信息
1	AMERICAN JOURNAL OF PSYCHIATRY	Article	中南大学湘雅二医院	State-Independent and Dependent Neural Responses to Psychosocial Stress in Current and Remitted Depression	Yao Shuqiao
2		Editorial Material	电子科技大学	Can Computer-Based Cognitive Therapy Become a Front-Line Option for Prevention and Treatment of Mental Disorders?	Kendrick Keith M

续表

序号	发表期刊	论文类型	发表机构	论文题目	第一作者信息
3	*AMERICAN JOURNAL OF PSYCHIATRY*	Letter	北京师范大学	Internet Gaming Disorder Within the DSM-5 Framework and With an Eye Toward ICD-11	Zhang Jintao
4		Letter	上海中医药大学	High Placebo Response Rates Hamper the Discovery of Antidepressants for Depression in Children and Adolescents	Li Lujin

数据来源：SJCR 2017 和 SSCI 2017。

16.3 讨论

（1）增加社科论文数量，提高社科论文质量

中国科技和经济实力的发展速度已经引起世界瞩目，无论是自然科学论文数还是社会科学论文数均呈逐年增长趋势。随着社会科学研究水平的提高，中国政府也进一步重视社会科学的发展。但与自然科学论文相比，无论是论文总数、国际数据库收录期刊数，还是期刊论文的影响因子、被引次数，社会科学论文都有比较大的差距，且与中国目前的国际地位和影响力并不相符。

2017 年，中国的社会科学论文被国际检索系统收录数较 2016 年有所增加，占 2017 年 SSCI 论文总数的 6.2%，居世界第 4 位，比 2016 年提升了 2 位。而自然科学论文的该项值是 18.6%，继续排在世界的第 2 位。若不计港澳台地区的论文，在影响因子居前 21 位的社科期刊中，中国作者在其中 11 种期刊上发表 43 篇论文；在总被引次数居前 20 位的社科期刊中，中国作者在其中 12 种期刊上发表 392 篇论文。相比 2016 年，中国社会科学论文的国际显示度有所提升。

（2）发展优势学科，加强支持力度

2017 年，在 16 个社科类学科分类中，中国在其中 13 个学科中均有论文发表。其中，论文数超过 100 篇的学科有 8 个；论文数超过 200 篇的学科分别是经济，教育，社会、民族，统计和语言、文字。论文数最多的学科为经济，2017 年共发表论文 2204 篇。我们需要考虑的是如何进一步巩固优势学科的发展，并带动目前影响力稍弱的学科，例如，我们可以对优势学科的期刊给予重点资助，培育更多该学科的精品期刊等方法。

参考文献

[1] ISI-SSCI 2017.

[2] SSCI-JCR 2017.

17　Scopus 收录中国论文情况统计分析

本章从 Scopus 收录论文的国家分布、中国论文的期刊分布、城市分布、学科分布、机构分布、被引情况等角度进行了统计分析。

17.1　引言

Scopus 由全球著名出版商爱思唯尔（Elsevier）研发，收录了来自于全球 5000 余家出版社的 21000 余种出版物的约 50000000 项数据记录，是全球最大的文摘和引文数据库。这些出版物包括 20000 种同行评议的期刊（涉及 2800 种开源期刊）、365 种商业出版物、70000 余册书籍和 6500000 篇会议论文等。

该数据库收录学科全面，涵盖四大门类 27 个学科领域，收录生命科学（农学、生物学、神经科学和药学等）、社会科学（人文与艺术、商业、历史和信息科学等）、自然科学（化学、工程学和数学等）和健康科学（医学综合、牙医学、护理学和兽医学等）。文献类型则包括文章（Article）、待出版文章（Article-in-Press）、会议论文（Conference paper）、社论（Editorial）、勘误（Erratum）、信函（Letter）、笔记（Note）、评论（Review）、简短调查（Short survey）和丛书（Book series）等。

17.2　数据来源

本章以 2017 年 Scopus 收录的中国科技论文进行统计分析。来源出版物类型选择 Journals，文献类型选择 Article 和 Review，出版阶段选择 Final，数据检索时间为 2019 年 3 月，最终共获得 440827 篇文献。部分表格数据采用 SciVal 中的统计标准，SciVal 默认 Scopus 数据截至 2019 年 3 月 1 日，文献类型包括 Article、Review 和 Conference paper。

17.3　研究分析与结论

17.3.1　Scopus 收录论文国家分布

2017 年，Scopus 数据库收录的世界科技论文总数为 218.29 万篇，其中中国机构科技论文为 44.08 万篇，占世界论文总量的 20.19%，排在世界第 2 位。排在世界前 5 位的国家分别是：美国、中国、英国、德国和印度。排在世界前 10 位的国家及论文篇数如表 17-1 所示。

表 17-1　2017 年 Scopus 收录论文居前 10 位的国家

排名	国家	论文篇数
1	美国	478428
2	中国	440827
3	英国	146894
4	德国	129889
5	印度	107223
6	日本	95248
7	法国	90248
8	意大利	84343
9	加拿大	80619
10	澳大利亚	76780

数据来源：Scopus。

17.3.2　中国论文发表期刊分布

　　Scopus 收录中国论文较多的期刊为 *Scientific Reports*、*Oncotarget* 和 *Rsc Advances*。收录论文居前 10 位的期刊如表 17-2 所示。第 4 列"比例"表示 2017 年 Scopus 收录的某期刊论文中含有中国作者的论文数比例。期刊 *Scientific Reports* 中，含有中国作者的 Article 和 Review 论文数为 7579 篇，当年该期刊所有 Article 和 Review 论文数为 24751 篇，含有中国作者的论文数比例为 30.62%。2017 年收录中国作者论文居前 10 位的期刊中有 3 种期刊收录中国学者论文数高达 88% 以上。表 17-2 的排名并不代表期刊质量优劣，仅表示包含中国作者的论文数。

表 17-2　2017 年 Scopus 收录中国论文居前 10 位的期刊

排名	期刊名称	论文篇数	比例
1	*Scientific Reports*	7579	30.62%
2	*Oncotarget*	5037	58.52%
3	*Rsc Advances*	4186	63.80%
4	*Plos One*	3088	15.15%
5	*Journal Of Alloys And Compounds*	2542	54.26%
6	*ACS Applied Materials And Interfaces*	2377	49.39%
7	*Medicine United States*	2168	61.78%
8	*International Journal Of Clinical And Experimental Medicine*	1965	95.48%
9	*Boletin Tecnico Technical Bulletin*	1800	99.72%
10	*Molecular Medicine Reports*	1650	88.66%

数据来源：Scopus。

　　表 17-3 表示 Scopus 在 2017 年收录包含中国作者的论文居前 10 位的会议，这 10 种会议论文数均不低于 1000 篇，其中大部分会议属于工程类会议。

表 17-3 2017 年 Scopus 收录中国论文居前 10 位的会议

排名	会议名称	论文篇数
1	Lecture Notes in Computer Science (Including Subseries Lecture Notes in artificial Intelligence and Lecture Notes in Bioinformatics)	3573
2	Proceedings of SPIE-The International Society for Optical Engineering	2916
3	36th Chinese Control Conference	1826
4	LOP Conference Series: Materials Science and Engineering	1722
5	LOP Conference Series: Earth and Environmental Science	1695
6	Optics InfoBase Conference Papers	1647
7	Proceedings-2017 Chinese Automation Congress	1485
8	Proceedings of The 29th Chinese Control and Decision Conference	1407
9	ACM International Conference Proceeding Series	1239
10	AIP Conference Proceedings	1159

数据来源：Scopus。

17.3.3 中国论文的城市分布

2017 年，Scopus 数据库收录的中国科技论文居前 3 位的城市是：北京、上海和南京。其中，北京以总论文数 120869 篇居第 1 位，占中国论文总数的 23.05%。居前 10 位的城市发表论文数与全国总论文数的比例如表 17-4 所示。

表 17-4 2017 年 Scopus 收录中国论文数居前 10 位的城市

排名	地区	论文篇数	比例
1	北京	120869	23.05%
2	上海	53836	10.26%
3	南京	40275	7.68%
4	武汉	32201	6.14%
5	西安	30939	5.90%
6	广州	28968	5.52%
7	成都	23116	4.41%
8	杭州	20887	3.98%
9	天津	19530	3.72%
10	长沙	17953	3.42%

数据来源：Scopus。

17.3.4 中国论文的学科分布

Scopus 数据库的学科分类体系涵盖了 27 个学科。2017 年 Scopus 收录论文中，工程学方面的论文最多，为 164117 篇，占总论文数的 31.29%；之后是材料科学论文 99637 篇，占总论文数的 19.00%；居第 3 位的是物理与天文学，论文数为 85421 篇，占总论文数的 16.29%。被收录论文数居前 10 位的学科如表 17-5 所示。

表 17-5　2017 年 Scopus 收录中国论文数居前 10 位的学科领域

排名	学科	论文篇数	比例
1	工程学	164117	31.29%
2	材料科学	99637	19.00%
3	物理与天文学	85421	16.29%
4	计算机科学	81634	15.57%
5	医学	72600	13.84%
6	化学	70871	13.51%
7	生物化学、遗传学和分子生物学	65488	12.49%
8	数学	52044	9.92%
9	化学工程学	42363	8.08%
10	农业和生物科学	39798	7.59%

数据来源：Scopus。

17.3.5　中国论文的机构分布

（1）Scopus 收录论文较多的高等院校

2017 年，Scopus 收录论文居前 3 位的高等院校为上海交通大学、清华大学和浙江大学，分别收录了 14839 篇、14111 篇和 12953 篇（如表 17-6 所示）。排名居前 20 位的高等院校发表论文数均超过了 6800 篇。

表 17-6　2017 年 Scopus 收录论文数居前 20 位的高等院校

排名	高等院校	论文篇数	排名	高等院校	论文篇数
1	上海交通大学	14839	11	山东大学	7931
2	清华大学	14111	12	中南大学	7774
3	浙江大学	12953	13	武汉大学	7763
4	北京大学	12210	14	同济大学	7409
5	华中科技大学	9227	15	吉林大学	7378
6	哈尔滨工业大学	9159	16	中国科学技术大学	7230
7	西安交通大学	9089	17	北京航空航天大学	7177
8	中山大学	8562	18	天津大学	7081
9	复旦大学	8516	19	南京大学	7057
10	四川大学	7978	20	东南大学	6893

数据来源：SciVal。

（2）Scopus 收录论文较多的科研院所

2017 年，Scopus 收录论文居前 3 位的科研院所为中国工程物理研究院、中国科学院长春应用化学研究所和中国科学院物理研究所，分别收录了 2482 篇、1174 篇和 1167 篇（如表 17-7 所示）。中国论文居前 10 位的科研院所中，中国科学院大连化学物理研究所以篇均被引量 9.6 次领先，略高于中国科学院长春应用化学研究所。排名居前 10 位的科研院所中有 8 个单位为中科院下属研究院所。

表 17-7　2017 年 Scopus 收录中国论文居前 10 位的科研院所

排名	科研院所	论文篇数	篇均被引次数
1	中国工程物理研究院	2482	3.0
2	中国科学院长春应用化学研究所	1174	9.5
3	中国科学院物理研究所	1167	8.3
4	中国科学院地理科学与资源研究所	1128	4.4
5	中国科学院生态环境研究中心	1087	6.3
6	中国科学院大连化学物理研究所	1081	9.6
7	中国电力科学研究院	960	2.1
8	中国科学院金属研究所	927	7.0
9	中国科学院自动化研究所	925	5.0
10	中国科学院地质与地球物理研究所	867	3.8

数据来源：SciVal。

17.3.6　被引情况分析

截至 2019 年 3 月，按照第一作者与第一署名机构，2017 年 Scopus 收录中国论文被引次数居前 10 位的论文，如表 17-8 所示。被引次数最多的是中国科学技术大学 Ren S 等人在 2017 年发表的题为 "Faster r-cnn：Towards real-time object detection with region proposal networks，2015" 的论文，截至 2019 年 3 月其共被引 995 次；排名第 2 位的是北京分子科学国家实验室 Zhao W 等人在 2017 年发表的题为 "Molecular optimization enables over 13% efficiency in organic solar cells" 的论文，共被引 958 次；排在第 3 位的是华南农业大学的 Wen J 等人发表的题为 "A review on g-C_3N_4-based photocatalysts" 的论文，共被引 457 次。

表 17-8　2017 年 Scopus 收录中国论文被引次数居前 10 位的论文

被引次数	第一单位	来源
995	中国科学技术大学	REN S, HE K, GIRSHICK R, et al. Faster r-cnn: Towards real-time object detection with region proposal networks[J]. IEEE transactions on pattern analysis and machine intelligence,2015,39(6)：91-99.
958	北京分子科学国家实验室	ZHAO W, LI S, YAO H, et al. Molecular optimization enables over 13% efficiency in organic solar cells[J]. Journal of the American chemical society, 2017,139(21):7148-7151.
457	华南农业大学	WEN J, XIE J, CHEN X, et al. A review on g-C_3N_4-based photocatalysts[J]. Applied surface science, 2017,391(1)：72-123.
428	中国科学院福建物质结构研究所	HUANG Y B, LIANG J, WANG X S, et al. Multifunctional metal‐organic framework catalysts: synergistic catalysis and tandem reactions[J]. Chemical society reviews, 2017，46(1)：126-157.
427	武汉理工大学	LOW J, YU J, JARONIEC M, et al. Heterojunction photocatalysts[J]. Advanced materials, 2017，29(20)：1601694.

被引次数	第一单位	来源
415	清华大学	CHENG X B, ZHANG R, ZHAO C Z, et al. Toward safe lithium metal anode in rechargeable batteries: a review[J]. Chemical reviews, 2017，117(15)：10403–10473.
353	北京大学	ZHAO F, DAI S, WU Y, et al. Single-junction binary-blend nonfullerene polymer solar cells with 12.1% efficiency[J]. Advanced materials, 2017，29(18)：1700144.
342	哈尔滨工业大学	ZHANG K, ZUO W, CHEN Y, et al. Beyond a gaussian denoiser: residual learning of deep CNN for image denoising[J]. IEEE transactions on image processing, 2017，26(7)：3142–3155.
337	中国科学院半导体研究所	JIANG Q, ZHANG L, WANG H, et al. Enhanced electron extraction using SnO_2 for high-efficiency planar-structure $HC(NH_2)_2PbI_3$-based perovskite solar cells[J]. Nature energy, 2017，2(1)：16177.
331	北京大学	DAI S, ZHAO F, ZHANG Q, et al. Fused nonacyclic electron acceptors for efficient polymer solar cells[J]. Journal of the American chemical society, 2017，139(3)：1336–1343.

数据来源：Scopus。

17.4　讨论

本章从 Scopus 收录论文国家分布，以及中国论文的期刊分布、地区与城市分布、学科分布、机构分布及被引情况等方面进行了分析，我们可以得知：

①从全球科学论文产出的角度而言，中国发表论文数居全球第 2 位，仅次于美国。

②中国的地区科学实力分布不均衡。北京的科学实力一枝独秀，远远高于其他地区，属于科技实力的第一集团，而江苏、上海等地，属于科学实力上的"强"地区，属于科技实力的第二集团。

③中国的城市科学实力分布不均衡，北京、上海、南京等经济发达城市发表论文数较多。

④中国的优势学科为：工程学、材料科学和物理与天文学等。

⑤ Scopus 收录中国论文中，高等院校发表论文较多的有上海交通大学、清华大学和浙江大学；科研院所中中国科学院所属研究所占据绝对主导地位，发表论文较多的有中国工程物理研究院、中国科学院长春应用化学研究所和中国科学院物理研究所。

⑥ 2017 年 Scopus 收录中国论文中，被引次数最高的论文归属机构是中国科学技术大学。

18　中国台湾、香港和澳门科技论文情况分析

18.1　引言

　　中国台湾地区、香港特别行政区和澳门特别行政区的科技论文产出也是中国科技论文统计与分析关注和研究的重点内容之一。本章介绍了 SCI、Ei 和 CPCI-S 三系统收录这 3 个地区的论文情况，为便于对比分析，还采用了 InCites 数据。通过学科、地区、机构分布情况和被引情况等方面对三地区进行统计和分析，以揭示中国台湾地区、香港特别行政区和澳门特别行政区的科研产出情况。

18.2　研究分析与结论

18.2.1　中国台湾地区、香港特区和澳门特区 SCI、Ei 和 CPCI-S 三系统科技论文产出情况

（1）SCI 收录三地区科技论文情况分析

　　主要反映基础研究状况的 SCI（Science Citation Index）2017 年收录的世界科技论文总数共计 1938262 篇，比 2016 年的 1902920 篇增加 35342 篇，增长 1.86％。

　　2017 年 SCI 收录中国台湾地区论文 27675 篇，比 2016 年的 27752 篇减少 77 篇，下降 0.28％，占 SCI 论文总数的 1.43％。

　　2017 年 SCI 收录中国香港特区为发表单位的 SCI 论文数共计 15393 篇，比 2016 年的 14081 篇增加 1312 篇，增长 9.32％，总数占 SCI 论文总数的 0.79％。

　　2017 年，SCI 收录中国澳门特区论文 1756 篇，比 2016 年的 1463 篇增加了 293 篇，增长 20.03％。

　　图 18-1 是 2012—2017 年中国台湾地区和香港特区 SCI 论文数的变化趋势。由图可知，近 5 年来，中国香港特区 SCI 论文数呈稳步上升趋势，中国台湾地区 SCI 论文数 2011—2014 年呈上升势头，但 2015 年有所下降，2016 年和 2017 年与 2015 年基本持平。

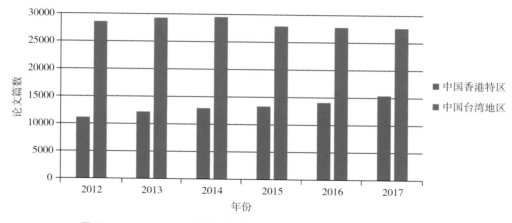

图 18-1　2012—2017 年中国台湾地区和香港特区 SCI 论文数变化趋势

（2）CPCI-S 收录三地区科技论文情况

科技会议文献是重要的学术文献之一，2017 年 CPCI-S（Conference Proceedings Citation Index–Science）共收录世界论文总数为 519889 篇，比 2016 年的 568793 篇减少 48904 篇，下降 8.60%。

2017 年 CPCI-S 共收录中国台湾地区科技论文 7769 篇，比 2016 年的 7642 篇增加 127 篇，增长 1.67%。

2017 年 CPCI-S 共收录中国香港特区论文 3446 篇，比 2016 年的 3380 篇增加 66 篇，增长 1.95%。

2017 年 CPCI-S 共收录中国澳门特区论文 354 篇，比 2016 年的 372 篇减少 18 篇，下降 4.84%。

（3）Ei 收录三地区科技论文情况分析

反映工程科学研究的 Ei（《工程索引》，Engineering Index）在 2017 年共收录世界科技论文 661594 篇，比 2016 年 772232 篇减少 110638 篇，下降 14.33%。

2017 年 Ei 共收录中国台湾地区科技论文 10980 篇，比 2016 年的 12405 篇减少 1425 篇，减少 11.49%；占世界论文总数的 1.66%。

2017 年 Ei 共收录中国香港特区科技论文 7977 篇，比 2016 年的 6978 篇增加 999 篇，增长 14.32%；占世界论文总数的 1.21%。

Ei 共收录中国澳门特区科技论文 873 篇，比 2016 年的 711 篇增加 162 篇，增长 22.78%。

18.2.2　中国台湾地区、香港特区和澳门特区 Web of Science 论文数及被引情况分析

汤森路透的 InCites 数据库中集合了近 30 年来 Web of Science 核心合集（包含 SCI、SSCI 和 CPCI–S 等）七大索引数据库的数据，拥有多元化的指标和丰富的可视化效果，可以辅助科研管理人员更高效地制定战略决策。通过 InCites，能够实时跟踪一个国家（地

区）的研究产出和影响力；将该国家（地区）的研究绩效与其他国家（地区）及全球的平均水平进行对比。

如表 18-1 所示，在 InCites 数据库中，与 2016 年相比，2017 年中国台湾地区、香港特区和澳门特区的论文数与内地论文数的差距更加大；从论文被引次数情况看，三地区的论文被引次数都比 2016 年有不同程度的增加；从学科规范化的引文影响力看，香港特区论文的影响力最高，为 1.57，高于 2016 年；澳门特区论文的影响力其次，为 1.43，高于 2016 年；台湾地区最低，为 0.93，中国内地为 1.03；从被引次数排名居前 1% 的论文比例看，香港特区和澳门特区的比例最高，分别为 2.47% 和 2.06%，大陆和台湾地区的比例分别为 1.30% 和 0.96%；从高被引论文看，中国内地论文数为 4483 篇，比 2016 年的 3473 篇增加 1010 篇，增长 29.08%；中国香港特区和台湾地区高被引论文数，分别为 363 篇和 244 篇，澳门特区最少，只有 28 篇，比 2016 年增加 1 篇；从热门论文比例看，香港特区和澳门特区的比例最高，分别为 0.26% 和 0.16%，中国内地和台湾地区分别为 0.10% 和 0.13%；从国际合作论文数看，中国大陆的国际合作论文数最多，为 111369 篇，中国台湾地区为 11527 篇，香港和澳门特区的国际合作论文数分别为 8304 篇和 676 篇；从相对于全球平均水平的影响力看，中国香港特区和澳门特区的该指标最高，分别为 1.952 和 1.784，中国大陆和台湾地区则分别为 1.514 和 1.163。

表 18-1　2016—2017 年 Web of Science 收录中国内地、
台湾地区、香港特区和澳门特区论文及被引情况

国家（地区）	中国内地		台湾地区		香港特区		澳门特区	
	2016 年	2017 年	2016 年	2017 年	2016 年	2017 年	2016 年	2017 年
Web of Science 论文篇数	410157	441371	36132	35016	19003	20699	1722	1891
学科规范化的引文影响力	0.94	1.03	0.91	0.93	1.46	1.57	1.26	1.43
被引次数	769209	1429812	58362	87167	46480	86476	4147	7218
论文被引比例	47.66 %	59.22%	43.33%	53.65%	52.36%	62.66%	51.51%	65.68%
平均比例	69.10 %	63.24 %	72.46%	67.90%	63.26%	56.90%	64.55%	55.89%
被引次数排名居前 1% 的论文比例	1.03%	1.30%	0.91%	0.96%	1.86%	2.47%	1.80%	2.06 %
被引次数排名居前 10% 的论文比例	8.38%	9.94%	6.59%	6.95 %	12.85%	15.09%	12.02 %	13.91%
高被引论文篇数	3473	4483	249	244	273	363	27	28
高被引论文比例	0.85%	1.02%	0.69%	0.70%	1.44%	1.75 %	1.57%	1.48%
热门论文比例	0.09%	0.10 %	0.12%	0.13 %	0.18 %	0.26%	0.35%	0.16%
国际合作论文篇数	93818	111369	10773	11527	7223	8304	669	676
相对于全球平均水平的影响力	1.323	1.514	1.140	1.163	1.726	1.952	1.699	1.784

注：以上 2016 年和 2017 年论文和被引情况按出版年计算。

数据来源：2016 年和 2017 年 InCites 数据。

18.2.3 中国台湾地区、香港特区和澳门特区 SCI 论文分析

SCI 中涉及的文献类型有 Article、Review、Letter、News、Meeting Abstracts、Correction、Editorial Material、Book Review 和 Biographical-Item 等，遵从一些专家的意见和经过我们研究决定，将两类文献，即 Article 和 Review 作为各论文统计的依据。以下所述 SCI 论文的机构和学科分析都基于此，不再另注。

（1）SCI 收录台湾地区科技论文情况及被引情况分析

2017 年 SCI 收录的第一作者为台湾地区发表的论文共计 18257 篇，占总数的 84.05%。如图 18-2 所示是 SCI 收录的台湾地区论文中，第一作者为非台湾地区论文的主要国家（地区）分布情况。其中，第一作者为中国内地和美国的论文数最多，分别为 1533 篇和 1104 篇，共占非台湾地区第一作者论文总数的 49.07%。其次为日本（393 篇）、印度（259 篇），其他国家（地区）论文数均不足 200 篇。

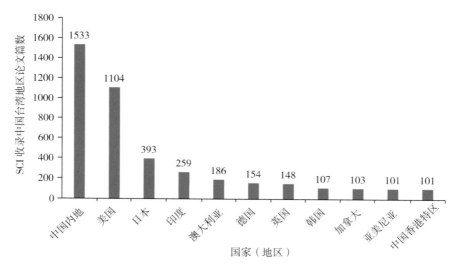

图 18-2　2017 年 SCI 收录中国台湾地区论文中第一作者为非台湾地区的主要国家（地区）分布情况

2017 年，中国台湾地区的被引次数、论文被引比例、引文影响力、被引次数排名居前 10% 的论文比例、高被引论文数、热门论文比例、国际合作论文比例等指标高于 2016 年，但是学科规范化的引文影响力和国际合作论文数低于 2016 年（如表 18-2 所示）。

表 18-2　2017 年 SCI 收录的中国台湾地区论文数及被引情况

年度	学科规范化的引文影响力	被引次数	论文被引比例	引文影响力	国际合作论文篇数	被引次数排名居前 10% 的论文比例	高被引论文篇数	热门论文比例	国际合作论文比例
2016	1.03	38373	54.33%	2.89	8991	7.76%	238	0.14%	32.04%
2017	0.97	82887	71.64%	3.52	8767	8.11%	241	0.20%	37.28%

2017 年，SCI 收录中国台湾地区论文数居前 10 位的高等院校与 2016 年一致，高等院校排名略有不同。SCI 收录台湾地区论文数居前 10 位的高等院校共发表论文 7342 篇，占台湾第一作者论文总数的 40.21%（如表 18-3 所示）。

表 18-3　2017 年 SCI 收录中国台湾地区论文数居前 10 位的高等院校

排名	高等院校	论文篇数	排名	高等院校	论文篇数
1	台湾大学	1736	6	台湾科技大学	524
2	台湾成功大学	1198	7	台湾中兴大学	467
3	台湾清华大学	725	8	台湾"中央大学"	447
4	台湾交通大学	714	9	台北医学大学	444
5	长庚大学	662	10	台北科技大学	425

2017 年，SCI 收录台湾地区论文数较多的研究机构如表 18-4 所示，台湾"中央研究院"论文数最多，为 587 篇，其次是台湾卫生研究院、台湾工业技术研究院、台湾核能研究所和台湾同步辐射研究中心。

表 18-4　2017 年 SCI 收录中国台湾地区论文数居前 5 位的研究机构

排名	研究机构	论文篇数	排名	研究机构	论文篇数
1	台湾"中央研究院"	587	4	台湾同步辐射研究中心	45
2	台湾卫生研究院	98	5	台湾核能研究所	35
3	台湾工业技术研究院	49			

表 18-5 为 2017 年 SCI 收录的台湾地区论文数居前 10 位的医疗机构，台湾长庚纪念医院以 402 篇居第 1 位，台北荣民总医院和台湾大学医学院附设医院分别居第 2 位和第 3 位。

表 18-5　2017 年 SCI 收录中国台湾地区论文数居前 10 位的医疗机构

排名	医疗机构	论文篇数	排名	医疗机构	论文篇数
1	长庚纪念医院	402	6	台湾马偕纪念医院	136
2	台北荣民总医院	325	7	台湾中国医药大学附设医院	125
3	台湾大学医学院附设医院	309	8	高雄荣民总医院	106
4	高雄长庚纪念医院	206	9	台湾三军总医院	93
5	台中荣民总医院	150	10	彰化基督教医院	87

按中国学科分类标准 40 个学科分类，2017 年 SCI 收录中国台湾地区论文数较多的学科是临床医学、生物学、化学、物理学和材料科学。图 18-3 是 2017 年 SCI 收录中国台湾地区论文数居前 10 位的学科分布情况。

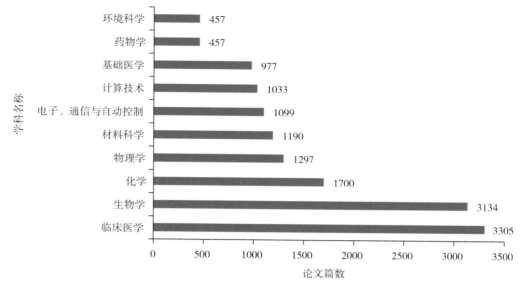

图 18-3　2017 年 SCI 收录台湾地区论文数居前 10 位的学科分布情况

2017 年 SCI 收录的中国台湾地区论文分布在 3660 种期刊上，收录论文数居前 10 位的期刊如表 18-6 所示，共收录论文 2404 篇，占总数的 13.17%。

表 18-6　2017 年 SCI 收录中国台湾地区论文数居前 10 位的期刊

排名	期刊名称	论文篇数
1	*SCIENTIFIC REPORTS*	694
2	*PLOS ONE*	546
3	*ONCOTARGET*	320
4	*MEDICINE*	204
5	*INTERNATIONAL JOURNAL OF MOLECULAR SCIENCES*	131
6	*JOURNAL OF THE TAIWAN INSTITUTE OF CHEMICAL ENGINEERS*	111
7	*RSC ADVANCES*	109
8	*JOURNAL OF THE FORMOSAN MEDICAL ASSOCIATION*	107
9	*TAIWANESE JOURNAL OF OBSTETRICS & GYNECOLOGY*	94
10	*SENSORS*	88

（2）SCI 收录中国香港特区科技论文情况分析

2017 年 SCI 收录香港特区论文 15393 篇，其中第一作者为香港特区的论文共计 6178 篇，占总数的 40.14%。图 18-4 是 SCI 收录的香港特区论文中，第一作者为非中国香港特区论文的主要国家（地区）分布情况。排在第 1 位的仍是中国内地，共计 4700 篇，占中国香港特区论文总数的 30.53%。

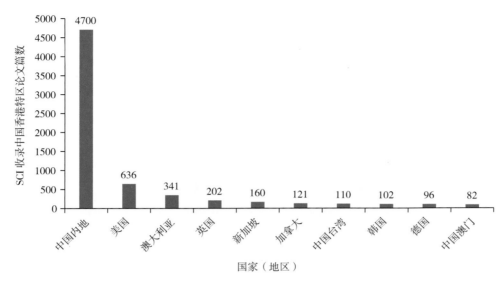

图 18-4　2017 年 SCI 收录中国香港特区论文中第一作者为非香港特区的主要国家（地区）分布情况

2017 年，中国香港特区论文被引次数为 80440；学科规范化的引文影响力为 1.63；论文被引比例为 81.65%；国际合作论文 5612 篇；被引次数排名居前 10% 的论文比例为 18.13%；高被引论文数为 344 篇。与 2016 年相比，香港特区所有指标均高于 2016 年（如表 18-7 所示）。

表 18-7　2016—2017 年 SCI 收录的中国香港特区论文数及被引情况

年度	学科规范化的引文影响力	被引次数	论文被引比例	引文影响力	国际合作论文篇数	被引次数排名居前10%的论文比例	高被引论文篇数	热门论文比例	国际合作论文比例
2016	1.55	22126	64.40%	4.65	5503	16.03%	277	0.29%	39.55%
2017	1.63	80440	81.65%	6.11	5612	18.13%	344	0.39%	42.60%

2017 年，SCI 收录香港特区论文居前 6 位的高等院校共发表论文 5611 篇，占香港特区作者为第一作者论文总数的 90.82%，排名与 2016 年基本相同。表 18-8 为 2017 年 SCI 收录中国香港特区论文居前 6 位的高等院校，表 18-9 为居前 6 位的医疗机构。

表 18-8　2017 年 SCI 收录中国香港特区论文数居前 6 位的高等院校

排名	高等院校	论文篇数	排名	高等院校	论文篇数
1	香港大学	1619	4	香港城市大学	766
2	香港中文大学	1215	5	香港科技大学	743
3	香港理工大学	1025	6	香港浸会大学	243

表 18-9 2017 年 SCI 收录中国香港特区论文数居前 6 位的医疗机构

排名	医疗机构	论文篇数	排名	医疗机构	论文篇数
1	玛丽医院	42	4	基督教联合医院	19
2	伊利沙伯医院	31	5	屯门医院	18
3	东区尤德夫人那打素医院	21	6	威尔斯亲王医院	17

按中国学科分类标准 40 个学科分类，2017 年 SCI 收录中国香港特区论文数最多的是临床医学类，共计 1059 篇，占香港特区论文总数的 6.88%。其次是生物学和化学。图 18-5 是 2017 年 SCI 收录中国香港特区论文数居前 10 位的学科分布情况。

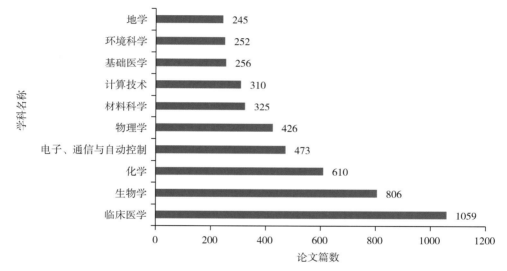

图 18-5 2017 年 SCI 收录中国香港特区论文数居前 10 位的学科分布情况

2017 年 SCI 收录的中国香港特区论文共分布在 3114 种期刊上，收录论文数居前 10 位的期刊及论文情况如表 18-10 所示。

表 18-10 2017 年 SCI 收录中国香港特区论文数居前 10 位的期刊

排名	刊名	论文篇数
1	*SCIENTIFIC REPORTS*	153
2	*PLOS ONE*	75
3	*HONG KONG MEDICAL JOURNAL*	73
4	*ACS APPLIED MATERIALS & INTERFACES*	46
5	*ONCOTARGET*	40
5	*JOURNAL OF MATERIALS CHEMISTRY A*	40
7	*APPLIED ENERGY*	38
8	*PHYSICAL REVIEW B*	33
9	*IEEE TRANSACTIONS ON ANTENNAS AND PROPAGATION*	32
10	*INTERNATIONAL JOURNAL OF MOLECULAR SCIENCES*	30

（3）SCI 收录中国澳门特区科技论文情况分析

2017 年 SCI 收录澳门特区论文 1756 篇，其中第一作者为澳门特区的论文共计 628 篇，占总数的 35.76%。

第一作者为非澳门特区作者的论文中，论文数最多的国家（地区）是中国内地（722 篇），其次为香港特区（104 篇）和美国（61 篇）。

第一作者为澳门特区的论文中，论文数居前 5 位的学科为生物学，电子、通信与自动控制，计算技术，临床医学和化学，论文数分别为 123 篇、83 篇、63 篇、51 篇和 51 篇。发表论文数最多的单位是澳门大学和澳门科技大学，分别为 480 篇和 141 篇。

18.2.4 中国台湾地区、香港特区和澳门特区 CPCI-S 论文分析

CPCI-S 的论文分析限定于第一作者的 Proceedings Paper 类型的文献。

（1）CPCI-S 收录中国台湾地区科技论文情况

2017 年中国台湾地区以第一作者发表的 Proceedings Paper 论文共计 4967 篇。

2017 年 CPCI-S 收录第一作者为中国台湾地区的论文出自 1025 个会议录。如表 18-11 所示为收录台湾地区论文数居前 10 位的会议，共收录论文 616 篇。

表 18-11 2017 年 CPCI-S 收录中国台湾地区论文数居前 10 位的会议

排名	会议名称	会议地点	论文篇数
1	IEEE International Conference on Consumer Electronics – Taiwan (ICCE-TW)	中国台湾地区	136
2	3rd IEEE International Future Energy Electronics Conference and ECCE Asia	中国台湾地区	78
3	8th IEEE International Conference on Awareness Science and Technology (iCAST)	中国台湾地区	64
4	6th IIAI International Congress on Advanced Applied Informatics (IIAI-AAI)	日本	57
4	19th International Conference on Solid-State Sensors, Actuators and Microsystems (Transducers)	中国台湾地区	57
6	IEEE 6th Global Conference on Consumer Electronics (GCCE)	日本	50
7	10th Asian Meeting on Electroceramics (AMEC)	中国台湾地区	49
8	IEEE International Conference on Systems, Man, and Cybernetics (SMC)	加拿大	46
9	12th International Microsystems, Packaging, Assembly and Circuits Technology Conference (IMPACT)	中国台湾地区	40
10	6th International Symposium on Next Generation Electronics (ISNE)	中国台湾地区	39

2017 年 CPCI-S 收录中国台湾地区论文数居前 10 位的高等院校和居前 5 位的研究机构排名分别如表 18-12 和表 18-13 所示。收录论文数最多的高等院校是台湾大学，共计 478 篇。居前 10 位的高等院校论文数共计 2508 篇，占中国台湾地区论文总数的

32.28%。被 CPCI-S 收录论文数较多的研究机构为台湾"中央研究院"、台湾工业技术研究院、台湾应用研究实验室、台湾核能研究所和台湾同步辐射研究中心。

表 18-12　2017 年 CPCI-S 收录中国台湾地区论文数居前 10 位的高等院校

排名	高等院校	论文篇数	排名	高等院校	论文篇数
1	台湾大学	478	6	台北科技大学	168
2	台湾交通大学	450	7	台湾"中央大学"	161
3	台湾清华大学	381	8	台湾中山大学	147
4	台湾成功大学	302	9	台湾中正大学	106
5	台湾科技大学	214	10	台湾中兴大学	101

表 18-13　2017 年 CPCI-S 收录中国台湾地区论文数居前 5 位的研究机构

排名	研究机构	论文篇数	排名	研究机构	论文篇数
1	台湾"中央研究院"	99	4	台湾核能研究所	17
2	台湾工业技术研究院	41	5	台湾同步辐射研究中心	11
3	国家应用研究实验室	25			

　　2017 年 CPCI-S 收录中国台湾地区论文数居前 10 位的学科如图 18-6 所示。收录论文数最多的学科是电子、通信与自动控制，共计 1855 篇，占总数的 37.35%。

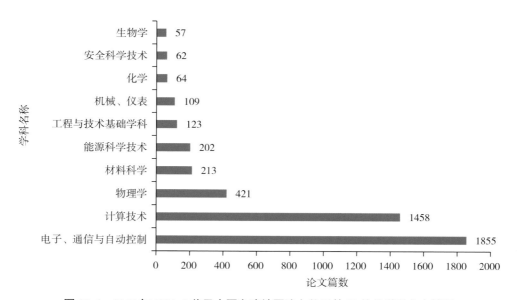

图 18-6　2017 年 CPCI-S 收录中国台湾地区论文数居前 10 位的学科分布情况

（2）CPCI-S 收录中国香港特区科技论文情况分析

　　2017 年中国香港特区第一作者发表的 Proceedings Paper 论文共计 1533 篇。

　　2017 年 CPCI-S 收录中国香港特区的论文出自 548 个会议录。如表 18-14 所示为收录香港特区论文数居前 10 位的会议，共收录论文 226 篇。

表 18-14   2017 年 CPCI-S 收录中国香港特区论文数居前 10 位的会议

排名	会议名称	会议地点	论文篇数
1	16th IEEE International Conference on Computer Vision (ICCV)	意大利	42
2	8th International Conference on Applied Energy (ICAE)	中国北京	25
3	International Symposium of IEEE-Antennas-and-Propagation-Society / USNC/ URSI National Radio Science Meeting	美国	23
3	IEEE Global Communications Conference (GLOBECOM)	新加坡	23
5	9th International Conference on Applied Energy (ICAE)	英国	21
6	7th International Conference on Power Electronics Systems and Applications-Smart Mobility, Power Transfer and Security (PESA)	中国香港地区	20
7	IEEE International Symposium on Circuits and Systems (ISCAS)	美国	19
7	IEEE/RSJ International Conference on Intelligent Robots and Systems (IROS)	加拿大	19
9	IEEE International Conference on Communications (ICC)	法国	17
9	20th World Congress of the International-Federation-of-Automatic-Control (IFAC)	法国	17

2017 年 CPCI-S 收录中国香港特区论文数居前 6 位的高等院校如表 18-15 所示。论文数最多的高等院校是香港理工大学，共计 291 篇，占香港特区论文总数的 18.98%。

表 18-15   2017 年 CPCI-S 收录香港特区论文数居前 6 位的高等院校

排名	高等院校	论文篇数	排名	高等院校	论文篇数
1	香港理工大学	291	4	香港城市大学	260
2	香港中文大学	277	5	香港大学	259
3	香港科技大学	269	6	香港浸会大学	32

2017 年 CPCI-S 收录香港特区论文数居前 10 位的学科如图 18-7 所示。收录论文数最多的学科是计算技术，多达 569 篇，领先于其他学科。其次是电子、通信与自动控制等学科。

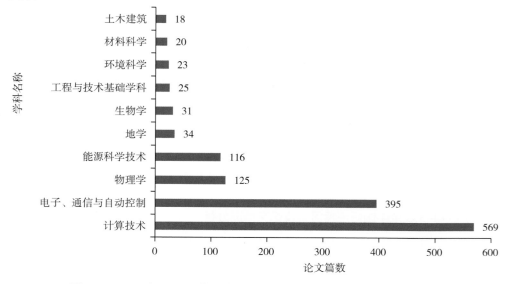

图 18-7   2017 年 CPCI-S 收录香港特区论文数居前 10 位的学科分布情况

（3）CPCI-S 收录中国澳门特区科技论文情况分析

2017 年澳门特区为第一作者的 Proceedings Paper 论文共计 158 篇。其中 62 篇是计算技术类，48 篇是电子、通信与自动控制类论文，其他学科论文均不足 10 篇。澳门大学共发表 CPCI-S 论文 110 篇，澳门科技大学共发表 CPCI-S 论文 30 篇。

18.2.5 中国台湾地区、香港特区和澳门特区 Ei 论文分析

（1）Ei 收录中国台湾地区科技论文情况分析

2017 年 Ei 收录台湾地区为第一作者的论文共计 8730 篇。

表 18-16 为 Ei 收录中国台湾地区论文数居前 10 位的高等院校，共发表论文 4363 篇，占总数的 49.98%，排在第 1 位的是台湾大学，共收录 862 篇。

表 18-16　2017 年 Ei 收录中国台湾地区论文数居前 10 位的高等院校

排名	高等院校	论文篇数	排名	高等院校	论文篇数
1	台湾大学	862	6	台北科技大学	350
2	台湾成功大学	689	7	台湾"中央大学"	321
3	台湾交通大学	519	8	台湾中兴大学	251
4	台湾清华大学	485	9	台湾中山大学	230
5	台湾科技大学	482	10	台湾逢甲大学	174

2017 年台湾"中央研究院"共发表论文 179 篇。

如图 18-8 所示为 2017 年 Ei 收录中国台湾地区论文数居前 10 位的学科分布情况。这 10 个学科共发表论文 6715 篇，占总数的 76.9%。排在第 1 位的是生物学，其次是电子、通信与自动控制，材料科学，动力与电气，物理学等学科。

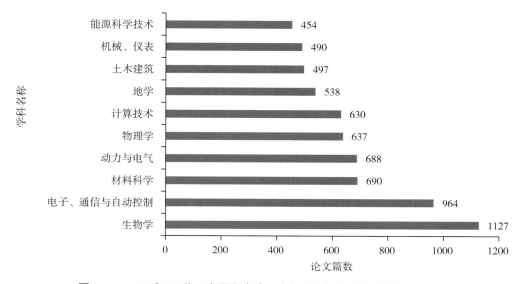

图 18-8　2017 年 Ei 收录中国台湾地区论文数居前 10 位的学科分布情况

Ei 收录的中国台湾地区论文分布在 1454 种期刊上。如表 18–17 所示为 2017 年 Ei 收录中国台湾地区论文数居前 10 位的期刊。

表 18–17　2017 年 Ei 收录中国台湾地区论文数居前 10 位的期刊

排名	期刊名称	论文篇数
1	RSC ADVANCES	107
2	JOURNAL OF THE TAIWAN INSTITUTE OF CHEMICAL ENGINEERS	106
3	CERAMICS INTERNATIONAL	90
4	SENSORS (SWITZERLAND)	89
5	ACS APPLIED MATERIALS AND INTERFACES	88
6	MATERIALS	86
7	ENERGIES	78
8	JOURNAL OF THE CHINESE SOCIETY OF MECHANICAL ENGINEERS, TRANSACTIONS OF THE CHINESE INSTITUTE OF ENGINEERS, SERIES C/CHUNG-KUO CHI HSUEH KUNG CH'ENG HSUEBO PAO	77
9	IEEE ACCESS	74
10	IEEE TRANSACTIONS ON ELECTRON DEVICES	72

（2）Ei 收录中国香港特区科技论文情况分析

2017 年中国香港特区以第一作者发表的 Ei 论文共计 3475 篇。

表 18–18 为 Ei 收录中国香港特区论文数居前 6 位的高等院校，共发表论文 3102 篇，占总数的 89.3%。排在第 1 位的依旧是香港理工大学，共发表论文 793 篇。

表 18–18　2017 年 Ei 收录中国香港特区论文数居前 6 位的高等院校

排名	高等院校	论文篇数	排名	高等院校	论文篇数
1	香港理工大学	793	4	香港大学	535
2	香港城市大学	650	5	香港中文大学	464
3	香港科技大学	561	6	香港浸会大学	99

如图 18–9 所示为 2017 年 Ei 收录中国香港特区论文数居前 10 位的学科分布情况。这 10 个学科共发表论文 2567 篇，占总数的 73.9%。排在第 1 位的是土木建筑类，共计 405 篇。

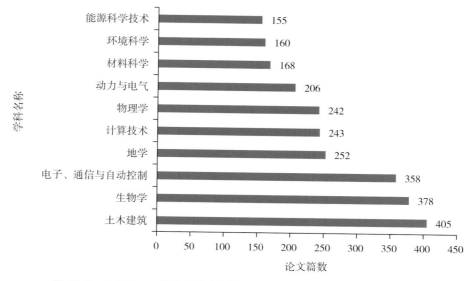

图 18-9　2017 年 Ei 收录中国香港特区论文数居前 10 位的学科分布情况

Ei 收录的中国香港特区论文分布在 904 种期刊上。如表 18-19 所示为 2017 年 Ei 收录中国香港特区论文数居前 10 位的期刊。

表 18-19　2017 年 Ei 收录中国香港特区论文数居前 10 位的期刊

排名	期刊名称	论文篇数
1	*ACS APPLIED MATERIALS AND INTERFACES*	46
2	*JOURNAL OF MATERIALS CHEMISTRY A*	40
3	*IEEE TRANSACTIONS ON ANTENNAS AND PROPAGATION*	36
3	*CONSTRUCTION AND BUILDING MATERIALS*	36
5	*IEEE TRANSACTIONS ON POWER ELECTRONICS*	35
6	*SCIENCE OF THE TOTAL ENVIRONMENT*	34
7	*ANGEWANDTE CHEMIE - INTERNATIONAL EDITION*	31
7	*IEEE TRANSACTIONS ON AUTOMATIC CONTROL*	31
9	*APPLIED ENERGY*	29
9	*JOURNAL OF CLEANER PRODUCTION*	29

（3）Ei 收录澳门特区科技论文情况分析

2017 年 Ei 收录澳门特区为第一作者的论文共计 313 篇。其中澳门大学发表论文 238 篇，澳门科技大学发表 53 篇；从学科来看，生物学，计算技术，电子、通信与自动控制，动力与电气论文数较多（如图 18-10 所示）。

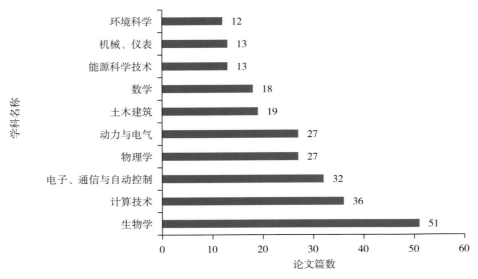

图 18-10　2017 年 Ei 收录澳门特区论文数居前 10 位的学科分布情况

18.3　讨论

2017 年，SCI 和 EI 收录的中国台湾地区论文数比 2016 年有所减少，而 SCI 和 EI 收录的香港特区和澳门特区论文数比 2016 年有不同程度的增长；CPCIS 收录中国台湾地区和香港特区的论文数均比 2016 年有不同程度的增长，CPCIS 收录澳门特区论文数有所减少。在 InCites 数据库中，与 2016 年相比，2017 年中国台湾地区、香港特区和澳门特区的论文数与内地论文数的差距加大；从论文被引次数情况看，三地区的论文被引次数都比 2016 年有较大幅度的增加；从学科规范化的引文影响力和被引次数排名居前 1% 的论文比例看，香港特区的该两项指标最高；澳门特区论文的该两项指标其次，台湾地区的该两项指标在三地区中最低；从高被引论文看，中国香港特区和台湾地区高被引论文数较多，澳门地区最少；从国际合作论文数看，中国台湾地区的国际合作论文数较多。从相对于全球平均水平的影响力看，中国香港特区最高，其次是澳门特区，台湾地区的该指标稍低，但三地区的该指标均大于 1%。

以两类文献，即 Article 和 Review 作为各论文统计的依据看，2017 年 SCI 收录的台湾地区为第一作者发表的论文共计 18257 篇，占总数的 84.05%。在第一作者为非台湾地区论文的主要国家（地区）中，第一作者为中国内地和美国的论文数最多，共占非中国台湾地区第一作者论文总数的 49.07%；2017 年 SCI 收录第一作者为香港特区的论文共计 6178 篇，占总数的 40.14%。第一作者为非香港特区论文的主要国家（地区）中，中国内地的论文数仍是最多的，共计 4700 篇，占香港论文总数的 30.53%。

2017 年，台湾地区 SCI 论文被引次数为 82887 次，较 2016 年有较大幅度的增长，学科规范化的引文影响力为 0.97，国际合作论文 8767 篇，有 37.28% 的论文参与了国际合作，高被引论文数指标高于 2016 年；香港特区论文被引次数为 80440 次，较 2016 年有较大幅度的增长，学科规范化的引文影响力为 1.63，国际合作论文 56123 篇，有 42.60% 的论文参与了国际合作，国际合作论文指标高于 2016 年。

从论文的机构分布看，中国台湾地区、香港特区和澳门特区的论文均主要产自高等院校。香港特区发表论文的单位主要集中于 6 家高等院校，台湾地区除高等院校外，发表论文较多的还有台湾"中央研究院"和台湾卫生研究院。澳门特区的论文则主要出自澳门大学。

从学科分布看，按中国学科分类标准 40 个学科分类，2017 年 SCI 收录中国台湾地区论文较多的学科是临床医学、生物学、化学、物理学和材料科学；SCI 收录中国香港特区论文数最多的学科是临床医学、生物学、化学、电子、通信与自动控制和物理学，与台湾地区大致相同；2017 年 SCI 收录中国澳门特区论文数最多的学科是生物学，电子、通信与自动控制，计算技术，临床医学和化学。

参考文献

[1] 中国科学技术信息研究所 . 2016 年度中国科技论文统计与分析（年度研究报告）[M]. 北京：科学技术文献出版社，2018.

19 科研机构创新发展分析

19.1 引言

实施创新驱动发展战略，最根本的是要增强自主创新能力。中国科研机构作为科学研究的重要阵地，是国家创新体系的重要组成部分。增强科研机构的自主创新能力，对于中国加速科技创新、建设创新型国家具有重要意义。为了进一步推动科研机构的创新能力和学科发展，提高其科研水平，本章以中国科研机构作为研究对象，从中国高校科研成果转化、中国高校学科发展布局、中国高校学科交叉融合、中国高校国际合作地图、中国医疗机构医工结合到科教协同融合多个角度进行了统计和分析，以期对中国研究机构提升创新能力起到推动和引导作用。

19.2 中国高校产学共创排行榜

19.2.1 数据与方法

高校科研活动与产业需求的密切联系，有利于促进创新主体将科研成果转化为实际应用的产品与服务，创造丰富的社会经济价值。"中国高校产学共创排行榜"评价关注高校与企业科研活动协作的全流程，设置指标表征高校和企业合作创新过程中 3 个阶段的表现：从基础研究阶段开始，经过企业需求导向的应用研究阶段，再到成果转化形成产品阶段。"中国高校产学共创排行榜"评价采用 10 项指标：

①校企合作发表论文数。基于 2015—2017 年 Scopus 收录的中国高校论文，统计高校和企业共同合作发表的论文数。

②校企合作发表论文占比。基于 2015—2017 年 Scopus 收录的中国高校论文，统计高校和企业共同合作发表的论文数与高校发表总论文数的比值。

③校企合作发表论文总被引次数。基于 2015—2017 年 Scopus 收录的中国高校论文，统计高校和企业共同合作发表的论文被引总次数。

④企业资助项目产出的高校论文数。基于 2015—2017 年 "中国科技论文与引文数据库"，统计高校论文中获得企业资助的论文数。

⑤高校与国内上市公司企业关联强度。基于 2015—2017 年中国上市公司年报数据库，统计从上市公司年报中所报道的人员任职、重大项目、重要事项等内容中，利用文本分析方法测度高校与企业联系的范围和强度。

⑥校企合作发明专利数。基于 2015—2017 年德温特世界专利索引和专利引文索引收录的中国高校专利，统计高校和企业合作发明的专利数。

⑦校企合作专利占比。基于 2015—2017 年德温特世界专利索引和专利引文索引收录的中国高校专利，统计高校和企业合作发明专利数与高校发明专利总量的比值。

⑧有海外同族的合作专利数。基于 2015—2017 年德温特世界专利索引和专利引文索引收录的中国高校专利，统计高校和企业合作发明的专利内容同时在海外申请的专利数。

⑨校企合作专利施引专利数。基于 2015—2017 年德温特世界专利索引和专利引文索引收录的中国高校专利，统计高校和企业合作发明专利的施引专利数。

⑩校企合作专利总被引次数。基于 2015—2017 年德温特世界专利索引和专利引文索引收录的中国高校专利，统计高校和企业合作发明专利的总被引次数，用于测度专利学术传播能力。

19.2.2 研究分析与结论

统计中国高校上述 10 项指标，经过标准化转换后计算得出了十维坐标的矢量长度数值，用于测度各个高校的产学共创水平。如表 19-1 所示为根据上述指标统计出的 2017 年产学共创能力排名居前 20 位的高校。

表 19-1 2017 年产学共创能力排名居前 20 位的高校

排名	高校名称	计分	排名	高校名称	计分
1	清华大学	272	10	武汉大学	86
2	华北电力大学	202	12	中国人民大学	83
3	中国石油大学	177	13	浙江大学	80
4	北京大学	104	14	上海交通大学	78
5	中国地质大学	100	15	西安交通大学	70
6	西北工业大学	99	16	贵州大学	65
7	南京航空航天大学	96	17	北京交通大学	64
8	北京科技大学	92	18	西南交通大学	63
9	北京航空航天大学	88	19	厦门大学	61
10	中山大学	86	20	东北大学	57

19.3 中国高校学科发展矩阵分析报告——论文

19.3.1 数据与方法

高校的论文发表和引用情况是测度高校科研水平和影响力的重要指标。以中国主要大学为研究对象，采用各大学在 2013—2017 年发表论文数和 2008—2012 年、2013—2017 年的引文总量作为源数据，根据波士顿矩阵方法，分析各个大学学科发展布局情况，构建学科发展矩阵。

按照波士顿矩阵方法的思路，我们以 2013—2017 年各个大学在某一学科论文产出占全球论文的份额作为科研成果产出占比的测度指标；以各个大学从 2008—2012 年到

2013—2017 年在某一学科领域论文被引总量的增长率作为科研影响增长的测度指标。

根据高校各个学科的占比和增长情况，我们以占比 0.5% 和增长 200% 作为分界线，划分了 4 个学科发展矩阵空间，如图 19-1 所示。

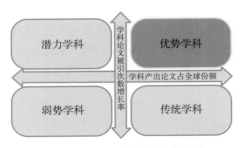

图 19-1 中国高校论文产出矩阵

第一区：优势学科（高占比、高增长）。该区学科论文份额及引文增长率都处于较高水平，可明确产业发展引导的路径。

第二区：传统学科（高占比、低增长）。该区学科论文所占份额较高，引文增长率较低，可完善管理机制以引导发展。

第三区：潜力学科（低占比、高增长）。该区学科论文所占份额较低，引文增长率较高，可采用加大科研投入的方式进行引导。

第四区：弱势学科（低占比、低增长）。该区学科论文占份额及引文增长率都处较低水平，可考虑加强基础研究。

19.3.2 研究分析与结论

表 19-2 统计了中国双一流建设高校论文产出的学科发展矩阵，即学科发展布局情况（按高校名称拼音排序）。

表 19-2 中国双一流建设高校学科发展布局情况

高校名称	优势学科数	传统学科数	潜力学科数	弱势学科数
安徽大学	0	0	65	64
北京大学	25	30	51	61
北京工业大学	0	0	63	72
北京航空航天大学	27	6	56	55
北京化工大学	1	2	54	61
北京交通大学	5	1	60	58
北京科技大学	7	1	67	48
北京理工大学	10	0	59	70
北京林业大学	4	0	66	47
北京师范大学	8	1	59	85
北京体育大学	0	0	8	40

续表

高校名称	优势学科数	传统学科数	潜力学科数	弱势学科数
北京外国语大学	0	0	1	24
北京协和医学院	4	11	49	74
北京邮电大学	4	1	32	51
北京中医药大学	1	0	50	53
成都理工大学	3	0	54	43
成都中医药大学	0	1	23	64
大连海事大学	2	0	41	59
大连理工大学	20	8	41	75
第二军医大学	4	4	51	63
第四军医大学	2	1	48	72
电子科技大学	14	1	76	52
东北大学	9	1	70	54
东北林业大学	2	0	49	73
东北农业大学	0	0	52	66
东北师范大学	0	0	49	90
东华大学	2	2	39	77
东南大学	18	3	66	69
对外经济贸易大学	0	0	20	49
福州大学	0	0	62	71
复旦大学	19	12	54	75
广西大学	1	0	65	65
广州中医药大学	1	0	43	66
贵州大学	1	0	38	76
国防科学技术大学	12	2	52	54
哈尔滨工程大学	3	0	51	55
哈尔滨工业大学	33	8	47	60
海南大学	0	0	65	52
合肥工业大学	0	1	73	55
河北工业大学	0	0	47	61
河海大学	8	1	71	40
河南大学	0	0	62	78
湖南大学	4	2	78	44
湖南师范大学	0	0	54	87
华北电力大学	2	0	55	52
华东理工大学	3	6	117	152
华东师范大学	0	1	52	101

续表

高校名称	优势学科数	传统学科数	潜力学科数	弱势学科数
华南理工大学	20	4	63	67
华南师范大学	0	0	53	93
华中科技大学	30	9	79	42
华中农业大学	1	6	63	61
华中师范大学	1	1	49	77
吉林大学	14	14	84	49
暨南大学	3	0	96	60
江南大学	7	0	67	73
兰州大学	2	3	54	100
辽宁大学	0	0	34	63
南昌大学	0	0	97	59
南京大学	13	16	66	70
南京航空航天大学	7	1	42	70
南京理工大学	3	0	74	54
南京林业大学	2	0	67	42
南京农业大学	7	5	52	66
南京师范大学	0	0	70	73
南京信息工程大学	3	0	64	55
南京邮电大学	2	0	43	50
南京中医药大学	1	0	67	49
南开大学	0	4	68	77
内蒙古大学	0	0	55	62
宁波大学	1	0	90	60
宁夏大学	0	0	41	62
青海大学	0	0	52	63
清华大学	33	28	55	46
厦门大学	1	3	97	64
山东大学	13	12	68	74
陕西师范大学	0	0	75	66
上海财经大学	0	0	29	40
上海大学	1	2	61	87
上海海洋大学	1	0	55	65
上海交通大学	49	36	36	43
上海体育学院	0	0	12	46
上海外国语大学	0	0	5	25
上海中医药大学	1	0	45	53

续表

高校名称	优势学科数	传统学科数	潜力学科数	弱势学科数
石河子大学	0	0	49	77
首都师范大学	1	0	47	85
四川大学	15	12	66	72
四川农业大学	1	0	59	58
苏州大学	9	3	104	41
太原理工大学	1	0	64	57
天津大学	31	4	56	63
天津工业大学	1	0	53	48
天津医科大学	2	0	60	69
天津中医药大学	1	0	37	56
同济大学	24	1	97	39
外交学院	0	0	0	3
武汉大学	15	3	81	65
武汉理工大学	5	0	56	66
西安电子科技大学	12	2	48	55
西安交通大学	24	10	83	45
西北大学	0	2	58	79
西北工业大学	14	3	64	52
西北农林科技大学	9	2	79	46
西藏大学	0	0	22	78
西南财经大学	0	0	24	47
西南大学	1	1	87	59
西南交通大学	1	0	64	58
西南石油大学	1	0	49	48
新疆大学	0	0	54	64
延边大学	0	0	44	77
云南大学	0	0	48	86
长安大学	1	0	50	59
浙江大学	36	44	38	49
郑州大学	4	0	100	53
中国传媒大学	0	0	12	34
中国地质大学	10	2	71	42
中国海洋大学	4	2	44	90
中国科学技术大学	14	16	63	65
中国矿业大学	8	0	61	55
中国农业大学	2	9	43	88

高校名称	优势学科数	传统学科数	潜力学科数	弱势学科数
中国人民大学	1	0	50	79
中国石油大学	9	0	69	39
中国药科大学	3	1	51	62
中国政法大学	0	0	4	38
中南财经政法大学	0	0	15	47
中南大学	13	2	102	45
中山大学	14	14	68	69
中央财经大学	0	0	22	46
中央民族大学	0	0	35	73
重庆大学	10	0	80	60

参照哈佛大学和麻省理工学院的等国际一流大学的学科分布情况，并结合中国主要高校的学科发展分布状态，为中国高校设定了 4 类学科发展目标：

①世界一流大学：优势学科与传统学科数量之和在 50 个以上，整体呈现繁荣状态。以世界一流大学为发展目标，"夯实科技基础，在重要科技领域跻身世界领先行列"。目前，北京大学、浙江大学、清华大学、上海交通大学已显露端倪。

②中国领先大学：优势学科与传统学科数量之和在 20 个以上，潜力学科数量在 50 个以上。以中国领先大学为目标，致力专业发展，"跟上甚至引领世界科技发展新方向"。

③区域核心大学：以区域核心高校为目标，以基础研究为主，"力争在基础科技领域做出大的创新，在关键核心技术领域取得大的突破"。

④学科特色大学：该类大学的传统学科和潜力学科都集中在该校的特有专业中。该类大学可加大科研投入，发展潜力学科，形成专业特色。

19.4 中国高校学科发展矩阵分析报告——专利

19.4.1 数据与方法

发明专利情况是测度高校知识创新与发展的一项重要指标。对高校专利发明情况的分析可以有效地帮助高校了解其在各领域的创新能力和发展，针对不同情况做出不同的发展决策。采用各高校近 5 年在 21 个德温特分类的发表专利数和 2008—2012 年、2013—2017 年的专利引用总量作为源数据构建中国高校专利产出矩阵。

同样按照波士顿矩阵方法的思路，我们以 2013—2017 年各个大学在某一分类的专利产出数作为科研成果产出的测度指标，以各个大学从 2008—2012 年到 2013—2017 年在某一分类专利被引总量的增长率作为科研影响增长的测度指标。并以专利数 1000 件和增长率 100% 作为分界点，将坐标图划分为 4 个象限，依次是优势专业、传统专业、潜力专业、弱势专业（如图 19-2 所示）。

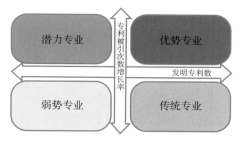

图 19-2　中国高校专利产出矩阵

19.4.2　研究分析与结论

表 19-3 列出了中国一流大学建设高校专利发明和引用的德温特学科类别发展布局情况（按高校名称拼音排序）。

表 19-3　中国一流大学建设高校在德温特 21 个学科类别的发展布局情况

高校名称	优势专业数	传统专业数	潜力专业数	弱势专业数
安徽大学	0	0	2	18
北京大学	1	0	13	7
北京工业大学	2	0	10	9
北京航空航天大学	3	0	1	17
北京化工大学	1	0	7	13
北京交通大学	0	0	7	13
北京科技大学	1	0	5	15
北京理工大学	3	0	6	12
北京林业大学	0	0	0	20
北京师范大学	0	0	3	18
北京体育大学	0	0	0	13
北京外国语大学	0	0	0	1
北京协和医学院	1	0	5	14
北京邮电大学	2	0	2	12
北京中医药大学	0	0	1	10
成都理工大学	0	0	0	21
成都中医药大学	0	0	0	10
大连海事大学	0	0	0	20
大连理工大学	4	0	7	10
电子科技大学	5	0	0	16
东北大学	2	0	16	3
东北林业大学	0	0	1	19
东北农业大学	0	0	0	21
东北师范大学	0	0	0	21

续表

高校名称	优势专业数	传统专业数	潜力专业数	弱势专业数
东华大学	1	0	3	17
东南大学	7	0	5	9
福州大学	1	0	4	16
复旦大学	1	0	7	13
广西大学	5	0	2	14
广州中医药大学	0	0	0	16
贵州大学	2	0	18	1
哈尔滨工程大学	4	0	1	16
哈尔滨工业大学	8	0	4	9
海南大学	0	0	0	21
合肥工业大学	1	0	2	18
河北工业大学	0	0	0	21
河海大学	3	0	0	18
河南大学	0	0	0	20
湖南大学	0	0	0	21
湖南师范大学	0	0	0	20
华北电力大学	3	0	0	18
华东理工大学	0	0	6	15
华东师范大学	0	0	1	20
华南理工大学	11	0	1	9
华南师范大学	0	0	0	21
华中科技大学	6	0	7	8
华中农业大学	1	0	4	16
华中师范大学	0	0	2	19
吉林大学	9	0	3	9
暨南大学	0	0	2	19
江南大学	7	0	3	11
兰州大学	0	0	1	20
辽宁大学	0	0	0	21
南昌大学	1	0	0	21
南京大学	15	0	4	2
南京航空航天大学	4	0	0	17
南京理工大学	3	0	0	18
南京林业大学	0	0	0	20
南京农业大学	1	0	2	17
南京师范大学	0	0	0	21
南京信息工程大学	3	0	0	18
南京邮电大学	2	0	0	19

续表

高校名称	优势专业数	传统专业数	潜力专业数	弱势专业数
南京中医药大学	0	0	0	17
南开大学	0	0	4	17
内蒙古大学	0	0	2	18
宁波大学	0	0	1	19
宁夏大学	0	0	0	20
青海大学	0	0	0	20
清华大学	11	0	10	0
厦门大学	0	0	7	14
山东大学	13	0	3	5
陕西师范大学	0	0	2	19
上海财经大学	0	0	0	3
上海大学	1	0	1	19
上海海洋大学	0	0	0	20
上海交通大学	8	0	6	7
上海体育学院	0	0	0	11
上海中医药大学	0	0	2	14
石河子大学	0	0	0	20
首都师范大学	0	0	3	18
四川大学	10	0	3	8
四川农业大学	2	0	0	19
苏州大学	2	0	5	14
太原理工大学	0	0	0	21
天津大学	14	0	3	4
天津工业大学	0	0	6	15
天津医科大学	0	0	0	19
天津中医药大学	0	0	0	14
同济大学	4	0	1	16
武汉大学	4	0	2	15
武汉理工大学	4	0	3	14
西安电子科技大学	3	0	5	13
西安交通大学	4	0	10	7
西北大学	0	0	6	15
西北工业大学	1	0	4	16
西北农林科技大学	0	0	0	21
西藏大学	0	0	0	11
西南财经大学	0	0	0	2
西南大学	0	0	4	17
西南交通大学	4	0	0	17

续表

高校名称	优势专业数	传统专业数	潜力专业数	弱势专业数
西南石油大学	2	0	1	18
新疆大学	0	0	0	20
延边大学	0	0	0	14
云南大学	0	0	2	18
长安大学	3	0	0	18
浙江大学	17	0	1	3
郑州大学	0	0	4	17
中国传媒大学	0	0	0	11
中国地质大学	2	0	2	16
中国海洋大学	0	0	5	15
中国科学技术大学	0	0	7	14
中国矿业大学	0	0	4	11
中国农业大学	6	0	0	15
中国人民大学	0	0	0	21
中国石油大学	5	0	0	16
中国药科大学	1	0	1	19
中国政法大学	0	0	0	7
中南财经政法大学	0	0	0	7
中南大学	5	0	2	14
中山大学	2	0	6	13
中央财经大学	0	0	0	3
中央民族大学	0	0	0	15
重庆大学	3	0	1	17

19.5 中国高校学科融合指数

19.5.1 数据与方法

多学科交叉融合是高校学科发展的必然趋势，也是产生创新性成果的重要途径。高校作为知识创新的重要阵地，多学科交叉融合是提高学科建设水平，提升高校创新能力的有力支撑。对高校学科交叉融合的分析可以帮助高校结合实际调整学科结构，促进多学科交叉融合。

学科融合指数的计算方法如下：根据 Scopus 数据中论文的学科分类体系，重新构建了一个高度 $h=6$ 的学科树（如图 19-3 所示）。学科树中每个节点代表一个学科，任意两个节点间的距离表示其代表的两个学科研究内容的相关性。距离越大表示学科相关性越弱，学科跨越程度越大。对一篇论文，根据其所属不同学科，在学科树中可以找到对应的节点并计算出该论文的学科跨越距离。统计各高校统计年度所有论文的学科跨越距离之和，定义为各高校的学科融合指数。

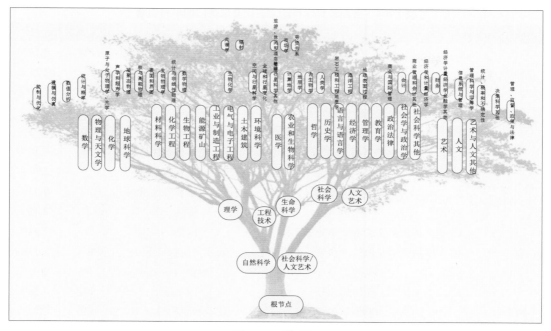

图 19-3 学科树

19.5.2 研究分析与结论

以 Scopus 收录的 2017 年高校论文为数据源，选取欧洲、美洲、亚洲、中国等不同地区国际学术影响力比较大的几所高校进行对比分析（如图 19-4 所示）。

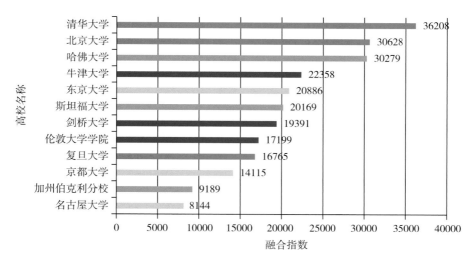

图 19-4 欧洲、美洲、亚洲和中国 12 所高校学科融合指数

各个高校最热门的跨学科组合及在全部论文中的所占有所不同（如表 19-4 所示）。

表 19-4　各高校跨学科论文占比及最热门的学科组合

高校名称	排名	学科组合		论文篇数	占比
哈佛大学	1	肿瘤	癌症研究	284	3.14%
	2	生物化学、遗传学和分子生物学	医学	247	2.73%
	3	分子生物学	细胞生物学	171	1.89%
斯坦福大学	1	生物化学、遗传学和分子生物学	医学	132	2.33%
	2	肿瘤	癌症研究	99	1.75%
	3	电气与电子工程	电子、光学和磁性材料	88	1.56%
加州伯克利分校	1	电气与电子工程	电子、光学和磁性材料	39	2.99%
	2	凝聚态物理	电子、光学和磁性材料	33	2.53%
	3	化学	催化	32	2.46%
剑桥大学	1	生物化学、遗传学和分子生物学	医学	116	2.44%
	2	生物化学、遗传学和分子生物学	农业和生物科学	101	2.13%
	3	机械工程	材料力学	98	2.06%
牛津大学	1	生物化学、遗传学和分子生物学	医学	152	2.56%
	2	生物化学、遗传学和分子生物学	农业和生物科学	136	2.29%
	3	医学	农业和生物科学	97	1.63%
伦敦大学学院	1	生物化学、遗传学和分子生物学	医学	135	3.00%
	2	生物化学、遗传学和分子生物学	农业和生物科学	114	2.54%
	3	医学	农业和生物科学	87	1.94%
京都大学	1	凝聚态物理	电子、光学和磁性材料	100	2.61%
	2	分子生物学	生物化学	98	2.56%
	3	化学	催化	83	2.17%
东京大学	1	凝聚态物理	电子、光学和磁性材料	225	3.92%
	2	电气与电子工程	电子、光学和磁性材料	211	3.68%
	3	凝聚态物理	电气与电子工程	136	2.37%
名古屋大学	1	分子生物学	生物化学	62	2.78%
	2	电气与电子工程	电子、光学和磁性材料	58	2.60%
	3	工程	物理与天文学	58	2.60%
清华大学	1	机械工程	材料力学	412	4.81%
	2	电气与电子工程	电子、光学和磁性材料	319	3.72%
	3	计算机科学应用	应用数学	303	3.54%
北京大学	1	肿瘤	癌症研究	265	3.06%
	2	生物化学、遗传学和分子生物学	医学	229	2.65%
	3	生物化学、遗传学和分子生物学	农业和生物科学	173	2.00%
复旦大学	1	肿瘤	癌症研究	218	4.58%
	2	生物化学、遗传学和分子生物学	医学	174	3.66%
	3	分子生物学	生物化学	116	2.44%

19.6　医疗机构医工结合排行榜

19.6.1　数据与方法

医学与工程学科交叉是现代医学发展的必然趋势。"医工结合"倡导学科间打破壁垒，围绕医学实际需求交叉融合、协同创新。医工结合不仅强调医学与医学以外的理工科的学科交叉，也包括医工与产业界的融合。从 2017 年开始，中国科学技术信息研究所开始评价和发布"中国医疗机构医工结合排行榜"。"中国医疗机构医工结合排行榜"设置 5 项指标表征"医工结合"创新过程中 3 个阶段的表现：从基础研究阶段开始，经过企业需求导向的应用研究阶段，再到成果转化形成产品阶段。5 项指标如下：

①发表 Ei 论文数。基于 2015—2017 年 Ei 收录的医疗机构论文数。

②发表工程技术类论文数。基于 2015—2017 年中国科技论文与引文数据库收录的医疗机构发表工程技术类的论文数。

③企业资助项目产出的论文数。基于 2015—2017 年中国科技论文与引文数据库统计医疗机构论文中获得企业资助的论文数。

④发明专利数。基于 2015—2017 年德温特世界专利索引收录的医疗机构专利数。

⑤与上市公司关联强度。基于 2015—2017 年中国上市公司年报数据库统计，从上市公司年报中所报道的人员任职、重大项目、重要事项等内容中，利用文本分析方法测度医疗机构与企业联系的范围和强度。

19.6.2　研究分析与结论

统计各医疗机构上述 5 项指标，经过标准化转换后计算得出了五维坐标的矢量长度数值，用于测度各医疗机构的医工结合水平。如表 19-5 所示为根据上述指标统计出的 2017 年医工结合排名居前 20 位的医疗机构。

表 19-5　医工结合居前 20 位的医疗机构

排名	医疗机构名称	计分	排名	医疗机构名称	计分
1	中国人民解放军总医院	188	11	第三军医大学附属大坪医院	74
2	北京协和医院	146	12	四川大学附属华西医院	72
3	南京医科大学第一附属医院	128	13	中南大学附属湘雅三医院	70
4	上海交通大学附属第六人民医院	109	14	中国人民解放军第三〇二医院	64
5	南京大学附属金陵医院	104	14	武汉大学附属人民医院	64
6	首都医科大学附属北京天坛医院	101	16	第三军医大学附属新桥医院	63
7	中国医学科学院肿瘤研究所	81	17	青岛大学附属医院	60
8	北京大学附属人民医院	80	18	广州军区广州总医院	58
9	重庆医科大学附属第一医院	79	19	北京大学附属第三医院	56
10	复旦大学附属华山医院	76	19	中山大学附属第一医院	56

19.7　中国高校国际合作地图

19.7.1　数据与方法

科学研究的国际合作是国家科技发展战略中的重要组成部分。通过加强国际合作，可以达到有效整合创新资源、提高创新效率的作用。因此，国际合作在建设世界一流高校和一流学科中具有非常重要的积极作用。对高校国际合作情况的分析从一定程度上可以反映出高校理论研究的能力、科研合作的管理能力和吸引外部合作的主导能力。

"中国高校国际合作地图"以中国高校与国外机构合作的论文数作为合作强度的评价指标。同时，评价方法强调合作关系中的主导作用。中国高校主导的国际合作论文的判断标准：①国际合作论文的作者中第一作者的第一单位所属国家为中国；②论文完成单位至少有一个国外单位。某高校主导的国际合作论文数越高，说明该高校科研创新能力及国际合作强度越高。

19.7.2　研究分析与结论

"中国高校国际合作地图"基于 2017 年 SCI 收录的论文数据，从学科领域的角度展示以中国高校为主导的论文国际合作情况。分别选取了中国的综合类院校北京大学、浙江大学、中山大学，工科类院校清华大学、上海交通大学、哈尔滨工业大学，以及农科类院校中国农业大学、西北农林科技大学来进行对比分析。表 19-6 分别列出了各高校国际合作论文数排名居前 3 位的学科领域及在相应学科领域中国际合作排名居前 3 位的国家。

表 19-6　基于学科领域的中国高校国际合作情况

高校名称	排名	国际合作论文篇数排名居前 3 位的学科领域	在相应学科领域国际合作论文篇数排名居前 3 位的国家
北京大学	1	物理学（198 篇）	美国（68 篇）、德国（19 篇）、日本（17 篇）
	2	地学（169 篇）	美国（72 篇）、澳大利亚（17 篇）、英国（13 篇）
	3	化学（163 篇）	美国（65 篇）、英国（10 篇）、德国（9 篇）
浙江大学	1	生物学（250 篇）	美国（103 篇）、澳大利亚（21 篇）、英国（16 篇）
	2	化学（217 篇）	美国（77 篇）、英国（19 篇）、新加坡（14 篇）
	3	电子、通信与自动控制（209 篇）	美国（55 篇）、英国（36 篇）、澳大利亚（20 篇）
中山大学	1	临床医学（166 篇）	美国（84 篇）、英国（14 篇）、澳大利亚（10 篇）
	2	生物学（159 篇）	美国（73 篇）、澳大利亚（13 篇）、加拿大（9 篇）
	3	地学（116 篇）	美国（40 篇）、澳大利亚（18 篇）、英国（9 篇）

高校名称	排名	国际合作论文篇数排名居前3位的学科领域	在相应学科领域国际合作论文篇数排名居前3位的国家
清华大学	1	物理学（240篇）	美国（104篇）、英国（27篇）、日本（24篇）
	2	电子、通信与自动控制（213篇）	美国（93篇）、英国（32篇）、加拿大（14篇）
	3	计算技术（181篇）	美国（80篇）、英国（27篇）、新加坡（10篇）
上海交通大学	1	物理学（168篇）	美国（56篇）、英国（25篇）、日本（16篇）
	2	电子、通信与自动控制（162篇）	美国（63篇）、澳大利亚（12篇）、加拿大（11篇）
	3	计算技术（140篇）	美国（56篇）、澳大利亚（13篇）、新加坡（10篇）
哈尔滨工业大学	1	材料科学（164篇）	美国（45篇）、英国（27篇）、日本（11篇）
	2	化学（159篇）	美国（70篇）、英国（17篇）、加拿大（9篇）
	3	电子、通信与自动控制（159篇）	美国（24篇）、英国（19篇）、加拿大（18篇）
中国农业大学	1	生物学（183篇）	美国（99篇）、英国（13篇）、加拿大（8篇）
	2	农学（141篇）	美国（79篇）、德国（10篇）、澳大利亚（8篇）
	3	基础医学（54篇）	美国（18篇）、澳大利亚（13篇）、日本（5篇）
西北农林科技大学	1	生物学（193篇）	美国（80篇）、加拿大（19篇）、澳大利亚（13篇）
	2	农学（72篇）	美国（26篇）、加拿大（18篇）、澳大利亚（10篇）
	3	环境（44篇）	美国（15篇）、加拿大（8篇）、澳大利亚（5篇）

19.8 中国高校科教协同融合指数

19.8.1 数据与方法

2018年5月28日，习近平总书记在两院院士大会上提出了对科技创新和人才培养的指示要求："中国要强盛、要复兴，就一定要大力发展科学技术，努力成为世界主要科学中心和创新高地""谁拥有了一流创新人才、拥有了一流科学家，谁就能在科技创新中占据优势"。6月11日，科技部、教育部召开科教协同工作会议，研究推动高校科技创新工作，加强新时代科教协同融合。中国高校作为科学研究和人才培养的重要阵地，是国家创新体系的重要组成部分。构建科学合理的高校科技创新能力评价体系是新时代科教协同融合的"指挥棒"，对提高高校科技创新能力、提升高校科研水平具有重要的推动和引导作用。

"中国高校科教协同融合指数"在中国高校科技创新能力评价体系中融入科学研究和人才培养的要素，从学科领域层面基于创新投入、创新产出、学术影响力和人才培养4个方面设置9项指标。其中，创新投入用获批项目数和获批项目经费来表征，创新产出用发表论文数和发明专利数来表征，学术影响力用论文被引次数和专利被引次数来表征，人才培养用活跃R&D人员数、国际合作强度和国际合作广度来表征。具体指标说明如下：

①获批项目数。基于 2017 年度中国高校获批的国家自然科学基金项目数据统计中国高校获批的项目数量，包括创新研究群体项目、地区科学基金项目、国际（地区）合作与交流项目、国家重大科研仪器研制项目、海外与港澳学者合作研究基金、联合基金项目、国家自然科学基金面上项目、国家自然科学基金青年科学基金项目、应急管理项目、优秀青年科学基金项目、国家自然科学基金重大项目、重大研究计划、重点项目、专项基金项目。

②获批项目经费。基于 2017 年度中国高校获批的国家自然科学基金项目数据统计中国高校获批的项目总经费。

③发表论文数。基于 2017 年 SCI 收录的论文数据，统计中国高校发表的论文数。

④发明专利数。基于 2017 年德温特世界专利索引和专利引文索引收录的中国高校专利，统计高校发明的专利数。

⑤论文被引次数。基于 2017 年 SCI 收录的论文数据，统计中国高校发表的论文被引用的总次数。

⑥专利被引次数。基于 2017 年德温特世界专利索引和专利引文索引收录的中国高校专利，统计高校发明专利的总被引次数，用于测度专利学术传播能力。

⑦活跃 R&D 人员数。基于 2017 年 SCI 收录的论文数据，统计中国高校发表 SCI 论文的作者数。

⑧国际合作强度。基于 2017 年 SCI 收录的论文数据，统计中国高校主导的国际合作论文篇数。

⑨国际合作广度。基于 2017 年 SCI 收录的论文数据，统计中国高校主导的国际合作涉及的国家数。

19.8.2　研究分析与结论

统计各个高校上述 9 项指标，经过标准化转换后计算得出高校在创新投入、创新产出、学术影响力和人才培养 4 个方面的得分，求和得到各个高校的科教协同融合指数。如表 19-7 所示为双一流高校中分别在数理科学、化学科学、生命科学、地球科学、工程与材料科学、医学科学、信息科学、管理科学 8 个学科领域里科教协同融合指数排名居前 3 位的高校。

表 19-7　不同学科领域科教协同融合指数排名居前 3 位的高校

学科领域	高校名称
数理科学	清华大学、北京大学、中国科学技术大学
化学科学	浙江大学、清华大学、华南理工大学
生命科学	浙江大学、中国农业大学、华中农业大学
地球科学	中国地质大学、武汉大学、南京大学
工程与材料科学	清华大学、西安交通大学、哈尔滨工业大学
医学科学	中山大学、上海交通大学、复旦大学
信息科学	电子科技大学、清华大学、浙江大学

19.9 中国医疗机构科教协同融合指数

19.9.1 数据与方法

医院的可持续发展需要人才的培养与技术创新，创建研究型医院是中国医院可持续发展的成功模式，也是提高医院核心竞争力的重要途径，更是建设国际一流医院的必由之路。"中国医疗机构科教协同融合指数"在科技创新能力评价体系中融入科学研究和人才培养的要素，从学科领域层面基于创新投入、创新产出、学术影响力和人才培养4个方面设置9项指标。其中，创新投入用获批项目数和获批项目经费来表征，创新产出用发表论文数和发明专利数来表征，学术影响力用论文被引次数和专利被引次数来表征，人才培养用活跃 R&D 人员数、国际合作强度和国际合作广度来表征。具体指标说明如下：

①获批项目数。基于 2017 年度中国医疗机构获批的国家自然科学基金项目数据统计中国高校获批的项目数量，包括创新研究群体项目、地区科学基金项目、国际（地区）合作与交流项目、国家重大科研仪器研制项目、海外与港澳学者合作研究基金、联合基金项目、面上项目、青年科学基金项目、应急管理项目、优秀青年科学基金项目、重大项目、重大研究计划、重点项目、专项基金项目。

②获批项目经费。基于 2017 年度中国医疗机构获批的国家自然科学基金项目数据统计中国高校获批的项目总经费，包括创新研究群里项目、地区科学基金项目、国际（地区）合作与交流项目、国家重大科研仪器研制项目、海外与港澳学者合作研究基金、联合基金项目、国家自然科学基金面上项目、国家自然科学基金青年科学基金项目、应急管理项目、优秀青年科学基金项目、国家自然科学基金重大项目、重大研究计划、重点项目、专项基金项目。

③发表论文数。基于 2017 年 SCI 收录的论文数据统计中国医疗机构发表的论文数。

④发明专利数。基于 2017 年德温特世界专利索引和专利引文索引收录的中国医疗机构专利，统计高校发明的专利数。

⑤论文被引次数。基于 2017 年 SCI 收录的论文数据，统计中国医疗机构发表的论文被引用的总次数。

⑥专利被引次数。基于 2017 年德温特世界专利索引和专利引文索引收录的中国医疗机构专利，统计医疗机构发明专利的总被引次数，用于测度专利学术传播能力。

⑦活跃 R&D 人员数。基于 2017 年 SCI 收录的论文数据，统计中国医疗机构发表 SCI 论文的作者数。

⑧国际合作强度。基于 2017 年 SCI 收录的论文数据，统计中国医疗机构主导的国际合作论文篇数。

⑨国际合作广度。基于 2017 年 SCI 收录的论文数据，统计中国医疗机构主导的国际合作涉及的国家数。

19.9.2   研究分析与结论

统计各个医疗机构上述 9 项指标，经过标准化转换后计算得出医疗机构在创新投入、创新产出、学术影响力和人才培养 4 个方面的得分，求和得到各个医疗机构的科教协同融合指数。如表 19-8 所示为分别在数理科学、化学科学、生命科学、地球科学、工程与材料科学、医学科学、信息科学、管理科学 8 个学科领域里科教协同融合指数排名居前 3 位的医疗机构。

表 19-8   不同学科领域科教协同融合指数排名居前 3 位的医疗机构

学科领域	医疗机构名称
数理科学	复旦大学附属中山医院；中山大学附属第一医院；四川大学附属华西医院
化学科学	四川大学附属华西医院；郑州大学第一附属医院；中国医学科学院肿瘤医院
生命科学	四川大学附属华西医院；中国人民解放军总医院；中南大学附属湘雅医院
地球科学	四川大学附属华西医院；复旦大学附属中山医院；上海交通大学附属新华医院
工程与材料科学	四川大学附属华西医院；中国人民解放军总医院；四川大学附属华西口腔医院
医学科学	四川大学附属华西医院；中国人民解放军总医院；中南大学附属湘雅医院
信息科学	中国人民解放军总医院；同济大学附属东方医院；第三军医大学附属新桥医院

19.10   讨论

本章以中国科研机构作为研究对象，从中国高校科研成果转化、中国高校学科发展布局、中国高校学科交叉融合、中国高校国际合作地图、中国医疗机构医工结合、中国高校科教协同融合指数、中国医疗机构科教协同融合指数等多个角度进行了统计和分析，我们可以得出：

①产学共创能力排名居前 3 位的高校是清华大学、华北电力大学和中国石油大学。

②从高校学科布局来看，北京大学、浙江大学、清华大学、上海交通大学已接近国际一流高校水平。

③学科融合程度排名居前 3 位的中国高校是清华大学、北京大学和复旦大学。

④医工结合排名居前 3 位的医疗机构是中国人民解放军总医院、北京协和医院和南京医科大学第一附属医院。

20　中国作者的国际论文将为
进入创新型国家做贡献
——科技论文可作为进入创新型国家的定量指标之一

20.1　前言

　　科技部部长王志刚在 2019 年 3 月 10 日全国两会新闻记者会上表示，到 2020 年要进入创新型国家，这是个非常重要的时刻，也是个重大的任务。什么叫作进入创新型国家？可能要有一个基本的界定。2019 年科技部召开的全国科技工作会议上，我们对创新型国家进行了一个描述，即科技实力和创新能力要走在世界前列。具体来讲，应该从定性和定量两方面来看这个事情。从定量来讲，2018 年我们国家按照世界知识产权组织排名，综合科技创新排在第 17 位，到 2020 年原定目标在 15 位左右。另外，我们的科技贡献率要达到 60%，2018 年达到了 58.5%。同时，还有一些定量指标，如研发投入、论文数、专利数、高新区等。

　　就科技论文方面，中国近年来已有不俗的表现：自然科学基金委员会杨卫主任曾在《光明日报》发文说：“中国学科发展的全面加速出人意料。”材料科学、化学、工程科学 3 个学科发展进入总量并行阶段，发表的论文数均居世界第 1 位，学术影响力超过或接近美国。由数学、物理学、天文学、信息系统科学等学科组成的数理科学群虽尚不及美国，但亮点纷呈。例如，在几何与代数交叉、量子信息学、暗物质、超导、人工智能等方面成果突出。大生命科学高速发展。宏观生命科学领域，如农业科学、药物学、生物学等发展接近于世界前列，中国高影响力研究工作占世界份额达到甚至超过总学术产出占世界的份额。中国各学科领域加权的影响力指数接近世界均值。

　　2017 年中国 SCI 论文的产出达 309898 篇，比 2016 年的 278000 篇增加 31898 篇，增长 11.47%。在论文数增长的同时，中国科技论文质量和国际影响力也有一定的提升。中国国际论文被引次数排名上升，高被引数增加，国际合著论文占比超过四分之一，参与国际大科学和大科学工程产出的论文数持续增加。其保障因素之一是中国的研发人员规模已居世界第 1 位，已形成了规模庞大、学科齐备、结构完善的科技人才体系，科技人员能力与素质显著提升，为科技和经济发展奠定了坚实的基础。人才是科学技术研究最关键的因素。“十二五”以来，中国研发人员已由 2010 年的 255.4 万人年增加到 2014 年的 371.1 万人年；“十二五”前 4 年，中国累计培养博士毕业生 20.9 万人，年度海外学成归国人员由 2010 年的 13.5 万人迅速提高到 2014 年的 36.5 万人。再一重大保障是中国 2013 年 R&D 经费支出已居世界第 2 位。

　　2011—2017 年，中国的基础科学研究经费投入从 411.8 亿元增长到 920 亿元，增长 123.4%，90% 为政府财政投入。“十一五”末期，中国 R&D 经费支出总额排名在美国和日本之后，居世界第 3 位。到 2013 年，中国已经超越日本，成为世界第二大 R&D 经费支出国，经费规模接近美国的二分之一，是日本的 1.1 倍，中国 R&D 投入强度已接近欧盟 15 国的整体水平。

国家财政对研发经费的大力投入，中国科研人员的增加及科研的积累和研究环境的宽松，是科技论文质量和学术影响力提升的保证。反映基础研究成果的 SCI 论文数已连续多年排名世界第 2 位，仅落后于美国。论文数增加了，中国论文的影响力如何？为了做一对比，我们仍按上一年的 9 个反映论文影响力的指标做出统计和简要分析（中国的卓越论文已在第 9 章专论，本章不再述及）。

20.2 中国具有国际影响力的各类论文简要统计和分析

20.2.1 中国在国际合作的大科学和大科学工程项目中的机构和人员增多

大科学研究一般来说是具有投资强度大、多学科交叉、实验设备庞大复杂、研究目标宏大等特点的研究活动，大科学工程是科学技术高度发展的综合体现，是显示各国科技实力的重要标志，中国经过多年的努力和科技力量的积蓄，已与当前科技强国的美国、欧洲、日本等开展平等合作，为参与制定国际标准，在解决全球性重大问题上做出了应有的贡献。

"大科学"（Big Science，Megascience，Large Science）是国际科技界近年来提出的新概念。从运行模式来看，大科学研究国际合作主要分为 3 个层次：科学家个人之间的合作、科研机构或大学之间的对等合作（一般有协议书）、政府间的合作（有国家级协议，如国际热核聚变实验研究 ITER、欧洲核子研究中心的强子对撞机 LHC 等）。

就其研究特点来看，主要表现为：投资强度大、多学科交叉、需要昂贵且复杂的实验设备、研究目标宏大等。根据大型装置和项目目标的特点，大科学研究可分为两类：

第一类是需要巨额投资建造、运行和维护大型研究设施的"工程式"的大科学研究，又称"大科学工程"，其中包括预研、设计、建设、运行、维护等一系列研究开发活动。如国际空间站计划、欧洲核子研究中心的大型强子对撞机计划（LHC）、Cassini 卫星探测计划、Gemini 望远镜计划等，这些大型设备是许多学科领域开展创新研究不可缺少的技术和手段支撑，同时，大科学工程本身又是科学技术高度发展的综合体现，是各国科技实力的重要标志。

第二类是需要跨学科合作的大规模、大尺度的前沿性科学研究项目，通常是围绕一个总体研究目标，由众多科学家有组织、有分工、有协作、相对分散开展研究，如人类基因图谱研究、全球变化研究等即属于这类"分布式"的大科学研究。

多年来，中国科技工作者已参与了各项国际大科学计划项目，和国际同行们合作发表了多篇论文，2017 年，中国参与的作者数大于 1000 人、机构数大于 50 个的国际大科学论文有 265 篇，比 2016 年的 229 篇增加 36 篇。2010—2017 年的 6 年间，发表论文 1411 篇，呈逐年上升之势。涉及的学科为高能物理、天文学、天体物理、大型仪器和生命科学。2017 年，世界有 123 个国家（地区）的科技人员参加了大科学的合作研究并产出论文，参加大科学和大工程合作国际研究的国家和地区更加扩大，人员增多。

国家（地区）数由 98 个增到 123 个。除一些科技发达国外，一些第三世界国家（地区）的科技工作者也参与了大科学项目的研究工作（如表 20-1 所示）。在中国参与的近 100 个单位中，除高等院校、研究院所外，2017 年，有比较多的医疗单位参与了大科学合作研究项目。参加的高等院校、研究院所和医疗机构如表 20-2、表 20-3、表 20-4 所示。作者数大于 100 人、机构数大于 50 个的论文数共计 519 篇，比 2016 年的 498 篇增加 21 篇，涉及的学科主要为高能物理、仪器仪表、生命科学方面。在 519 篇论文中，以中国大陆单位为牵头的论文数由 2016 年的 27 篇增加到 40 篇，参与合作研究的国家（地区）有 29 个，如表 20-5 所示，涉及的学科有高能物理、核物理和生命科学。40 篇论文中，中国牵头单位中国科学院高能物理所 38 篇，中国科学院昆明植物所和山东大学物理学院各 1 篇。参与单位如表 20-6 所示。

表 20-1　2017 年参加大科学合作研究产出论文作者的国家（地区）

国家（地区）	论文篇数	国家（地区）	论文篇数	国家（地区）	论文篇数	国家（地区）	论文篇数
德国	265	克罗地亚	145	巴勒斯坦	83	加纳	1
中国	265	日本	145	印尼	29	喀麦隆	1
巴西	264	乌克兰	145	古巴	27	科特迪瓦	1
法国	264	巴基斯坦	143	秘鲁	27	科威特	1
美国	264	泰国	143	威尔士	27	肯尼亚	1
意大利	264	丹麦	131	摩纳哥	11	黎巴嫩	1
英格兰	264	瑞典	130	沙特阿拉伯	11	卢森堡	1
俄罗斯	263	罗马尼亚	128	北爱尔兰	6	马其顿	1
西班牙	263	南非	126	乔治亚州	4	毛里求斯	1
波兰	261	澳大利亚	125	委内瑞拉	4	蒙古	1
匈牙利	259	斯洛伐克	123	乌兹别克斯坦	4	孟加拉国	1
瑞士	253	新西兰	123	冰岛	3	缅甸	1
奥地利	242	爱尔兰	122	尼日利亚	3	摩尔多瓦	1
捷克	242	苏格兰	122	乌干达	3	莫桑比克	1
希腊	242	挪威	121	波斯尼亚与黑塞哥维那	2	纳米比亚	1
土耳其	238	立陶宛	120	哈萨克斯坦	2	尼泊尔	1
亚美尼亚	237	加拿大	119	马耳他	2	塞舌尔	1
中国台湾	232	埃及	118	伊拉克	2	苏里南	1
葡萄牙	217	爱沙尼亚	118	阿尔巴尼亚	1	所罗门群岛	1
哥伦比亚	213	塞浦路斯	118	阿尔及利亚	1	坦桑尼亚	1
白俄罗斯	211	伊朗	117	阿联酋	1	汤加	1
塞尔维亚	210	拉脱维亚	114	埃塞俄比亚	1	突尼斯	1
保加利亚	209	斯里兰卡	114	巴巴多斯	1	文莱	1
马来西亚	209	厄瓜多尔	112	巴拿马	1	乌拉圭	1

续表

国家（地区）	论文篇数	国家（地区）	论文篇数	国家（地区）	论文篇数	国家（地区）	论文篇数
格鲁吉亚	207	卡塔尔	110	贝宁	1	新加坡	1
印度	170	阿塞拜疆	108	波多黎各	1	牙买加	1
韩国	167	斯洛文尼亚	99	菲律宾	1	也门	1
芬兰	149	阿根廷	98	斐济	1	约旦	1
荷兰	148	摩洛哥	97	哥斯达黎加	1	越南	1
墨西哥	147	以色列	97	黑山	1		
比利时	145	智利	96	吉尔吉斯斯坦	1		

表 20-2 2017 年参加大科学国际合作研究产出的高等院校

序号	高等院校	序号	高等院校	序号	高等院校
1	安徽师范大学	10	内蒙古医科大学	19	新疆医科大学
2	北京大学	11	清华大学	20	浙江大学
3	北京航空航天大学	12	山东大学	21	中国电子科技大学
4	北京师范大学	13	上海交通大学	22	中国科技大学
5	第三军医大学	14	首都医科大学	23	中国科学院大学
6	桂林电子科技大学	15	天津师范大学	24	中南大学
7	华中师范大学	16	香港大学	25	中山大学
8	南京大学	17	香港科技大学		
9	南京师范大学	18	香港中文大学		

表 20-3 2017 年参加大科学国际合作的研究院所

序号	研究院所	序号	研究院所
1	北京疾控中心	8	中国科学院等离子体所
2	国家疾控中心	9	中国科学院高能物理所
3	量子物质科学协同创新中心	10	中国科学院上海天文台
4	农业部食物与营养发展所	11	中国科学院云南天文台
5	首都儿科所	12	中国科学院紫金山天文台
6	中国疾控中心	13	中国原子能研究院
7	中国科学院北京天文台		

表 20-4 2017 年参加大科学国际合作的医疗机构

序号	医疗机构	序号	医疗机构	序号	医疗机构
1	蚌埠医学院第一附属医院	6	复旦大学中山医院	11	杭州师范大学附院
2	第三军医大学大坪医院	7	广东省人民医院	12	河北医科大学第三医院
3	第三军医大学西南医院	8	广州第十二人民医院	13	湖州中心医院
4	东南大学中大医院	9	贵阳医学院附院	14	华西医院
5	复旦大学儿童医院	10	杭州红十字医院	15	华中科技大学同济医院

续表

序号	医疗机构	序号	医疗机构	序号	医疗机构
16	嘉兴学院附属第二医院	27	天津医科大学总医院	38	香港东方医院
17	开滦总医院	28	温州医科大学附属第一医院	39	香港仁济医院
18	南昌大学附属第一医院	29	武汉大学人民医院	40	香港屯门医院
19	南昌大学第二附属医院	30	香港北区医院	41	香港威尔斯亲王医院
20	南方医科大学南方医院	31	香港博爱医院	42	香港那打素医院
21	宁波大学李惠利医院	32	香港广华医院	43	香港伊丽莎白女王医院
22	宁波第二医院	33	香港基督教联合医院	44	浙江丽水人民医院
23	宁波第一医院	34	香港律敦治医院	45	浙江省人民医院
24	山西省人民医院	35	香港玛格丽特公主医院	46	郑州大学第一附属医院
25	山西医科大学附属第二医院	36	香港玛丽医院	47	中国医科大学第一医院
26	首都医科大学安贞医院	37	香港明爱医院	48	遵义医学院附属医院

表 20-5　2017 年参加以中国为主的国际合作研究的国家（地区）

序号	国家（地区）	序号	国家（地区）	序号	国家（地区）
1	阿曼	11	捷克	21	沙特阿拉伯
2	埃及	12	克罗地亚	22	泰国
3	巴基斯坦	13	老挝	23	土耳其
4	巴西	14	毛里求斯	24	新西兰
5	波兰	15	美国	25	意大利
6	德国	16	蒙古	26	印度
7	俄罗斯	17	挪威	27	英格兰
8	厄立特里亚	18	葡萄牙	28	中国
9	韩国	19	瑞典	29	中国台湾
10	荷兰	20	塞浦路斯	30	中国香港

表 20-6　2017 年参加以中国为主的国际合作研究的单位

序号	单位	序号	单位
1	北京大学	13	杭州师范大学
2	北京航空航天大学	14	河南科技大学
3	北京林业大学	15	河南师范大学
4	北京农林科学院	16	核探测与核电子学国家重点实验室
5	北京石油化工学院	17	湖南大学
6	大理学院	18	华中师范大学
7	东南大学	19	黄山学院
8	广东微生物所	20	济南大学
9	广西大学	21	昆明理工大学
10	广西师范大学	22	兰州大学
11	贵州大学	23	辽宁大学
12	贵州农科院	24	辽宁科技大学

序号	单位	序号	单位
25	南华大学	39	香港浸会大学
26	南京大学	40	云南省农业科学院
27	南京师范大学	41	浙江大学
28	南开大学	42	郑州大学
29	清华大学	43	中国科技大学
30	山东大学	44	中国科学院
31	山西大学	45	中国科学院大学
32	上海交通大学	46	中国科学院高能物理所
33	世界农林中亚东亚中心	47	中国科学院近代物理所
34	四川大学	48	中国科学院昆明植物所
35	苏州大学	49	中国科学院上海应用物理所
36	台湾成功大学	50	中国科学院微生物所
37	台湾大学	51	中国先进科技中心
38	武汉大学	52	中山大学

2016 年 9 月 25 日，有着"超级天眼"之称的 500 米口径球面射电望远镜已在中国贵州平塘的喀斯特洼坑中落成启用，吸引着世界目光。1609 年，意大利科学家伽利略用自制的天文望远镜发现了月球表面高低不平的环形山，成为利用望远镜观测天体第一人。400 多年后，代表中国科技高度的大射电望远镜，将首批观测目标锁定在直径 10 万光年的银河系边缘，探究恒星起源的秘密，也将在世界天文史上镌刻下新的刻度。这个里程碑的大科学事件是中国为世界做出的极大贡献，是一个极其重要的大科学工程。随着中国科技实力的增强，参与国际大科学研究人员和研究机构将会增多，特别是会在以我方为主的大科学项目的研究中，将产生大量高质量、高影响的论文。

2019 年，科技部主任王志刚介绍，目前，中国已与 160 个国家建立科技合作关系，签署政府间合作协议 114 项，人才交流协议 346 项，参加国际组织和多边机制超过 200 个，积极参与了国际热核聚变等一系列国际大科学计划和工程。2018 年累计发放外国人才工作许可证 33.6 万份，在中国境内工作的外国人超过 95 万人。可以说，中国已开始具备主持大科学工程项目研究的条件了。

20.2.2　被引次数居世界各学科前 0.1% 的论文数继续增加

2017 年中国作者发表的论文中，被引次数进入各学科前 0.1% 的论文数为 1467 篇，比 2016 年的 1059 篇增加 408 篇，增长 38.5%。第一作者为大陆的论文为 1150 篇，比 2016 年的 741 篇增加 49 篇，增长 55.2%。进入被引次数居世界前 0.1% 的学科数由 2016 年的 26 个增到 32 个。化学学科的论文数由 151 篇增到 283 篇，增加 132 篇，增长 87.4%。环境科学论文数有较多的增加，由 34 篇增到 194 篇，增长了 4 倍多。由此，环境科学的论文数居第 2 位。论文数居前 5 位的学科为：化学，环境科学，化工，数学和电子、通信与自动控制（如表 20-7 和图 20-1 所示）。

表 20-7   2017 年被引次数居前 0.1% 的中国各学科论文数

学科	论文篇数	学科	论文篇数	学科	论文篇数
化学	283	能源科学技术	33	食品	3
环境科学	194	药物学	24	交通运输	3
化工	82	信息、系统科学	18	畜牧、兽医	2
数学	72	临床医学	18	水产学	2
电子、通信与自动控制	71	农学	13	轻工、纺织	2
计算技术	69	管理学	8	水利	2
物理学	57	基础医学	7	林学	1
生物学	57	预防医学与卫生学	5	工程与技术基础学科	1
材料科学	38	天文学	3	土木建筑	1
地学	37	机械、仪表	3	航空航天	1
力学	36	核科学技术	3		

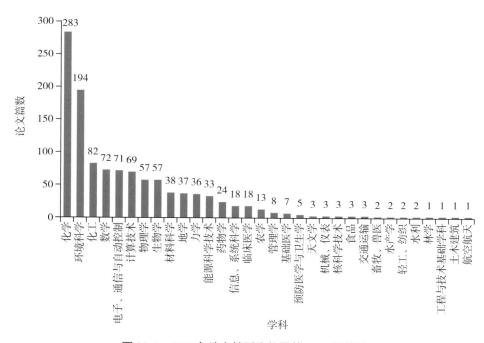

图 20-1   2017 年论文被引次数居前 0.1% 的学科

　　1150 篇大陆第一作者论文中，中国高等院校（仅计校园本部，不含附属机构）188 所，共发表 1002 篇论文，占 87.1%；研究院所 57 个，共发表 114 篇，占 9.9%；医疗机构 26 个，共发表 31 篇，占 2.7%。发表 10 篇以上的单位 31 个，比 2016 年的 15 个增加 16 个（如表 20-8 所示）。与 2016 年相比，高等院校、研究院所和医疗机构发表该类论文的单位数和论文数都有所增加。发表论文的高等院校数由 164 个增到 188 个，发表论文数由 621 篇增到 1002 篇；研究院所由 51 个增到 57 个，发表论文数由 96 篇增到 114 篇；医疗机构由 19 个增到 26 个，发表论文数由 22 篇增到 31 篇。发表 10 篇以上的单位由 15

个增到 31 个。发表该类论文的单位中，湖南大学非常突出，以发表 45 篇居各单位之首。发表 10 篇以上的 31 个单位中，除中国科学院化学所外，其余都是中国的大学。

表 20-8　2017 年发表各学科被引次数前 0.1% 论文 10 篇以上的单位

单位	论文篇数	单位	论文篇数	单位	论文篇数
湖南大学	45	中国科学技术大学	18	福州大学	12
清华大学	40	华中科技大学	17	南开大学	12
华南理工大学	32	北京航空航天大学	16	武汉大学	12
武汉理工大学	32	中国矿业大学徐州	16	上海交通大学	11
苏州大学	22	中南大学	15	四川师范大学	11
浙江大学	22	华北电力大学	14	天津大学	11
北京大学	21	南京大学	14	西安交通大学	11
哈尔滨工业大学	20	四川大学	14	重庆大学	11
中国科学院化学研究所	19	同济大学	14	电子科技大学	10
东南大学	18	中山大学	13		
西北工业大学	18	北京科技大学	12		

20.2.3　中国各学科影响因子首位期刊中的论文数还在上升

2017 年 JCR 176 个学科中，各学科影响因子（IF）居首位的国家及学科数与 2016 年相比，有了一点变化，即国家数增多，由 9 个增到 11 个，美国拥有的学科数减少，亚洲有 2 个国家期刊进入学科影响因子首位。不过，期刊学科影响因子居首位的国家还是科技较发达的国家居多。美国 83 个，英国 61 个，荷兰 16 个，德国 7 个，爱尔兰 2 个，中国 2 个，澳大利亚、加拿大、丹麦、意大利、新加坡和瑞士各 1 个。由以上数据可以看出，在 176 个学科中，期刊的影响因子排在首位的国家基本上都是科技发达的欧美国家，能在这类期刊中发表论文具有一定的难度，发表以后会产生较大的影响。由于期刊的学科交叉，一种期刊可能交叉出现在多个学科中，因此，176 个学科影响因子首位的期刊实际只有 152 种。中国 2017 年在其中的 128 种期刊中有论文发表。

2017 年，大陆作者在 SCI 各主题学科影响因子首位期刊中发表论文 6626 篇，比 2016 年增加 356 篇，分布于我们划分的 29 个学科中，多于 100 篇的学科由 11 个增到 14 个，化学、能源科学技术、材料科学的发表数仍居前 3 位，如表 20-9 和图 20-2 所示。没有论文发表的学科有：数学，中医学，测绘科学技术，矿山工程技术，冶金、金属学，动力与电气，食品，交通运输，安全科学技术和管理学。

表 20-9　176 个影响因子居首位期刊的学科论文

学科	论文篇数	学科	论文篇数	学科	论文篇数
化学	1498	基础医学	124	土木建筑	31
能源科学技术	986	信息、系统科学	118	药物学	27

续表

学科	论文篇数	学科	论文篇数	学科	论文篇数
材料科学	727	生物学	117	工程与技术基础学科	18
环境科学	669	农学	106	军事医学与特种医学	10
电子、通信与自动控制	631	临床医学	94	航空航天	6
地学	407	林学	84	水产学	2
物理学	235	化工	72	其他	1
水利	222	机械、仪表	49	力学	1
计算技术	175	核科学技术	35	天文学	1
轻工、纺织	147	预防医学与卫生学	32	畜牧、兽医	1

数据来源：SCIE 2017。

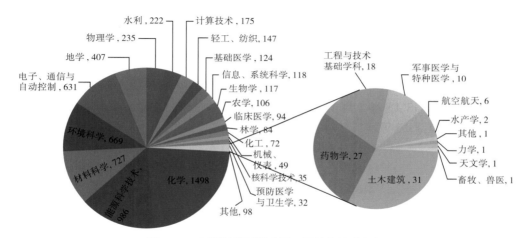

图 20-2　各学科期刊影响因子居首位的论文数

影响因子居首位的 152 种期刊中，大陆作者只在其中的 128 种期刊（比 2016 年增加 11 种）中有论文发表。发表论文数大于 1000 篇的期刊 1 种，仍为 *APPLIED SURFACE SCIENCE*，大于 100 篇的 15 种（也比 2016 年增加 1 种），如表 20-10 所示。可喜的是，中国也有 2 种期刊的影响因子居学科首位，同时也发表了这类论文，一种是 *Asian Journal of Andrology*，发表了 52 篇；另一种是 *Fungal Diversity*，发表了 13 篇。

表 20-10　各学科影响因子居首位期刊中发表论文数大于 100 篇的期刊

期刊名称	论文篇数
APPLIED SURFACE SCIENCE	1342
BIORESOURCE TECHNOLOGY	712
APPLIED CATALYSIS B-ENVIRONMENTAL	508
IEEE TRANSACTIONS ON INDUSTRIAL ELECTRONICS	381
ORE GEOLOGY REVIEWS	240

续表

期刊名称	论文篇数
IEEE TRANSACTIONS ON CYBERNETICS	239
WATER RESEARCH	222
JOURNAL OF THE EUROPEAN CERAMIC SOCIETY	216
RENEWABLE & SUSTAINABLE ENERGY REVIEWS	193
COMPOSITES SCIENCE AND TECHNOLOGY	190
BIOMATERIALS	165
ULTRASONICS SONOCHEMISTRY	149
CELLULOSE	147
ACTA MATERIALIA	142
IEEE TRANSACTIONS ON INDUSTRIAL INFORMATICS	118

注：论文数中仅含文献类型中的 Article 和 Review。

　　2017 年，中国作者发表于期刊影响因子居学科首位期刊中的论文为 6626 篇，比 2016 年增加 357 篇，增长 5.7%，分布于大陆 703 个机构，其中高等院校（只计校园本部）461 所，比 2016 年增加 86 所，发表论文 5699 篇，增加 536 篇，占 86.0%；研究院所 210 个，发表论文 884 篇，占 13.3%；另有公司等部门 13 个，发表 14 篇。发表 50 篇以上的高等院校 34 所，比 2016 年增加 7 所，哈尔滨工业大学和清华大学仍保持前两位，论文数均有所增加，如表 20-11 所示。在 210 个研究机构中，发表 20 篇以上的研究院所仅有 9 个，比 2016 年减少 1 个，中国科学院生态环境中心发表 44 篇，仍居第 1 位，但发表数减少，如表 20-12 所示。发表 3 篇的医疗机构由 2016 年的 17 个增到 22 个，居首位的四川大学华西医院发表数由 13 篇增到 18 篇，如表 20-13 所示。

表 20-11　各学科影响因子居首位期刊中论文数大于 50 篇的高等院校

高等院校	论文篇数	高等院校	论文篇数	高等院校	论文篇数
哈尔滨工业大学	201	武汉大学	78	中山大学	65
清华大学	171	山东大学	74	重庆大学	64
华南理工大学	149	同济大学	73	北京科技大学	61
天津大学	122	中国科技大学	73	江苏大学	61
浙江大学	119	武汉理工大学	70	吉林大学	55
上海交通大学	114	中国地质大学（北京）	70	西北农林科技大学	55
西安交通大学	101	四川大学	69	北京理工大学	53
华中科技大学	92	湖南大学	67	中国地质大学（武汉）	51
北京大学	89	复旦大学	66	北京化工大学	50
南京大学	82	华东理工大学	65	东南大学	50
大连理工大学	80	西北工业大学	65		
北京航空航天大学	78	中南大学	65		

表 20-12　影响因子居首位期刊中论文数大于 20 篇的研究院所

研究院所	论文篇数	研究院所	论文篇数
中国科学院生态环境研究中心	41	中国地质科学院矿产资源研究所	25
中国科学院广州地球化学研究所	32	中国科学院金属研究所	25
中国科学院兰州化学物理研究所	27	中国科学院宁波材料技术所	23
中国科学院地理科学与资源研究所	26	中国科学院自动化研究所	22
中国科学院上海硅酸盐研究所	26		

表 20-13　影响因子居首位期刊中论文数大于 3 篇的医疗机构

医疗机构	论文篇数	医疗机构	论文篇数
四川大学华西医院	18	解放军总医院	4
复旦大学附属华山医院	8	南京军区南京总医院	4
复旦大学附属肿瘤医院	6	首都医科大学北京同仁医院	3
北京大学第三医院	5	复旦大学附属中山医院	3
海军军医大学长海医院	5	华中科技大学同济医院	3
南方医科大学南方医院	5	山东省立医院	3
山东大学齐鲁医院	5	上海交通大学第九人民医院	3
上海交通大学仁济医院	5	上海交通大学第一人民医院	3
上海交通大学瑞金医院	5	浙江大学附属第一医院	3
浙江大学附属第二医院	5	医科院肿瘤医院	3
南京大学鼓楼医院	4	重庆医科大学附属第二医院	3

20.2.4　影响因子、总被引次数同时居学科前 1/10 区期刊中的论文数又有增加

总被引次数和影响因子同时居学科前 1/10 的期刊，应归于高影响的期刊，在这类期刊中发表论文有一定的难度，但在这类期刊中发表的论文的影响也大。期刊的影响因子反映的是期刊论文的平均影响力，受期刊每年发表文献数的变化、发表评述性文献量的多少等因素制约，各年间的影响因子值会有较大的波动，会产生大的跳跃。一些刚创刊不久的期刊，会因发表文献数少但已有文献被引用，而出现较高的影响因子值，但实际的影响力和影响面都还不算大。而期刊的总被引次数会因期刊的规模、刊期的长短、创刊时间等因素而有较大的差别，有些期刊因发文量大而被引机会多从而被引数高，但篇均被引次数并不高，总体影响力也不大。因此，同时考虑两个指标因素才能表现期刊的影响。影响因子和总被引次数同时居学科前位的期刊才能算是真正影响大的期刊。

2017 年，中国大陆作者在学科影响因子和总被引次数同时居前 1/10 的期刊中共发表论文（Article，Review）30568 篇，比 2016 年的 26653 篇增加 3915 篇，增长 14.7%。在划分的 39 个学科中，仅有 4 个学科没有此类论文发表，它们是：测绘科学技术，矿山工程技术，冶金、金属学和安全科学技术，各学科论文数增长不同，作为学科论文数

居首位的化学，发表量由 2016 年的 7845 篇增到 9546 篇，增加 1701 篇，增长 21.7%。发表论文数大于 1000 篇的学科已达 10 个，比 2016 年增加 4 个，如表 20-14 和图 20-3 所示。

表 20-14   在影响因子和总被引次数同时居前 1/10 的期刊中发文的学科

学科	论文篇数	学科	论文篇数	学科	论文篇数
化学	9546	数学	856	信息、系统科学	120
生物学	2583	物理学	782	管理学	95
电子、通信与自动控制	1674	药物学	686	交通运输	94
材料科学	1563	食品	625	土木建筑	88
化工	1537	农学	288	工程与技术基础学科	85
环境科学	1520	水利	259	水产学	37
计算技术	1497	机械、仪表	243	天文学	30
力学	1318	航空航天	224	军事医学与特种医学	13
临床医学	1203	预防医学与卫生学	183	其他	7
能源科学技术	1188	林学	157	中医学	1
基础医学	900	轻工、纺织	147	核科学技术	1
地学	882	畜牧、兽医	137		

数据来源：SCIE 2017。

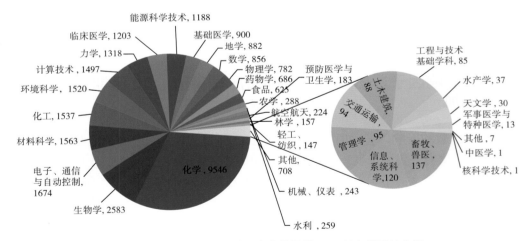

图 20-3   影响因子和总被引次数均居前 1/10 的各学科论文数

2017 年，中国作者在 IF、TC 同时居前 1/10 区的论文 30568 篇，分布于 646 种期刊中，比 2016 年的 301 种增加 345 种，翻了一番还多。大于 100 篇的期刊 72 种，大于 200 篇的期刊 41 种，大于 500 篇的期刊 11 种，还有 3 种期刊的发表量大于 1000 篇。发表这类论文数大的期刊数减少，发表这类论文的期刊数大大增加。2017 年发表数大于 500 篇的期刊由 2016 年的 13 种减到 11 种，如表 20-15 所示。

表 20-15 影响因子和总被引次数均居前 1/10 区论文数大于 500 篇的期刊

期刊名称	论文篇数
JOURNAL OF MATERIALS CHEMISTRY A	1412
CHEMICAL ENGINEERING JOURNAL	1019
SENSORS AND ACTUATORS B-CHEMICAL	1000
ORGANIC LETTERS	658
INTERNATIONAL JOURNAL OF HEAT AND MASS TRANSFER	598
ANGEWANDTE CHEMIE-INTERNATIONAL EDITION	575
APPLIED ENERGY	555
ANALYTICAL CHEMISTRY	554
ADVANCED MATERIALS	543
NATURE COMMUNICATIONS	529
APPLIED CATALYSIS B-ENVIRONMENTAL	508

数据来源：SCIE 2017。

 2017 年中国大陆作者在学科影响因子和总被引次数同时居前 1/10 区中发表论文 32568 篇，分布于大陆 1240 个单位，单位数比 2016 年的 730 个增加近一倍，其中，高等院校（仅指校园本部，不含附属机构）574 所，增加 45 所，共发表论文 24773 篇，增加 3112 篇，占全部该类论文的 81.0%；研究机构 374 个，与 2016 年持平，共发表论文 4246 篇，增加 340 篇，占 13.9%；医疗机构 249 个，增加 52 个，共发表论文 1464 篇，增加 51 篇，占 4.8%。发表 100 篇以上的高等院校由 57 所增到 66 所，大于 200 篇的高等院校由 31 所增到 33 所，都为国内一流高等院校，如表 20-16 所示。清华大学仍占据首位，而且发表数大增，已达到上千篇。发表数排在前 5 位的高等院校与 2016 年完全相同。在发表这类论文的高等院校中，有 111 所高等院校只发表 1 篇。研究院所中，发表论文数大于 100 篇的研究院所由 4 个增到 6 个，其中，发表大于 50 篇的研究院所由 18 个增到 22 个，除中国工程物理研究院发表 50 篇外，全为中国科学院所属机构，如表 20-17 所示。仅发表 1 篇这类论文的研究院所为 141 个。发表论文数 10 篇（含 10 篇）以上的医疗机构由 30 个增到 48 个，大于 30 篇的医疗机构由 1 个增到 6 个。四川大学华西医院发表数仍居第 1 位，这些医疗机构基本都是国内各省市的大医院，在有论文发表的医疗机构中，仅发表此类论文 1 篇的医疗机构为 234 个，如表 20-18 所示。

表 20-16 前 1/10 区发表论文数大于 200 篇的高等院校

高等院校	论文篇数	高等院校	论文篇数	高等院校	论文篇数
清华大学	1007	武汉大学	434	南开大学	285
浙江大学	817	中山大学	397	同济大学	275
北京大学	656	复旦大学	387	东南大学	259
中国科学技术大学	586	北京航空航天大学	371	华东理工大学	246
华中科技大学	566	苏州大学	355	北京理工大学	245
上海交通大学	563	四川大学	346	西北工业大学	241
哈尔滨工业大学	536	大连理工大学	322	中国农业大学	228

续表

高等院校	论文篇数	高等院校	论文篇数	高等院校	论文篇数
西安交通大学	516	吉林大学	317	兰州大学	225
华南理工大学	507	山东大学	306	重庆大学	222
南京大学	467	湖南大学	305	北京化工大学	214
天津大学	452	厦门大学	287	武汉理工大学	203

数据来源：SCIE 2017。

表 20-17　前 1/10 区发表论文数大于 50 篇的研究院所

研究院所	论文篇数	研究院所	论文篇数
中国科学院化学研究所	234	中国科学院地理科学与资源研究所	68
中国科学院长春应用化学研究所	194	中国科学院遗传与发育生物学研究所	66
中国科学院大连化学物理研究所	174	中国科学院理化技术研究所	63
中国科学院生态环境研究中心	146	中国科学院北京纳米能源与系统研究所	62
中国科学院上海有机化学研究所	144	中国科学院宁波材料技术与工程研究所	61
中国科学院上海生命科学研究院	130	中国科学院合肥物质科学研究院	59
中国科学院福建物质结构研究所	91	中国科学院上海药物研究所	57
中国科学院上海硅酸盐研究所	91	中国科学院金属研究所	56
中国科学院物理研究所	82	中国科学院自动化研究所	56
中国科学院兰州化学物理研究所	73	中国科学院过程工程研究所	55
国家纳米科学中心	68	中国工程物理研究院	50

数据来源：SCIE 2017。

表 20-18　前 1/10 区发表论文数大于 10 篇的医疗机构

医疗机构	论文篇数	医疗机构	论文篇数
四川大学华西医院	69	北京协和医院	17
上海交通大学第九人民医院	39	复旦大学附属华山医院	17
复旦大学附属中山医院	37	苏州大学第一附属医院	17
上海交通大学瑞金医院	37	复旦大学附属肿瘤医院	15
上海交通大学仁济医院	34	南京医科大学第一附属医院	15
空军军医大学西京医院	31	南京大学鼓楼医院	14
南京军区南京总医院	28	首都医科大学北京天坛医院	14
南方医科大学附属南方医院	27	武汉大学人民医院	14
上海交通大学第六人民医院	26	郑州大学第一附属医院	14
中山大学附属第一医院	26	陆军军医大学大坪医院	13
中山大学附属肿瘤医院	26	中国医科大学附属第一医院	13
解放军总医院	25	北京大学肿瘤医院	12
北京大学口腔医院	24	广东省人民医院	12
四川大学华西口腔医院	24	山东大学齐鲁医院	12
北京大学第一医院	23	天津医科大学总医院	12
同济大学附属第十人民医院	23	同济大学附属东方医院	12
中南大学湘雅医院	23	武汉大学中南医院；中南医院	12

续表

医疗机构	论文篇数	医疗机构	论文篇数
北京大学第三医院	21	重庆医科大学附属第一医院	12
上海交通大学新华医院	20	吉林大学白求恩第一医院	11
浙江大学第二医院	20	同济大学附属肺科医院	11
浙江大学第一医院	20	西安交通大学第一附属医院	11
陆军军医大学西南医院	19	中南大学湘雅二医院	11
华中科技大学同济医院	18	温州医科大学第一附属医院	10
华中科技大学协和医院	18	中山大学附属第三医院	10
首都医科大学北京宣武医院	18		

数据来源：SCIE 2017。

20.2.5　中国作者在世界有影响的生命科学系列期刊中的发文情况

《自然出版指数》是以国际知名学术出版机构英国自然出版集团（Nature Publishing Group）的《自然》系列期刊在前一年所发表的论文为基础，衡量不同国家和研究机构的科研实力，并对往年的数据进行比较。该指数为评估科研质量提供了新渠道。

2017年，自然系列刊共43种，周刊1种，其余都是月刊，其中14种为评述刊。以国际知名学术出版机构英国自然出版集团的《自然》系列期刊中所发表的论文为基础，可衡量不同国家和研究机构在生命科学领域所取得的成果，以此数据做比较，还可显示各国在生命科学研究领域的国际地位。

2017年，中国大陆作者在34种 NATURE 系列刊中发表 Article、Review 论文777篇，比2016年的505篇增加272篇，增长53.9%。中国作者发表在自然系列刊物中的论文数占全部论文数9356篇的8.30%，比2016年增加2个百分点。

中国作者发表论文的 NATURE 系列期刊共34种，比2016年增加4种，仍有9种期刊中无论文发表。发文量最大的期刊仍是 NATURE COMMUNICATIONS，2017年发表了530篇，比2016年增加216篇，中国发文量占期刊全部发文量的比例高于5%的期刊为14种，比2016年增加3种，发文量10篇（含10篇）以上的期刊为8种，比2016年增加1种。中国作者发表论文的期刊中，发表论文数占全部论文的比例高于10%的期刊有4种：NATURE COMMUNICATIONS，NATURE PLANTS，NATURE NANOTECHNOLOGY 和 NATURE REVIEWS MATERIALS，如表20-19所示。

表20-19　2017年中国作者在 NATURE 系列刊中的发文情况

期刊名称	中国论文篇数	全部论文篇数	比例	期刊影响因子	期刊总被引次数
NATURE COMMUNICATIONS	530	4316	12.280%	11.998	178348
NATURE	39	836	4.665%	41.016	710766
NATURE PLANTS	22	98	22.449%	11.256	2284
NATURE NANOTECHNOLOGY	17	159	10.692%	36.990	57369

续表

期刊名称	中国论文篇数	全部论文篇数	比例	期刊影响因子	期刊总被引次数
NATURE CLIMATE CHANGE	11	126	8.730%	18.568	17986
NATURE CHEMISTRY	10	166	6.024%	25.876	29548
NATURE REVIEWS MATERIALS	10	48	20.833%	51.451	3218
NATURE STRUCTURAL & MOLECULAR BIOLOGY	10	128	7.813%	13.095	27547
NATURE ECOLOGY & EVOLUTION	9	228	3.947%	0.000	596
NATURE MATERIALS	9	162	5.556%	38.880	92291
NATURE PHOTONICS	9	109	8.257%	31.970	39331
NATURE PROTOCOLS	9	153	5.882%	12.245	36821
NATURE GENETICS	8	202	3.960%	26.192	93639
NATURE PHYSICS	8	187	4.278%	22.361	33233
NATURE IMMUNOLOGY	7	122	5.738%	21.320	41410
NATURE MEDICINE	7	149	4.698%	32.357	75461
NATURE MICROBIOLOGY	7	175	4.000%	13.705	2510
NATURE ENERGY	6	96	6.250%	45.880	5072
NATURE GEOSCIENCE	6	148	4.054%	14.068	20386
NATURE CELL BIOLOGY	5	118	4.237%	18.800	39896
NATURE CHEMICAL BIOLOGY	5	179	2.793%	13.538	19562
NATURE NEUROSCIENCE	5	182	2.747%	19.396	59426
NATURE ASTRONOMY	4	93	4.301%	0.000	322
NATURE BIOMEDICAL ENGINEERING	4	74	5.405%	0.000	341
NATURE METHODS	4	157	2.548%	26.339	54686
NATURE REVIEWS NEPHROLOGY	4	46	8.696%	13.606	4668
NATURE BIOTECHNOLOGY	3	103	2.913%	35.082	57510
NATURE REVIEWS CHEMISTRY	2	43	4.651%	0.000	282
NATURE REVIEWS IMMUNOLOGY	2	54	3.704%	41.643	39215
NATURE REVIEWS CLINICAL ONCOLOGY	1	45	2.222%	24.327	8354
NATURE REVIEWS DRUG DISCOVERY	1	38	2.632%	49.423	31312
NATURE REVIEWS MICROBIOLOGY	1	55	1.818%	31.465	26627
NATURE REVIEWS MOLECULAR CELL BIOLOGY	1	54	1.852%	35.267	43667
NATURE REVIEWS NEUROLOGY	1	50	2.000%	19.590	8095
NATURE REVIEWS RHEUMATOLOGY	1	56	1.786%	15.127	6584
NATURE REVIEWS CANCER	0	49	0.000%	42.234	50407
NATURE REVIEWS CARDIOLOGY	0	50	0.000%	14.867	5228
NATURE REVIEWS DISEASE PRIMERS	0	47	0.000%	16.000	1559
NATURE REVIEWS ENDOCRINOLOGY	0	49	0.000%	19.971	7377
NATURE REVIEWS GASTROENTEROLOGY & HEPATOLOGY	0	51	0.000%	16.779	6686

续表

期刊名称	中国论文篇数	全部论文篇数	比例	期刊影响因子	期刊总被引次数
NATURE REVIEWS GENETICS	0	48	0.000%	40.792	35680
NATURE REVIEWS NEUROSCIENCE	0	54	0.000%	32.426	40834
NATURE REVIEWS UROLOGY	0	53	0.000%	7.921	2966

　　2017 年，中国作者发表的属于 Article、Review 的论文 777 篇。其中，中国高等院校 97 所（仅计校园本部）作者发表 518 篇，占 66.7%；研究院所 70 个，发表 194 篇，占 25.0%；医疗机构 38 个，发表 59 篇，占 7.6%；公司 3 个，发表 4 篇。发表 6 篇以上的单位 27 个，除中国科学院所属 5 个所外，其余 22 个为中国高等院校。发表单位如表20-20 所示。

表 20-20　2017 年在 *NATURE* 系列发表 6 篇以上论文的单位

单位	论文篇数	单位	论文篇数
清华大学	65	苏州大学	8
北京大学	44	武汉大学	8
中国科学技术大学	36	东南大学	7
浙江大学	26	吉林大学	7
复旦大学	24	暨南大学	7
南京大学	24	山东大学	7
厦门大学	24	武汉理工大学	7
中科院上海生命科学研究院	21	中科院上海有机化学所	7
华中科技大学	19	中科院遗传与发育生物学所	7
中科院生物物理研究所	13	中国农业大学	7
中山大学	12	南开大学	6
华中农业大学	11	中国海洋大学	6
上海交通大学	11	中科院金属研究所	6
中科院物理研究所	11		

20.2.6　极高影响国际期刊中的发文数继续领先金砖国家

　　所谓世界极高影响的期刊是指一年中总被引次数大于 10 万次，影响因子超过 30 的国际期刊。2017 年这类期刊数与 2016 年相同，仍为 8 种，如表 20-21 所示。但这 8 种极高影响的期刊，其总被引次数和影响因子都有不同程度的提升，世界影响进一步扩大。能在此类期刊中发表的论文，被引次数都比较高，影响也较大。2017 年，中国大陆作者在这 8 种期刊中共发表 479 篇论文（仅计 Article 和 Review），比 2016 年增加 85 篇，增长 21.6%。作为第一作者发表 236 篇，增加 56 篇，增长 31.1%。236 篇论文分布于大陆 112 个单位，发表的单位数比 2016 年增加 24 个。其中，高等院校（仅计校园本部）65 所 166 篇，占 236 篇的 70.3%；研究院所 30 个 52 篇，占 22.0%；有 13 所医疗机构发表了 16 篇，占 6.8%。发表 3 篇（含 3 篇）以上的单位 19 个，比 2016 年减少 3 个，其中，高等院校仍为 13 个，研究院所 5 个，医疗机构 1 个。发表 10 篇以上的单位由 2 个增到 3 个，清华大学、北京大学保持领先外，增加了中国科技大学，如表 20-22 所示。

表 20-21　2017 年 8 种刊物的主要文献计量指标

期刊名称	总被引次数	影响因子	论文数	被引半衰期	引用半衰期	平均引文数
CELL	230625	31.398	365	9.1	5.7	68.4
CHEMI REVI	174920	52.613	261	7.6	7.5	401.5
LANCET	233269	53.254	302	8.9	4.6	69.2
NATURE	710766	41.557	836	>10.0	6.0	47.6
SCIENCE	645132	41.058	769	>10.0	5.9	40.1
CHEMI SOC REVI	126900	40.182	285	5.1	5.8	194.0
JAMA-J AM MEDL	148774	47.661	208	>10.0	5.3	38.1
NEW ENGL J MED	332830	79.258	326	8.5	4.8	35.3

注：该论文数中仅含文献类型中的 Article 和 Review。
数据来源：JCR 2017。

表 20-22　2017 年 8 个顶级期刊中发表 3 篇以上的大陆单位

单位	论文篇数	单位	论文篇数
清华大学	28	中科院化学所	4
北京大学	16	中科院生物物理所	4
中国科学技术大学	11	东南大学	3
厦门大学	8	华东师范大学	3
华东理工大学	6	南京大学	3
中科院上海生命科学院	6	南京理工大学	3
天津大学	5	武汉理工大学	3
南京工业大学	4	中科院长春应化所	3
浙江大学	4	医科院阜外医院	3
中科院大连化物所	4		

2017 年，从在金砖五国的发文量看，中国大陆在 8 刊的各刊发文量都是最高的，可以说，中国大陆的重大基础研究产出量大大高于金砖其他 4 国，如表 20-23 所示。但与美国相比，也还有较大的差距。

表 20-23　2017 年金砖五国和美国在 8 刊中的发文数

单位：篇

期刊名称	中国 A	印度	巴西	南非	俄罗斯	美国
NATURE	145	17	26	26	26	1062
NEW ENGL J MED	45	25	24	13	11	973
CHEM REV	60	10	2	2	6	120

续表

期刊名称	中国 A	印度	巴西	南非	俄罗斯	美国
LANCET	177	52	34	49	20	511
JAMA-J AMER MED ASSO	40	5	10	4	3	912
SCIENCE	127	18	30	15	19	1059
CELL	38	4	6	4	4	393
CHEM SOC REV	106	6	0	2	2	94
合计	738	137	132	115	91	5124

注：各国数据中均包含非第一作者论文数，该论文数中含各类文献数。例如，美国在 *NATURE* 上的发文数 1062 篇中，Article 和 Review 只有 613 篇，在 *SCIENCE* 上的发文数 1059 篇中，Article 和 Review 只有 555 篇。

20.2.7　中国作者的国际论文吸收外部信息的能力增强

论文的参考文献数，即引文数，是论文吸收外部信息量大小的标示。对外部信息了解越多，吸收外部信息能力越强，才能正确评价自己的论文在同学科中的位置。2017 年，中国大陆作者发表了 307455 篇论文，其中，Article 296508 篇，平均引文数为 37.43 篇，与 2016 年发表的论文相比，Article 的平均引文数增加了 1.12 篇；Review 10947 篇，平均引文数达 90.15 篇。与 2016 年发表的论文相比，Review 的平均引文数增加 2.73 篇。就其 2010—2017 年看，Article 的平均引文数依次为 28.5 篇、29.8 篇、31.3 篇、32.4 篇、33.6 篇、35.0 篇、36.2 篇和 37.4 篇；Review 的平均引文数依次为 77.5 篇、79.8 篇、80.4 篇、82.8 篇、86.5 篇、87.7 篇、87.4 篇和 90.1 篇，如图 20-4 所示。Article 和 Review 的平均引文数都成直线上升。

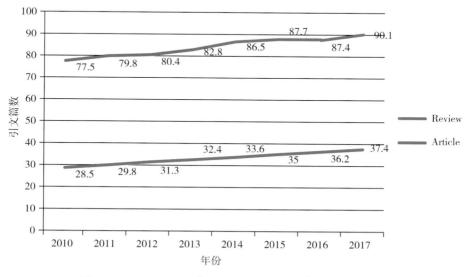

图 20-4　2010—2017 年 Article 和 Review 平均引文数变化

以中国科技信息所对自然科学科技论文划分的 40 个学科看，2017 年发表的 Article 论文中，仍有 32 个学科的平均引文数超 30 篇，如表 20-24 所示。2017 年发表的

Review 论文中，平均引文数超百篇的学科达 12 个，比 2016 年增加 3 个。超 70 篇（国际平均水平）的学科有 30 个，不管是 Article 还是 Review，中国的天文学论文的平均引文数都是最高的，如表 20-25 所示。仅从这组数据看，显示出中国作者 SCI 论文吸收外部信息的能力持续增高，可读水平也不错。

表 20-24　各学科 Article 类论文平均引文数

学科	平均引文数	学科	平均引文数	学科	平均引文数
天文学	53.50	军事医学与特种医学	37.84	土木建筑	32.97
林学	50.64	交通运输	37.31	矿山工程技术	32.52
地学	49.80	畜牧、兽医	35.99	动力与电气	31.91
环境科学	46.54	计算技术	35.99	工程与技术基础学科	31.54
水产学	46.48	中医学	35.93	航空航天	29.31
农学	45.48	轻工、纺织	35.86	电子、通信与自动控制	28.54
其他	43.44	预防医学与卫生学	35.66	机械、仪表	27.96
化学	43.07	药物学	35.39	核科学技术	27.86
生物学	41.94	材料科学	35.20	食品	27.62
管理学	40.26	力学	34.95	冶金、金属学	27.38
水利	40.18	基础医学	34.54	数学	26.33
化工	39.21	物理学	34.15	测绘科学技术	24.00
能源科学技术	38.39	信息、系统科学	34.11		
安全科学技术	38.28	临床医学	33.71		

数据来源：SCIE 2017。

表 20-25　各学科 Review 类论文平均引文数

学科	平均引文数	学科	平均引文数	学科	平均引文数
天文学	205.55	食品	96.65	预防医学与卫生学	77.94
化学	137.46	能源科学技术	94.50	核科学技术	77.18
化工	134.79	土木建筑	93.78	航空航天	76.67
物理学	124.61	计算技术	92.98	基础医学	71.19
水利	122.33	生物学	91.56	管理学	62.43
动力与电气	118.00	矿山工程技术	87.40	中医学	58.83
材料科学	116.88	信息、系统科学	87.00	临床医学	56.21
地学	115.82	交通运输	86.67	军事医学与特种医学	55.22
环境科学	112.21	农学	84.09	林学	50.22
水产学	112.18	工程与技术基础学科	83.52	轻工、纺织	47.20
力学	105.16	电子、通信与自动控制	83.12	数学	42.62
冶金、金属学	103.60	畜牧、兽医	82.20		
药物学	99.90	机械、仪表	78.99		

数据来源：SCIE 2017。

20.2.8 以我为主的国际合作论文数正不断增加

国际合作是完成国际重大科技项目和计划必然要采取的方式，中国作为科技发展中国家，经多年的努力，已取得国际举目的成就，但还需通过国际合作来提升国家的科学技术水平和提高科技的国际地位。而在合作研究中，最能反映一个国家研究实力和水平的还是以我为主的研究，经多年的努力工作，随着中国科技实力的增强，中国在国际的影响力的提高，以我为主，参与中国的合作研究项目增多，中国科技工作者已发表了相当数量的以我为主的合作论文。

2017年，中国产生的国际合作论文数（只计 Article 和 Review 两类文献）为 97386 篇，其中，以我为主的合作论文数为 65508 篇，占全部合作论文的 67.2%。合作论文数比 2016 年的 83466 篇增加 13920 篇，增长 16.7%，以我为主的论文数由 59322 篇增到 65508 篇，增加 6186 篇，增长 10.4%。这些论文分布在中国大陆的 31 个省（市、自治区），如表 20-26 所示。合作论文数多的地区仍是科技相对发达、科技人员较多、高等院校和科研机构较为集中的地区，首都北京产生的这类论文超 10000 篇，达 12111 篇，占全国 31 个省（市、自治区）的 18.5%。论文数居前 5 位的地区，以我为主的合作论文总数达 35106 篇，占全国的该类论文比就超过一半，占全部的 53.6%。临近香港的广东省，具有便利的地区优势，与海外机构合作研究机会也多，产生的这类论文数进入全国前 5 位。全国 31 个省（市、自治区）都有以我为主的国际合作论文发表。也即是说，各地区都有自己特有的学科优势来吸引海外人士参与合作研究。

表 20-26 以我为主的国际合作论文的地区分布

地区	论文篇数	比例	地区	论文篇数	比例	地区	论文篇数	比例
北京	12111	18.49%	天津	1733	2.64	河北	409	0.62%
江苏	7337	11.20%	安徽	1708	2.60	广西	345	0.53%
上海	6207	9.48%	黑龙江	1601	2.44	新疆	263	0.40%
广东	5241	8.00%	福建	1552	2.37	贵州	235	0.36%
湖北	4210	6.43%	重庆	1457	2.22	内蒙古	144	0.22%
浙江	3458	5.28%	吉林	1297	1.98	海南	115	0.18%
陕西	3323	5.07%	河南	914	1.39	宁夏	51	0.08%
山东	2629	4.01%	云南	659	1.01	青海	43	0.07%
四川	2572	3.93%	甘肃	630	0.96	西藏	4	0.01%
湖南	2095	3.20%	山西	609	0.93			
辽宁	2065	3.15%	江西	491	0.75			

数据来源：SCI 2017。

2017年，从以我为主的国际合作论文的学科分布看，SCI 论文数多的学科合作论文数也多。与 2015 年相比，合作论文数排在前 10 位的学科变化不大，化学，生物学，物理学，临床医学，材料科学和电子、通信和自动控制居前 6 位，除所划分的自然科学学科中都有此类论文发表外，交叉学科的教育和经济也有该类论文发表。发表 1000 篇以上的学科由 2016 年的 14 个增到 16 个，如表 20-27 和图 20-5 所示。

表 20-27　以我为主的国际合作论文的学科分布

学科	论文篇数	学科	论文篇数	学科	论文篇数
化学	7980	农学	1132	水产学	235
生物学	7818	土木建筑	1068	畜牧、兽医	219
物理学	5663	机械、仪表	845	冶金、金属学	194
材料科学	4701	预防医学与卫生学	801	轻工、纺织	181
临床医学	4485	力学	727	动力与电气	169
电子、通信与自动控制	4418	天文学	666	中医学	154
地学	4263	食品	574	航空航天	134
计算技术	3954	水利	414	军事医学与特种医学	93
环境科学	2997	管理学	378	矿山工程技术	78
基础医学	2935	交通运输	325	安全科学技术	64
数学	2058	工程与技术基础学科	301	教育	42
能源科学技术	1757	林学	294	其他	21
化工	1540	信息、系统科学	275	经济	13
药物学	1270	核科学技术	271	测绘科学技术	1

数据来源：SCIE 2017。

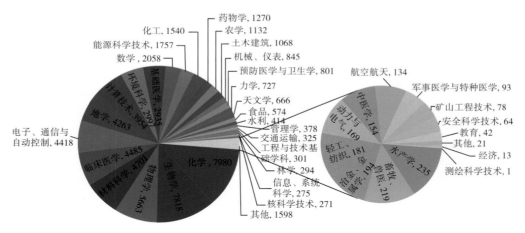

图 20-5　以我为主的国际合作论文的学科分布

数据来源：SCIE 2017。

　　2017 年，以我为主国际合作研究发表论文的大陆单位超 2000 个，其中，发表论文的高等院校 754 所（仅为校园本部，不含附属机构），共计 51208 篇，占全部的 78.17%；研究机构 616 个，共计 7978 篇，占全部论文的 12.18%；医疗机构 589 个，共计 6040 篇，占全部的 9.22%。另有 200 多个公司等部门也发表了以我为主的国际合作论文。

　　以我为主发表论文的高等院校 754 所（仅为校园本部，不含附属机构），共计 51208 篇，比 2016 年增加 6528 篇，占全部的 78.17%。发表 1000 篇以上的高等院校比 2016 年增加 1 个，达到 5 个，发表 100 篇以上的高等院校为 108 个，其中，大于 500 篇的高等院校为 27 个，如表 20-28 所示。

表 20-28 2017 年以我为主国际合作论文数大于 500 篇的高等院校

高等院校	论文篇数	高等院校	论文篇数
清华大学	1497	山东大学	681
浙江大学	1449	大连理工大学	665
上海交通大学	1080	电子科技大学	659
北京大学	1001	复旦大学	656
哈尔滨工业大学	1001	北京航空航天大学	639
西安交通大学	984	同济大学	627
华中科技大学	877	厦门大学	585
中山大学	788	中南大学	583
中国科学技术大学	768	吉林大学	575
天津大学	758	重庆大学	543
南京大学	731	西北工业大学	534
武汉大学	725	苏州大学	531
东南大学	718	武汉理工大学	506
华南理工大学	714		

以我为主国际合作研究产生论文的研究单位 616 个，共计 7978 篇，比 2016 年减少 118 篇，占全部论文的 12.18%。论文数达 100 篇的研究机构为 12 个，除中国工程物理研究院外，其他都是中科院所属机构。2017 年度，该类论文的单位数比 2016 年减少 84 个，其部分原因是单位转制，如表 20-29 所示。

表 20-29 2017 年以我为主国际合作论文数大于 100 篇的研究机构

研究机构	论文篇数	研究机构	论文篇数
中国科学院合肥物质科学研究院	178	中国科学院上海生命科学研究院	124
中国科学院地质与地球物理研究所	167	中国科学院长春应用化学研究所	118
中国科学院地理科学与资源研究所	143	中国科学院生态环境研究中心	118
中国科学院物理研究所	134	中国科学院大气物理研究所	115
中国科学院深圳先进技术研究院	129	中国科学院遥感与数字地球研究所	103
中国工程物理研究院	127	中国科学院昆明植物研究所	101

发表以我为主合作论文的医疗机构 589 个，共计 6040 篇，占 9.22%。医疗机构数由 2016 年的 562 个增到 589 个，增加 27 个；论文数由 5916 篇增到 6040 篇，增加 124 篇。论文数大于 100 篇的医疗机构仍为 5 个，大于 60 篇的医疗机构 23 个，如表 20-30 所示。

表 20-30 2017 年以我为主国际合作论文数大于 60 篇的医疗机构

医疗机构	论文篇数	医疗机构	论文篇数
四川大学华西医院	192	复旦大学附属中山医院	74
北京协和医院	118	浙江大学医学院第一医院	74
中南大学湘雅医院	113	复旦大学附属华山医院	71
中南大学湘雅二医院	108	西安交通大学第一医院	71

续表

医疗机构	论文篇数	医疗机构	论文篇数
上海交通大学医学院附属瑞金医院	104	郑州大学第一附属医院	69
华中科技大学附属同济医院	99	苏州大学第一附属医院	65
解放军总医院	99	重庆医科大学第一医院	65
上海交通大学医学院第九人民医院	97	南方医科大学南方医院	62
吉林大学白求恩第一医院	96	北京安定医院	61
中山大学附属第一医院	95	上海交通大学仁济医院	61
浙江大学医学院附属第二医院	88	四川大学华西口腔医院	61
华中科技大学附属协和医院	82		

20.2.9 发表热点论文多的国际期刊数又有增加

2017 年，中国大陆作者发表论文（Article 和 Review）307455 篇，比 2016 年 278000 篇增加 29455 篇，增长 10.59%。当年即得到引用的论文 161388 篇，比 2016 年增加 26733 篇，增长 19.85%。2017 年论文被引比例达 52.49%，比 2016 年增长 4 个百分点。论文当年发表后即被引用，一般来说都是当前大家关注的研究热点。

期刊论文当年发表当年即被引用的次数与期刊全部论文之比计量学名词叫作即年指标（IMM），即篇均被引次数。论文发表后快速被人们引用，应该说这类论文反映的是研究热点或是大家较为关注的研究，也显示论文的实际影响。如果发表论文的当年被引次数超过期刊论文的篇均值，说明这是些活跃的论文。2017 年，中国大陆即年得到引用的 161388 篇论文中，有 146336 篇论文的被引次数超过期刊的篇均被引次数。

2017 年，中国发表的论文中，被引次数高于 IMM 的期刊为 6004 种，比 2016 年 5688 种增加 316 种。发表论文数大于 100 篇的期刊有 294 种，其中，大于 1000 篇的期刊有 6 种，大于 500 篇（含 500 篇）的期刊有 24 种，如表 20-31 所示。在中国论文被引次数大于期刊 IMM 的篇数大于 500 篇（含 500 篇）的 24 种期刊中，占全部期刊论文数的比例超过 20% 的有 20 种，*MATERIALS LETTERS* 的该数值达 44.31%。这说明中国作者发表于该类期刊的论文具有较高的影响，可以说，该类期刊的影响因子值的提升是中国这类论文做出的贡献。

表 20-31   2017 年中国作者热点论文数大于 500 篇的期刊

期刊名称	论文篇数	全部论文篇数	比例
SCIENTIFIC REPORTS	3568	24809	14.38%
RSC ADVANCES	2387	6554	36.42%
ACS APPLIED MATERIALS & INTERFACES	1496	4862	30.77%
JOURNAL OF ALLOYS AND COMPOUNDS	1477	4708	31.37%
PLOS ONE	1310	20328	6.44%
JOURNAL OF MATERIALS CHEMISTRY A	1032	2612	39.51%
APPLIED SURFACE SCIENCE	955	2852	33.49%
CERAMICS INTERNATIONAL	897	2519	35.61%

续表

期刊名称	论文篇数	全部论文篇数	比例
SENSORS AND ACTUATORS B-CHEMICAL	798	2186	36.51%
OPTICS EXPRESS	748	3061	24.44%
MATERIALS LETTERS	697	1573	44.31%
CHEMICAL ENGINEERING JOURNAL	691	1944	35.55%
CHEMICAL COMMUNICATIONS	674	2784	24.21%
IEEE ACCESS	607	2221	27.33%
MOLECULAR MEDICINE REPORTS	603	1857	32.47%
NANOSCALE	539	2084	25.86%
ELECTROCHIMICA ACTA	538	2144	25.09%
JOURNAL OF MATERIALS SCIENCE-MATERIALS IN ELECTRONICS	525	2344	22.40%
PHYSICAL CHEMISTRY CHEMICAL PHYSICS	523	3304	15.83%
SENSORS	515	2945	17.49%
BIOCHEMICAL AND BIOPHYSICAL RESEARCH COMMUNICATIONS	513	1990	25.78%
BIOMEDICINE & PHARMACOTHERAPY	508	1613	31.49%
APPLIED THERMAL ENGINEERING	502	2146	23.39%
INTERNATIONAL JOURNAL OF ADVANCED MANUFACTURING TECHNOLOGY	500	1985	25.19%

　　2017 年，中国大陆作者的论文即年被引数高于期刊 IMM 的论文分布在我们所划分的 39 个学科中，测绘科学技术仍没有此类论文。论文数超过 10000 篇的学科与 2016 年一样，仍为 5 个。论文数居多的学科与 2016 年基本相同，化学、生物学、物理、临床医学和材料科学仍居前 5。超过 1000 篇的学科为 19 个，如表 20-32 所示。

表 20-32　2017 年热点论文的学科分布

学科	论文篇数	学科	论文篇数	学科	论文篇数
化学	26703	数学	2791	动力与电气	512
生物学	17316	农学	1886	工程与技术基础学科	484
物理学	13737	机械、仪表	1678	冶金、金属学	479
材料科学	12963	土木建筑	1567	航空航天	419
临床医学	11684	力学	1475	管理学	412
电子、通信与自动控制	7544	食品	1445	信息、系统科学	377
基础医学	7307	预防医学与卫生学	1193	林学	346
环境科学	5630	水产学	747	中医学	340
地学	5576	天文学	639	交通运输	310
计算技术	4975	水利	540	军事医学与特种医学	183
药物学	4780	轻工、纺织	532	矿山工程技术	163

学科	论文篇数	学科	论文篇数	学科	论文篇数
化工	4345	核科学技术	519	其他	82
能源科学技术	4082	畜牧、兽医	512	安全科学技术	63

20.3　结语

20.3.1　中国作者国际论文学术影响力进一步提升

从以上 9 个论文学术影响力指标统计结果看，2017 年与 2016 年相比，都有所增加和增长。例如，参加国际大科学和大科学项目研究的中国人员和机构数都有增加；论文被引次数居世界各学科前 0.1% 的学科面更宽，而且比 2016 年增长 55.2%；发表于影响因子学科居首位的期刊的论文数增加 356 篇，增长 5.7%；影响因子和总被引次数同时居学科前 1/10 的论文数增加 3915 篇，增长 14.7%；发表于《自然》系列期刊的论文增加 272 篇，增长 53.9%，发表系列刊的期刊数也增加了 4 种；在世界极高影响的 8 种期刊中，发文量增加 85 篇，增长 21.6%；显示中国学术研究能力的以我为主的国际合作论文增加 6186 篇，增长 10.4%；显示吸收外部信息能力的 Article 和 Review 的参考文献数，分别达到了 37.4 篇和 97.4 篇；发表热点论文数多的期刊增加了 316 种。以上数据说明中国的科技论文在数量增加的同时，论文的学术影响也在提升。

20.3.2　中国产生高影响论文的主力军亟须转变

目前，中国产生高影响论文的主力军仍为高等院校，但应尽快向公司企业转变。

2017 年，中国的公司企业作者发表 Article 和 Review 两类论文共 1944 篇，占中国全部 SCI 论文 309898 篇的 0.63%，尽管比 2016 年所占比例 0.57% 有所上升，但企业发表的论文数和所占的比例还是十分低的。中国要实现创新型国家，基础研究的工作企业应是主体，从目前的论文产出看，企业方面还有非常艰巨的工作要做，还有很长的路要走。国家也要为此出台各类政策支持。

20.3.3　继续发挥各类科学实验室在基础研究中的作用

2017 年，中国的 SCI 论文（Article，Review）共计 309898 篇，论文被引 1 次以上的论文数为 161386 篇，被引率为 52.08%。中国各类实验室发表的论文数为 109714 篇，被引 1 次以上的论文数为 64996 篇，被引率为 59.24%。实验室论文的被引率高于全国约 7 个百分点，实验室被引率也比 2016 年高出 4 个百分点。我们要继续加大和发挥各类科学实验室在基础研究中的作用。

20.3.4　中国科技工作者还需艰苦奋斗

中国论文的各项学术指标与 2016 年相比都有提升，但与一些科技发达国相比还有差距，建立创新型国家，中国科技工作者还需艰苦奋斗。

十九大的主要精神是科技创新和建立一个强大的中国，而基础科学是创新的基础，只有基础打好了，创新才有动力和来源。SCI 论文就是基础科学研究成果的表现。我们的论文的影响力提高了，论文的质量提高了，表示基础科学研究水平也提高了。在科学技术和其他各个方面，中国正处于由大国变成强国的历史时期，我们有信心和力量在不远的未来实现建设一个世界科技强国的目标。

注：本文数据主要采集自可进行国际比较，并能进行学术指标评估的 Clarivate Analytics（原 Thomson）公司出产的 2017 SCI 和 2017 JCR 数据。以上文字和图表中所列据 Web of Science、SCI、SCIE 和 JCR 等，是作者根据这些系统提供的数据加工整理产生的。以上各章节中所描述的论文仅指文献类型中的 Article 和 Review。

参考文献

[1] 中国科学技术信息研究所 .2016 年度中国科技论文统计与分析（年度研究报告）[M]. 北京：科学技术文献出版社 , 2018: 224−246.

[2] 杨卫 . 渐入佳境的中国基础研究 [N]. 光明日报 ,2017−10−17(2).

[3] 中国已与 160 个国家建立科技合作关系 [N]. 科技日报 ,2019−01−27.

[4] 2011—2017 年中国基础科学研究经费投入 [N]. 科普时报，2019−03−08.

[5] 中国高质量科研对世界总体贡献居全球第二位 [N]. 科学网 ,2016−01−15.

[6] 中国科技人力资源总量突破 8000 万 [N]. 科技日报 ,2016−04−21.

[7] 2016 自然指数排行榜：中国高质量科研产出呈现两位数增长 [N]. 科技日报 ,2016−04−21.

[8] Thomson Scientific 2017.ISI Web of Knowledge: Web of Science[DB/OL]. [WWW document]. URL http://portal.isiknowledge.com/web of science.

[9] Thomson Scientific 2017.ISI Web of Knowledge [DB/OL]. Journal citation reports 2017.[WWW document].URL http://portal.isiknowledge.com/journal citation reports.

附　录

ACTA BIOCHIMICA ET BIOPHYSICA SINICA

ACTA CHIMICA SINICA

ACTA GEOLOGICA SINICA-ENGLISH EDITION

ACTA MATHEMATICA SCIENTIA

ACTA MATHEMATICA SINICA-ENGLISH SERIES

ACTA MATHEMATICAE APPLICATAE SINICA-ENGLISH SERIES

ACTA MECHANICA SINICA

ACTA MECHANICA SOLIDA SINICA

ACTA METALLURGICA SINICA

ACTA METALLURGICA SINICA-ENGLISH LETTERS

ACTA OCEANOLOGICA SINICA

ACTA PETROLOGICA SINICA

ACTA PHARMACEUTICA SINICA B

ACTA PHARMACOLOGICA SINICA

ACTA PHYSICA SINICA

ACTA PHYSICO-CHIMICA SINICA

ACTA POLYMERICA SINICA

ADVANCES IN ATMOSPHERIC SCIENCES

ADVANCES IN MANUFACTURING

ALGEBRA COLLOQUIUM

APPLIED GEOPHYSICS

APPLIED MATHEMATICS AND MECHANICS-ENGLISH EDITION

APPLIED MATHEMATICS-A JOURNAL OF CHINESE UNIVERSITIES SERIES B

ASIAN HERPETOLOGICAL RESEARCH

ASIAN JOURNAL OF ANDROLOGY

ASIAN JOURNAL OF PHARMACEUTICAL SCIENCES

AVIAN RESEARCH

BIOMEDICAL AND ENVIRONMENTAL SCIENCES

BONE RESEARCH

BUILDING SIMULATION

CANCER BIOLOGY & MEDICINE

CELL RESEARCH

CELLULAR & MOLECULAR IMMUNOLOGY

CHEMICAL JOURNAL OF CHINESE UNIVERSITIES-CHINESE

CHEMICAL RESEARCH IN CHINESE UNIVERSITIES

CHINA COMMUNICATIONS

CHINA FOUNDRY

CHINA OCEAN ENGINEERING

CHINA PETROLEUM PROCESSING & PETROCHEMICAL TECHNOLOGY

CHINESE ANNALS OF MATHEMATICS SERIES B

CHINESE CHEMICAL LETTERS

CHINESE GEOGRAPHICAL SCIENCE

CHINESE JOURNAL OF AERONAUTICS

CHINESE JOURNAL OF ANALYTICAL CHEMISTRY

CHINESE JOURNAL OF CANCER

CHINESE JOURNAL OF CANCER RESEARCH

CHINESE JOURNAL OF CATALYSIS

CHINESE JOURNAL OF CHEMICAL ENGINEERING

CHINESE JOURNAL OF CHEMICAL PHYSICS

CHINESE JOURNAL OF CHEMISTRY

CHINESE JOURNAL OF ELECTRONICS

CHINESE JOURNAL OF GEOPHYSICS-CHINESE EDITION

CHINESE JOURNAL OF INORGANIC CHEMISTRY

CHINESE JOURNAL OF INTEGRATIVE MEDICINE

CHINESE JOURNAL OF NATURAL MEDICINES

CHINESE JOURNAL OF OCEANOLOGY AND LIMNOLOGY

CHINESE JOURNAL OF ORGANIC CHEMISTRY

CHINESE JOURNAL OF POLYMER SCIENCE

CHINESE JOURNAL OF STRUCTURAL CHEMISTRY

CHINESE MEDICAL JOURNAL

CHINESE OPTICS LETTERS

CHINESE PHYSICS B

CHINESE PHYSICS C

CHINESE PHYSICS LETTERS

COMMUNICATIONS IN THEORETICAL PHYSICS

CROP JOURNAL

CURRENT ZOOLOGY

EARTHQUAKE ENGINEERING AND ENGINEERING VIBRATION ENGINEERING

FOREST ECOSYSTEMS

FRICTION

FRONTIERS IN ENERGY

FRONTIERS OF CHEMICAL SCIENCE AND ENGINEERING

FRONTIERS OF COMPUTER SCIENCE

FRONTIERS OF EARTH SCIENCE

FRONTIERS OF ENVIRONMENTAL SCIENCE & ENGINEERING

FRONTIERS OF INFORMATION TECHNOLOGY & ELECTRONIC ENGINEERING

FRONTIERS OF MATERIALS SCIENCE

FRONTIERS OF MATHEMATICS IN CHINA

FRONTIERS OF MEDICINE

FRONTIERS OF PHYSICS

FRONTIERS OF STRUCTURAL AND CIVIL ENGINEERING

GENOMICS PROTEOMICS & BIOINFORMATICS

GEOSCIENCE FRONTIERS

HEPATOBILIARY & PANCREATIC DISEASES INTERNATIONAL

HIGH POWER LASER SCIENCE AND ENGINEERING

INSECT SCIENCE

INTEGRATIVE ZOOLOGY

INTERNATIONAL JOURNAL OF DISASTER RISK SCIENCE

INTERNATIONAL JOURNAL OF MINERALS METALLURGY AND MATERIALS

INTERNATIONAL JOURNAL OF ORAL SCIENCE

INTERNATIONAL JOURNAL OF SEDIMENT RESEARCH

JOURNAL OF ADVANCED CERAMICS

JOURNAL OF ANIMAL SCIENCE AND BIOTECHNOLOGY

JOURNAL OF ARID LAND

JOURNAL OF BIONIC ENGINEERING

JOURNAL OF CENTRAL SOUTH UNIVERSITY

JOURNAL OF COMPUTATIONAL MATHEMATICS

JOURNAL OF COMPUTER SCIENCE AND TECHNOLOGY

JOURNAL OF DIGESTIVE DISEASES

JOURNAL OF EARTH SCIENCE

JOURNAL OF ENERGY CHEMISTRY

JOURNAL OF ENVIRONMENTAL SCIENCES

JOURNAL OF FORESTRY RESEARCH

JOURNAL OF GENETICS AND GENOMICS

JOURNAL OF GEOGRAPHICAL SCIENCES

JOURNAL OF GERIATRIC CARDIOLOGY

JOURNAL OF HUAZHONG UNIVERSITY OF SCIENCE AND TECHNOLOGY-MEDICAL SCIENCES

JOURNAL OF HYDRODYNAMICS

JOURNAL OF INFRARED AND MILLIMETER WAVES

JOURNAL OF INORGANIC MATERIALS

JOURNAL OF INTEGRATIVE AGRICULTURE

JOURNAL OF INTEGRATIVE PLANT BIOLOGY

JOURNAL OF IRON AND STEEL RESEARCH INTERNATIONAL

JOURNAL OF MATERIALS SCIENCE & TECHNOLOGY

JOURNAL OF METEOROLOGICAL RESEARCH

JOURNAL OF MODERN POWER SYSTEMS AND CLEAN ENERGY

JOURNAL OF MOLECULAR CELL BIOLOGY

JOURNAL OF MOUNTAIN SCIENCE

JOURNAL OF OCEAN UNIVERSITY OF CHINA

JOURNAL OF PALAEOGEOGRAPHY-ENGLISH

JOURNAL OF PLANT ECOLOGY

JOURNAL OF RARE EARTHS

JOURNAL OF SPORT AND HEALTH SCIENCE

JOURNAL OF SYSTEMATICS AND EVOLUTION

JOURNAL OF SYSTEMS ENGINEERING AND
ELECTRONICS

JOURNAL OF SYSTEMS SCIENCE &
COMPLEXITY

JOURNAL OF THERMAL SCIENCE

JOURNAL OF TRADITIONAL CHINESE
MEDICINE

JOURNAL OF TROPICAL METEOROLOGY

JOURNAL OF WUHAN UNIVERSITY OF
TECHNOLOGY-MATERIALS SCIENCE EDITION

JOURNAL OF ZHEJIANG UNIVERSITY-SCIENCE A

JOURNAL OF ZHEJIANG UNIVERSITY-SCIENCE B

LIGHT-SCIENCE & APPLICATIONS

MICROSYSTEMS & NANOENGINEERING

MOLECULAR PLANT

NANO RESEARCH

NANO-MICRO LETTERS

NATIONAL SCIENCE REVIEW

NEURAL REGENERATION RESEARCH

NEUROSCIENCE BULLETIN

NEW CARBON MATERIALS

NUCLEAR SCIENCE AND TECHNIQUES

NUMERICAL MATHEMATICS-THEORY
METHODS AND APPLICATIONS

PARTICUOLOGY

PEDOSPHERE

PETROLEUM EXPLORATION AND
DEVELOPMENT

PETROLEUM SCIENCE

PHOTONIC SENSORS

PHOTONICS RESEARCH

PLASMA SCIENCE & TECHNOLOGY

PROGRESS IN BIOCHEMISTRY AND
BIOPHYSICS

PROGRESS IN CHEMISTRY

PROGRESS IN NATURAL SCIENCE-MATERIALS
INTERNATIONAL

PROTEIN & CELL

RARE METAL MATERIALS AND ENGINEERING

RARE METALS

RESEARCH IN ASTRONOMY AND
ASTROPHYSICS

RICE SCIENCE

SCIENCE BULLETIN

SCIENCE CHINA-CHEMISTRY

SCIENCE CHINA-EARTH SCIENCES

SCIENCE CHINA-INFORMATION SCIENCES

SCIENCE CHINA-LIFE SCIENCES

SCIENCE CHINA-MATERIALS

SCIENCE CHINA-MATHEMATICS

SCIENCE CHINA-PHYSICS MECHANICS &
ASTRONOMY

SCIENCE CHINA-TECHNOLOGICAL SCIENCES

SPECTROSCOPY AND SPECTRAL ANALYSIS

TRANSACTIONS OF NONFERROUS METALS
SOCIETY OF CHINA

TSINGHUA SCIENCE AND TECHNOLOGY

VIROLOGICA SINICA

WORLD JOURNAL OF PEDIATRICS

附录 2　2017 年 Inspec 收录的中国期刊

ACTA AERONAUTICA ET ASTRONAUTICA
SINICA

ACTA GEOCHIMICA

ACTA GEOLOGICA SINICA (ENGLISH EDITION)

ACTA MATHEMATICA SCIENTIA

ACTA MECHANICA SOLIDA SINICA

ACTA OCEANOLOGICA SINICA

ACTA PHOTONICA SINICA

ACTA PHYSICA SINICA

ACTA PHYSICO-CHIMICA SINICA

ACTA SCIENTIARUM NATURALIUM UNIVERSITATIS PEKINENSIS

ADVANCED TECHNOLOGY OF ELECTRICAL ENGINEERING AND ENERGY

ADVANCES IN ATMOSPHERIC SCIENCES

ADVANCES IN CLIMATE CHANGE RESEARCH

APPLIED GEOPHYSICS

APPLIED MATHEMATICS AND MECHANICS (CHINESE EDITION)

APPLIED MATHEMATICS AND MECHANICS (ENGLISH EDITION)

AUDIO ENGINEERING

AUTOMATION & INSTRUMENTATION

BATTERY BIMONTHLY

BIG DATA MINING AND ANALYTICS

BIOSURFACE AND BIOTRIBOLOGY

BUILDING ENERGY EFFICIENCY

BUILDING SIMULATION

CAAI TRANSACTIONS ON INTELLIGENT SYSTEMS

CEMENT ENGINEERING

CES TRANSACTIONS ON ELECTRICAL MACHINES AND SYSTEMS

CHINA COMMUNICATIONS

CHINA ENVIRONMENTAL SCIENCE

CHINA JOURNAL OF HIGHWAY AND TRANSPORT

CHINA MECHANICAL ENGINEERING

CHINA OCEAN ENGINEERING

CHINA RAILWAY SCIENCE

CHINA SURFACTANT DETERGENT & COSMETICS

CHINA TEXTILE LEADER

CHINESE JOURNAL OF AERONAUTICS

CHINESE JOURNAL OF CHEMICAL ENGINEERING

CHINESE JOURNAL OF CHEMICAL PHYSICS

CHINESE JOURNAL OF COMPUTERS

CHINESE JOURNAL OF ELECTRICAL ENGINEERING

CHINESE JOURNAL OF ELECTRON DEVICES

CHINESE JOURNAL OF ELECTRONICS

CHINESE JOURNAL OF LIQUID CRYSTALS AND DISPLAYS

CHINESE JOURNAL OF MECHANICAL ENGINEERING

CHINESE JOURNAL OF NONFERROUS METALS

CHINESE JOURNAL OF POLYMER SCIENCE

CHINESE JOURNAL OF QUANTUM ELECTRONICS

CHINESE JOURNAL OF SENSORS AND ACTUATORS

CHINESE JOURNAL OF SPACE SCIENCE

CHINESE PHYSICS B

CHINESE PHYSICS C

CHINESE PHYSICS LETTERS

COMMUNICATIONS IN NONLINEAR SCIENCE AND NUMERICAL SIMULATION

COMMUNICATIONS IN THEORETICAL PHYSICS

COMPUTATIONAL MATERIALS SCIENCE

COMPUTER AIDED ENGINEERING

COMPUTER ENGINEERING

COMPUTER ENGINEERING AND APPLICATIONS

COMPUTER ENGINEERING AND DESIGN

COMPUTER ENGINEERING AND SCIENCE

COMPUTER INTEGRATED MANUFACTURING SYSTEMS

CONTROL AND DECISION

CONTROL THEORY & APPLICATIONS

CONTROL THEORY AND TECHNOLOGY

CORROSION SCIENCE AND PROTECTION TECHNOLOGY

CSEE JOURNAL OF POWER AND ENERGY SYSTEMS

DEFENCE TECHNOLOGY

DIGITAL COMMUNICATIONS AND NETWORKS

EARTH SCIENCE

EARTHQUAKE ENGINEERING AND ENGINEERING DYNAMICS

EARTHQUAKE ENGINEERING AND ENGINEERING VIBRATION

ELECTRIC MACHINES AND CONTROL

ELECTRIC POWER

ELECTRIC POWER AUTOMATION EQUIPMENT

ELECTRIC POWER CONSTRUCTION

ELECTRIC POWER SCIENCE AND ENGINEERING

ELECTRIC WELDING MACHINE

ELECTRICAL MEASUREMENT AND INSTRUMENTATION

ELECTRONIC COMPONENTS AND MATERIALS

ELECTRONIC SCIENCE AND TECHNOLOGY

ELECTRONICS OPTICS & CONTROL

ELECTROPLATING & FINISHING

ENERGY STORAGE SCIENCE AND TECHNOLOGY

ENGINEERING

ENGINEERING JOURNAL OF WUHAN UNIVERSITY

FRICTION

FRONTIERS IN ENERGY

FRONTIERS OF CHEMICAL SCIENCE AND ENGINEERING

FRONTIERS OF COMPUTER SCIENCE

FRONTIERS OF EARTH SCIENCE

FRONTIERS OF ENVIRONMENTAL SCIENCE & ENGINEERING

FRONTIERS OF INFORMATION TECHNOLOGY & ELECTRONIC ENGINEERING

FRONTIERS OF MECHANICAL ENGINEERING

FRONTIERS OF OPTOELECTRONICS

FRONTIERS OF PHYSICS

FRONTIERS OF STRUCTURAL AND CIVIL ENGINEERING

GEODESY AND GEODYNAMICS

DETERGENT & COSMETICS

GEOMATICS AND INFORMATION SCIENCE OF WUHAN UNIVERSITY

GEOSCIENCE FRONTIERS

GEO-SPATIAL INFORMATION SCIENCE

GREEN ENERGY & ENVIRONMENT

HIGH POWER LASER AND PARTICLE BEAMS

HIGH VOLTAGE APPARATUS

HIGH VOLTAGE ENGINEERING

IEEE/CAA JOURNAL OF AUTOMATICA SINICA

IMAGING SCIENCE AND PHOTOCHEMISTRY

INDUSTRIAL ENGINEERING AND MANAGEMENT

INDUSTRIAL ENGINEERING JOURNAL

INDUSTRY AND MINE AUTOMATION

INFORMATION AND CONTROL

INFRARED AND LASER ENGINEERING

INSTRUMENT TECHNIQUE AND SENSOR

INSULATING MATERIALS

INSULATORS AND SURGE ARRESTERS

INTERNATIONAL JOURNAL OF AUTOMATION AND COMPUTING

INTERNATIONAL JOURNAL OF COAL SCIENCE & TECHNOLOGY

INTERNATIONAL JOURNAL OF DIGITAL EARTH

INTERNATIONAL JOURNAL OF MINERALS, METALLURGY, AND MATERIALS

INTERNATIONAL JOURNAL OF MINING SCIENCE AND TECHNOLOGY

INTERNATIONAL JOURNAL OF SEDIMENT RESEARCH

JOURNAL OF ACADEMY OF ARMORED FORCE ENGINEERING

JOURNAL OF ADVANCED CERAMICS

JOURNAL OF AERONAUTICAL MATERIALS

JOURNAL OF AEROSPACE POWER

JOURNAL OF APPLIED OPTICS

JOURNAL OF APPLIED SCIENCES - ELECTRONICS AND INFORMATION ENGINEERING

JOURNAL OF ATMOSPHERIC AND ENVIRONMENTAL OPTICS

JOURNAL OF BEIJING INSTITUTE OF TECHNOLOGY

JOURNAL OF BEIJING NORMAL UNIVERSITY (NATURAL SCIENCE)

JOURNAL OF BEIJING UNIVERSITY OF AERONAUTICS AND ASTRONAUTICS

JOURNAL OF BEIJING UNIVERSITY OF TECHNOLOGY

JOURNAL OF CENTRAL SOUTH UNIVERSITY (SCIENCE AND TECHNOLOGY)

JOURNAL OF CENTRAL SOUTH UNIVERSITY. SCIENCE & TECHNOLOGY OF MINING AND METALLURGY

JOURNAL OF CHINA THREE GORGES UNIVERSITY (NATURAL SCIENCES)

JOURNAL OF CHINA UNIVERSITY OF PETROLEUM (NATURAL SCIENCE EDITION)

JOURNAL OF CHINESE COMPUTER SYSTEMS

JOURNAL OF CHINESE INERTIAL TECHNOLOGY

JOURNAL OF CHINESE SOCIETY FOR CORROSION AND PROTECTION

JOURNAL OF CHONGQING UNIVERSITY (ENGLISH EDITION)

JOURNAL OF CHONGQING UNIVERSITY OF POSTS AND TELECOMMUNICATIONS (NATURAL SCIENCE EDITION)

JOURNAL OF COMPUTATIONAL MATHEMATICS

JOURNAL OF COMPUTER AIDED DESIGN & COMPUTER GRAPHICS

JOURNAL OF COMPUTER APPLICATIONS

JOURNAL OF COMPUTER SCIENCE AND TECHNOLOGY

JOURNAL OF CONTROL AND DECISION

JOURNAL OF DALIAN UNIVERSITY OF TECHNOLOGY

JOURNAL OF DATA ACQUISITION AND PROCESSING

JOURNAL OF DETECTION & CONTROL

JOURNAL OF DONGHUA UNIVERSITY (ENGLISH EDITION)

JOURNAL OF EARTH SCIENCE

JOURNAL OF EAST CHINA UNIVERSITY OF SCIENCE AND TECHNOLOGY (NATURAL SCIENCE EDITION)

JOURNAL OF ELECTRIC POWER SCIENCE AND TECHNOLOGY

JOURNAL OF ELECTRONIC SCIENCE AND TECHNOLOGY

JOURNAL OF ENERGY CHEMISTRY

JOURNAL OF ENVIRONMENTAL SCIENCES

JOURNAL OF EQUIPMENT ACADEMY

JOURNAL OF FOOD SCIENCE AND TECHNOLOGY

JOURNAL OF FRONTIERS OF COMPUTER SCIENCE AND TECHNOLOGY

JOURNAL OF GEOGRAPHICAL SCIENCES

JOURNAL OF GUANGDONG UNIVERSITY OF TECHNOLOGY

JOURNAL OF HEBEI UNIVERSITY OF SCIENCE AND TECHNOLOGY

JOURNAL OF HEBEI UNIVERSITY OF TECHNOLOGY

JOURNAL OF HENAN UNIVERSITY OF SCIENCE & TECHNOLOGY (NATURAL SCIENCE)

JOURNAL OF HUAZHONG UNIVERSITY OF SCIENCE AND TECHNOLOGY (NATURAL SCIENCE EDITION)

JOURNAL OF HUNAN UNIVERSITY (NATURAL SCIENCES)

JOURNAL OF JILIN UNIVERSITY (SCIENCE EDITION)

JOURNAL OF LANZHOU UNIVERSITY OF TECHNOLOGY

JOURNAL OF MARINE SCIENCE AND APPLICATION

JOURNAL OF MATERIALS SCIENCE & TECHNOLOGY

JOURNAL OF MECHANICAL ENGINEERING

JOURNAL OF MINERALOGY AND PETROLOGY

JOURNAL OF MODERN TRANSPORTATION

JOURNAL OF NANJING UNIVERSITY OF AERONAUTICS & ASTRONAUTICS

JOURNAL OF NANJING UNIVERSITY OF POSTS AND TELECOMMUNICATIONS (NATURAL SCIENCE EDITION)

JOURNAL OF NANJING UNIVERSITY OF SCIENCE AND TECHNOLOGY

JOURNAL OF NATIONAL UNIVERSITY OF DEFENSE TECHNOLOGY

JOURNAL OF NAVAL UNIVERSITY OF ENGINEERING

JOURNAL OF NORTH CHINA ELECTRIC POWER UNIVERSITY (NATURAL SCIENCE EDITION)

JOURNAL OF NORTHEASTERN UNIVERSITY (NATURAL SCIENCE)

JOURNAL OF OCEAN ENGINEERING AND SCIENCE

JOURNAL OF PLA UNIVERSITY OF SCIENCE AND TECHNOLOGY (NATURAL SCIENCE EDITION)

JOURNAL OF PROJECTILES, ROCKETS, MISSILES AND GUIDANCE

JOURNAL OF QINGDAO UNIVERSITY

JOURNAL OF QINGDAO UNIVERSITY OF SCIENCE AND TECHNOLOGY (NATURAL SCIENCE EDITION)

JOURNAL OF RARE EARTHS

JOURNAL OF ROCK MECHANICS AND GEOTECHNICAL ENGINEERING

JOURNAL OF ROCKET PROPULSION

JOURNAL OF SEMICONDUCTORS

JOURNAL OF SHANGHAI JIAOTONG UNIVERSITY (SCIENCE)

JOURNAL OF SHENYANG UNIVERSITY OF TECHNOLOGY

JOURNAL OF SHENZHEN POLYTECHNIC

JOURNAL OF SHENZHEN UNIVERSITY SCIENCE AND ENGINEERING

JOURNAL OF SIGNAL PROCESSING

JOURNAL OF SOFTWARE

JOURNAL OF SOLID ROCKET TECHNOLOGY

JOURNAL OF SOUTH CHINA UNIVERSITY OF TECHNOLOGY (NATURAL SCIENCE EDITION)

JOURNAL OF SOUTHEAST UNIVERSITY (ENGLISH EDITION)

JOURNAL OF SOUTHEAST UNIVERSITY (NATURAL SCIENCE EDITION)

JOURNAL OF SYSTEM SIMULATION

JOURNAL OF SYSTEMS ENGINEERING AND ELECTRONICS

JOURNAL OF SYSTEMS SCIENCE AND COMPLEXITY

JOURNAL OF SYSTEMS SCIENCE AND SYSTEMS ENGINEERING

JOURNAL OF TEST AND MEASUREMENT TECHNOLOGY

JOURNAL OF THE CHINA SOCIETY FOR SCIENTIFIC AND TECHNICAL INFORMATION

JOURNAL OF THERMAL SCIENCE

JOURNAL OF THERMAL SCIENCE AND TECHNOLOGY

JOURNAL OF TIANJIN UNIVERSITY (SCIENCE AND TECHNOLOGY)

JOURNAL OF TONGJI UNIVERSITY (NATURAL SCIENCE)

JOURNAL OF TRAFFIC AND TRANSPORTATION ENGINEERING

JOURNAL OF UNIVERSITY OF ELECTRONIC SCIENCE AND TECHNOLOGY OF CHINA

JOURNAL OF UNIVERSITY OF SCIENCE AND TECHNOLOGY OF CHINA

JOURNAL OF VIBRATION ENGINEERING

JOURNAL OF WUHAN UNIVERSITY (NATURAL SCIENCE EDITION)

JOURNAL OF WUHAN UNIVERSITY OF TECHNOLOGY

JOURNAL OF XIAMEN UNIVERSITY (NATURAL SCIENCE)

JOURNAL OF XI'AN JIAOTONG UNIVERSITY

JOURNAL OF XI'AN UNIVERSITY OF TECHNOLOGY

JOURNAL OF XIDIAN UNIVERSITY

JOURNAL OF YANGZHOU UNIVERSITY (NATURAL SCIENCE EDITION)

JOURNAL OF ZHEJIANG UNIVERSITY (ENGINEERING SCIENCE)

JOURNAL OF ZHEJIANG UNIVERSITY (SCIENCE EDITION)

JOURNAL OF ZHEJIANG UNIVERSITY OF TECHNOLOGY

JOURNAL OF ZHEJIANG UNIVERSITY, SCIENCE A (APPLIED PHYSICS & ENGINEERING)

JOURNAL OF ZHENGZHOU UNIVERSITY (ENGINEERING SCIENCE)

JOURNAL ON COMMUNICATIONS

LASER TECHNOLOGY

LIGHT INDUSTRY MACHINERY

METALLURGICAL INDUSTRY AUTOMATION

MICROELECTRONICS

MICROMOTORS

MICRONANOELECTRONIC TECHNOLOGY

MICROSYSTEMS & NANOENGINEERING

NANO RESEARCH

NANO-MICRO LETTERS

NANOTECHNOLOGY AND PRECISION ENGINEERING

NATURAL GAS INDUSTRY

NUCLEAR SCIENCE AND TECHNIQUES

OPTICS AND PRECISION ENGINEERING

OPTOELECTRONICS LETTERS

ORDNANCE INDUSTRY AUTOMATION

PARTICUOLOGY

PETROLEUM

PETROLEUM RESEARCH

PETROLEUM SCIENCE

PHOTONIC SENSORS

PLASMA SCIENCE AND TECHNOLOGY

PROCEEDINGS OF THE CSU-EPSA

PROCESS AUTOMATION INSTRUMENTATION

PROGRESS IN NATURAL SCIENCE: MATERIALS INTERNATIONAL

RAILWAY COMPUTER APPLICATION

RARE METALS

RESEARCH IN ASTRONOMY AND ASTROPHYSICS

ROBOT

SCIENCE & TECHNOLOGY REVIEW

SCIENCE BULLETIN

SCIENCE CHINA INFORMATION SCIENCES

SCIENCE CHINA TECHNOLOGICAL SCIENCES

SEMICONDUCTOR TECHNOLOGY

SHANGHAI METALS

SOLID EARTH SCIENCES

SOUTHERN POWER SYSTEM TECHNOLOGY

SPACECRAFT ENGINEERING

SPECIAL CASTING & NONFERROUS ALLOYS

SPECIAL OIL & GAS RESERVOIRS

SYSTEMS ENGINEERING AND ELECTRONICS

TECHNICAL ACOUSTICS

TELECOMMUNICATION ENGINEERING

TELECOMMUNICATIONS SCIENCE

THEORETICAL AND APPLIED MECHANICS LETTERS

TOBACCO SCIENCE & TECHNOLOGY

TRANSACTIONS OF BEIJING INSTITUTE OF TECHNOLOGY

TRANSACTIONS OF NANJING UNIVERSITY OF AERONAUTICS & ASTRONAUTICS

TRANSACTIONS OF NONFERROUS METALS SOCIETY OF CHINA

TRANSACTIONS OF TIANJIN UNIVERSITY

TSINGHUA SCIENCE AND TECHNOLOGY

VIDEO ENGINEERING

WATER RESOURCES AND POWER

WORLD EARTHQUAKE ENGINEERING

WUHAN UNIVERSITY JOURNAL OF NATURAL SCIENCES

WULI PHYSICS

ZHEJIANG ELECTRIC POWER

ZTE COMMUNICATIONS

附录 3　2017 年 Medline 收录的中国期刊

ACTA BIOCHIMICA ET BIOPHYSICA SINICA

ACTA MECHANICA SINICA

ACTA PHARMACOLOGICA SINICA

ADVANCES IN ATMOSPHERIC SCIENCES

ANIMAL NUTRITION

APPLIED MATHEMATICS : A JOURNAL OF CHINESE UNIVERSITIES

ASIAN JOURNAL OF ANDROLOGY

BEIJING DA XUE XUE BAO. YI XUE BAN

BIOMEDICAL AND ENVIRONMENTAL SCIENCES: BES

BONE RESEARCH

CANCER BIOLOGY & MEDICINE

CELL RESEARCH

CELLULAR & MOLECULAR IMMUNOLOGY

CHINESE CHEMICAL LETTERS

CHINESE JOURNAL OF CANCER

CHINESE JOURNAL OF CANCER RESEARCH

CHINESE JOURNAL OF INTEGRATIVE MEDICINE

CHINESE JOURNAL OF NATURAL MEDICINES

CHINESE JOURNAL OF TRAUMATOLOGY

CHINESE MEDICAL JOURNAL

CHINESE MEDICAL SCIENCES JOURNAL

CHINESE OPTICS LETTERS : COL

CHRONIC DISEASES AND TRANSLATIONAL MEDICINE

CURRENT ZOOLOGY

DIAN HUA XUE

ENGINEERING

FA YI XUE ZA ZHI

FRONTIERS IN BIOLOGY

FRONTIERS OF CHEMICAL SCIENCE AND ENGINEERING

FRONTIERS OF MEDICINE

GENOMICS, PROTEOMICS & BIOINFORMATICS

GUANG PU XUE YU GUANG PU FEN XI

HUA XI KOU QIANG YI XUE ZA ZHI

HUAN JING KE XUE

INSECT SCIENCE

INTERNATIONAL JOURNAL OF COAL SCIENCE & TECHNOLOGY

INTERNATIONAL JOURNAL OF MINING SCIENCE AND TECHNOLOGY

INTERNATIONAL JOURNAL OF OPHTHALMOLOGY

INTERNATIONAL JOURNAL OF ORAL SCIENCE

JOURNAL OF ANIMAL SCIENCE AND BIOTECHNOLOGY

JOURNAL OF BIOMEDICAL RESEARCH

JOURNAL OF ENVIRONMENTAL SCIENCES

JOURNAL OF GENETICS AND GENOMICS

JOURNAL OF GERIATRIC CARDIOLOGY : JGC

JOURNAL OF HUAZHONG UNIVERSITY OF SCIENCE AND TECHNOLOGY. MEDICAL SCIENCES

JOURNAL OF INTEGRATIVE MEDICINE

JOURNAL OF INTEGRATIVE PLANT BIOLOGY

JOURNAL OF MOLECULAR CELL BIOLOGY

JOURNAL OF MOUNTAIN SCIENCE

JOURNAL OF OTOLOGY

JOURNAL OF PHARMACEUTICAL ANALYSIS

JOURNAL OF SPORT AND HEALTH SCIENCE

JOURNAL OF TRADITIONAL CHINESE MEDICINE

JOURNAL OF ZHEJIANG UNIVERSITY. SCIENCE. B

LIGHT, SCIENCE & APPLICATIONS

LIN CHUANG ER BI YAN HOU TOU JING WAI KE ZA ZHI

LIVER RESEARCH

MICROSYSTEMS & NANOENGINEERING

MILITARY MEDICAL RESEARCH

MOLECULAR PLANT

NAN FANG YI KE DA XUE XUE BAO

NANO RESEARCH

NATIONAL SCIENCE REVIEW

NEURAL REGENERATION RESEARCH

NEUROSCIENCE BULLETIN

PETROLEUM SCIENCE

PLANT DIVERSITY

PROTEIN & CELL

QUANTITATIVE BIOLOGY

SCIENCE BULLETIN

SCIENCE CHINA. LIFE SCIENCES

SCIENCE CHINA. MATHEMATICS

SE PU

SHANGHAI ARCHIVES OF PSYCHIATRY

SHANGHAI KOU QIANG YI XUE

SHENG LI KE XUE JIN ZHAN

SHENG LI XUE BAO

SHENG WU GONG CHENG XUE BAO

SHENG WU YI XUE GONG CHENG XUE ZA ZHI

SICHUAN DA XUE XUE BAO. YI XUE BAN

SIGNAL TRANSDUCTION AND TARGETED THERAPY

VIROLOGICA SINICA

WEI SHENG WU XUE BAO

WEI SHENG YAN JIU

WORLD JOURNAL OF EMERGENCY MEDICINE

WORLD JOURNAL OF GASTROENTEROLOGY

WORLD JOURNAL OF OTORHINOLARYNGOLOGY - HEAD AND NECK SURGERY

XI BAO YU FEN ZI MIAN YI XUE ZA ZHI

YAO XUE XUE BAO

YI CHUAN

YING YONG SHENG TAI XUE BAO

ZHEJIANG DA XUE XUE BAO. YI XUE BAN

ZHEN CI YAN JIU

ZHONG NAN DA XUE XUE BAO. YI XUE BAN

ZHONG YAO CAI

ZHONGGUO DANG DAI ER KE ZA ZHI

ZHONGGUO FEI AI ZA ZHI

ZHONGGUO GU SHANG

ZHONGGUO JI SHENG CHONG XUE YU JI SHENG CHONG BING ZA ZHI

ZHONGGUO SHI YAN XUE YE XUE ZA ZHI

ZHONGGUO XIU FU CHONG JIAN WAI KE ZA ZHI

ZHONGGUO XUE XI CHONG BING FANG ZHI ZA ZHI

ZHONGGUO YI LIAO QI XIE ZA ZHI

ZHONGGUO YI XUE KE XUE YUAN XUE BAO

ZHONGGUO YING YONG SHENG LI XUE ZA ZHI

ZHONGGUO ZHEN JIU

ZHONGGUO ZHONG YAO ZA ZHI

ZHONGHUA BING LI XUE ZA ZHI

ZHONGHUA ER BI YAN HOU TOU JING WAI KE ZA ZHI

ZHONGHUA ER KE ZA ZHI

ZHONGHUA FU CHAN KE ZA ZHI

ZHONGHUA GAN ZANG BING ZA ZHI

ZHONGHUA JIE HE HE HU XI ZA ZHI

ZHONGHUA KOU QIANG YI XUE ZA ZHI

ZHONGHUA LAO DONG WEI SHENG ZHI YE BING ZA ZHI

ZHONGHUA LIU XING BING XUE ZA ZHI

ZHONGHUA NAN KE XUE

ZHONGHUA NEI KE ZA ZHI

ZHONGHUA SHAO SHANG ZA ZHI

ZHONGHUA WAI KE ZA ZHI

ZHONGHUA WEI CHANG WAI KE ZA ZHI

ZHONGHUA WEI ZHONG BING JI JIU YI XUE

ZHONGHUA XIN XUE GUAN BING ZA ZHI

ZHONGHUA XUE YE XUE ZA ZHI

ZHONGHUA YAN KE ZA ZHI

ZHONGHUA YI SHI ZA ZHI

ZHONGHUA YI XUE YI CHUAN XUE ZA ZHI

ZHONGHUA YI XUE ZA ZHI

ZHONGHUA YU FANG YI XUE ZA ZHI

ZHONGHUA ZHENG XING WAI KE ZA ZHI

ZHONGHUA ZHONG LIU ZA ZHI

ZOOLOGICAL RESEARCH

附录4 2017年CA plus核心期刊（Core Journal）收录的中国期刊

ACTA PHARMACOLOGICA SINICA

BONE RESEARCH

BOPUXUE ZAZHI

CAILIAO RECHULI XUEBAO

CHEMICAL RESEARCH IN CHINESE
UNIVERSITIES

CHINESE CHEMICAL LETTERS

CHINESE JOURNAL OF CHEMICAL
ENGINEERING

CHINESE JOURNAL OF CHEMICAL PHYSICS

CHINESE JOURNAL OF CHEMISTRY

CHINESE JOURNAL OF GEOCHEMISTRY

CHINESE JOURNAL OF POLYMER SCIENCE

CHINESE JOURNAL OF STRUCTURAL
CHEMISTRY

CHINESE PHYSICS C

CUIHUA XUEBAO

DIANHUAXUE

DIQIU HUAXUE

FENXI HUAXUE

FENZI CUIHUA

GAODENG XUEXIAO HUAXUE XUEBAO

GAOFENZI CAILIAO KEXUE YU GONGCHENG

GAOFENZI XUEBAO

GAOXIAO HUAXUE GONGCHENG XUEBAO

GONGNENG GAOFENZI XUEBAO

GUANGPUXUE YU GUANGPU FENXI

GUIJINSHU

GUISUANYAN XUEBAO

GUOCHENG GONGCHENG XUEBAO

HECHENG XIANGJIAO GONGYE

HUADONG LIGONG DAXUE XUEBAO, ZIRAN
KEXUEBAN

HUAGONG XUEBAO (CHIN. ED.)

HUANJING HUAXUE

HUANJING KEXUE XUEBAO

HUAXUE FANYING GONGCHENG YU GONGYI

HUAXUE SHIJI

HUAXUE TONGBAO

HUAXUE XUEBAO

JINSHU XUEBAO

JISUANJI YU YINGYONG HUAXUE

LIGHT: SCI. APPL.

LINCHAN HUAXUE YU GONGYE

MOLECULAR PLANT

RANLIAO HUAXUE XUEBAO

RARE METALS (BEIJING, CHINA)

RENGONG JINGTI XUEBAO

SCIENCE CHINA: CHEMISTRY

SEPU

SHIYOU HUAGONG

SHIYOU XUEBAO, SHIYOU JIAGONG

SHUICHULI JISHU

WUJI HUAXUE XUEBAO

WULI HUAXUE XUEBAO

WULI XUEBAO

YINGXIANG KEXUE YU GUANG HUAXUE

YINGYONG HUAXUE

YOUJI HUAXUE

ZHIPU XUEBAO

ZHONGGUO SHENGWU HUAXUE YU FENZI
SHENGWU XUEBAO

ZHONGGUO WUJI FENXI HUAXUE

附录 5　2017 年 Ei 收录的中国期刊

SHENGXUE XUEBAO	ZHONGGUO GONGLU XUEBAO
HANGKONG XUEBAO	CHINA OCEAN ENGINEERING
BINGGONG XUEBAO	ZHONGGUO TIEDAO KEXUE
ZIDONGHUA XUEBAO	ZHONGGUO BIAOMIAN GONGCHENG
TIEN TZU HSUEH PAO	CHINESE JOURNAL OF AERONAUTICS
TAIYANGNENG XUEBAO	FENXI HUAXUE
ACTA GEOCHIMICA	CHINESE JOURNAL OF CATALYSIS
CEHUI XUEBAO	CHINESE JOURNAL OF CHEMICAL ENGINEERING
DILI XUEBAO	
DIZHI XUEBAO	JISUANJI XUEBAO
FUHE CAILIAO XUEBAO	HANNENG CAILIAO
LIXUE XUEBAO	GONGCHENG KEXUE XUEBAO
ACTA MECHANICA SOLIDA SINICA	HUOZHAYAO XUEBAO
JINSHU XUEBAO	DIQIU WULI XUEBAO
ACTA METALLURGICA SINICA (ENGLISH LETTERS)	YANTU GONGCHENG XUEBAO
	ZHONGGUO JIGUANG
GUANGXUE XUEBAO	FAGUANG XUEBAO
SHIYOU XUEBAO	CAILIAO YANJIU XUEBAO
SHIYOU XUEBAO, SHIYOU JIAGONG	CHINESE JOURNAL OF MECHANICAL ENGINEERING (ENGLISH EDITION)
YANSHI XUEBAO	
GUANGZI XUEBAO	ZHONGGUO YOUSE JINSHU XUEBAO
WULI XUEBAO	XIYOU JINSHU
BEIJING DAXUE XUEBAO ZIRAN KEXUE BAN	YANSHILIXUE YU GONGCHENG XUEBAO
GONGCHENG KEXUE YU JISHU	YI QI YI BIAO XUE BAO
LIXUE JINZHAN	LIXUE XUEBAO
SHUIKEXUE JINZHAN	ZHONGGUO GUANGXUE
APPLIED MATHEMATICS AND MECHANICS (ENGLISH EDITION)	CHINESE OPTICS LETTERS
	CHINESE PHYSICS B
YUANZINENG KEXUE JISHU	KEXUE TONGBAO (CHINESE)
DIANLI XITONG ZIDONGHUA	HUAGONG XUEBAO
QICHE GONGCHENG	JISUANJI JICHENG ZHIZAO XITONG
QIAOLIANG JIANSHE	JISUANJI YANJIU YU FAZHAN
BUILDING SIMULATION	KONGZHI YU JUECE
HUAGONG JINZHAN	KONGZHI LILUN YU YINGYONG
GAODENG XUEXIAO HUAXUE XUEBAO	CONTROL THEORY AND TECHNOLOGY
TUMU GONGCHENG XUEBAO	DIQIU KEXUE ZHONGGUO DIZHI DAXUE XUEBAO
ZHONGGUO HUANJING KEXUE	

DIXUE QIANYUAN

EARTHQUAKE ENGINEERING AND ENGINEERING VIBRATION

DIANJI YU KONGZHI XUEBAO

DIANLI ZIDONGHUA SHEBEI

GONGCHENG LIXUE

HUANJING KEXUE

BAOZHA YU CHONGJI

JINGXI HUAGONG

SHIPIN KEXUE

FRONTIERS OF CHEMICAL SCIENCE AND ENGINEERING

FRONTIERS OF COMPUTER SCIENCE

FRONTIERS OF ENVIRONMENTAL SCIENCE AND ENGINEERING

FRONTIERS OF INFORMATION TECHNOLOGY & ELECTRONIC ENGINEERING

FRONTIERS OF OPTOELECTRONICS

FRONTIERS OF STRUCTURAL AND CIVIL ENGINEERING

WUHAN DAXUE XUEBAO (XINXI KEXUE BAN)

DADI GOUZAO YU CHENGKUANGXUE

HIGH TECHNOLOGY LETTERS

GAODIANYA JISHU

HONGWAI YU JIGUANG GONGCHENG

INTERNATIONAL JOURNAL OF AUTOMATION AND COMPUTING

INTERNATIONAL JOURNAL OF INTELLIGENT COMPUTING AND CYBERNETICS

INTERNATIONAL JOURNAL OF MINERALS, METALLURGY AND MATERIALS

INTERNATIONAL JOURNAL OF MINING SCIENCE AND TECHNOLOGY

HANGKONG DONGLI XUEBAO

YUHANG XUEBAO

YINGYONG JICHU YU GONGCHENG KEXUE XUEBAO

JOURNAL OF BEIJING INSTITUTE OF TECHNOLOGY (ENGLISH EDITION)

BEIJING HANGKONG HANGTIAN DAXUE XUEBAO

BEIJING YOUDIAN DAXUE XUEBAO

SHENGWU YIXUE GONGCHENGXUE ZAZHI

JOURNAL OF BIONIC ENGINEERING

JIANZHU CAILIAO XUEBAO

JIANZHU JIEGOU XUEBAO

JOURNAL OF CENTRAL SOUTH UNIVERSITY (ENGLISH EDITION)

ZHONGNAN DAXUE XUEBAO (ZIRAN KEXUE BAN)

GAO XIAO HUA XUE GONG CHENG XUE BAO

JOURNAL OF CHINA UNIVERSITIES OF POSTS AND TELECOMMUNICATIONS

ZHONGGUO KUANGYE DAXUE XUEBAO

ZHONGGUO SHIYOU DAXUE XUEBAO (ZIRAN KEXUE BAN)

ZHONGGUO GUANXING JISHU XUEBAO

ZHONGGUO SHIPIN XUEBAO

ZHIPU XUEBAO

JOURNAL OF COMPUTER SCIENCE AND TECHNOLOGY

JISUANJI FUZHU SHEJI YU TUXINGXUE XUEBAO

DIANZI YU XINXI XUEBAO

JOURNAL OF ENERGY CHEMISTRY

KUNG CHENG JE WU LI HSUEH PAO

JOURNAL OF ENVIRONMENTAL SCIENCES (CHINA)

RANLIAO HUAXUE XUEBAO

HARBIN GONGCHENG DAXUE XUEBAO

HARBIN GONGYE DAXUE XUEBAO

HUAZHONG KEJI DAXUE XUEBAO (ZIRAN KEXUE BAN)

HUNAN DAXUE XUEBAO

SHUILI XUEBAO

JOURNAL OF HYDRODYNAMICS

HONGWAI YU HAOMIBO XUEBAO

WUJI CAILIAO XUEBAO

JOURNAL OF IRON AND STEEL RESEARCH INTERNATIONAL

JILIN DAXUE XUEBAO (GONGXUEBAN)

HUPO KEXUE

CAILIAO GONGCHENG

JOURNAL OF MATERIALS SCIENCE AND TECHNOLOGY

JIXIE GONGCHENG XUEBAO

CAIKUANG YU ANQUAN GONGCHENG XUEBAO

GUOFANG KEJI DAXUE XUEBAO

DONGBEI DAXUE XUEBAO

XIBEI GONGYE DAXUE XUEBAO

TUIJIN JISHU

TIEDAO GONGCHENG XUEBAO

JOURNAL OF RARE EARTHS

YAOGAN XUEBAO

SHANGHAI JIAOTONG DAXUE XUEBAO

JOURNAL OF SHANGHAI JIAOTONG UNIVERSITY (SCIENCE)

CHUAN BO LI XUE

RUAN JIAN XUE BAO

HUANAN LIGONG DAXUE XUEBAO

JOURNAL OF SOUTHEAST UNIVERSITY (ENGLISH EDITION)

DONGNAN DAXUE XUEBAO (ZIRAN KEXUE BAN)

XINAN JIAOTONG DAXUE XUEBAO

JOURNAL OF SYSTEMS ENGINEERING AND ELECTRONICS

JOURNAL OF SYSTEMS SCIENCE AND COMPLEXITY

JOURNAL OF SYSTEMS SCIENCE AND SYSTEMS ENGINEERING

FANGZHI XUEBAO

MEITAN XUEBAO

TIEDAO XUEBAO

KUEI SUAN JEN HSUEH PAO

DIANZI KEJI DAXUE XUEBAO

JOURNAL OF THERMAL SCIENCE

TIANJIN DAXUE XUEBAO (ZIRAN KEXUE YU GONGCHENG JISHU BAN)

TONGJI DAXUE XUEBAO

JIAOTONG YUNSHU GONGCHENG XUEBAO

JIAOTONG YUNSHU XITONG GONGCHENG YU XINXI

QINGHUA DAXUE XUEBAO

ZHENDONG YU CHONGJI

ZHENDONG GONGCHENG XUEBAO

ZHENDONG CESHI YU ZHENDUAN

HSIAN CHIAO TUNG TA HSUEH

XI'AN DIANZI KEJI DAXUE XUEBAO

ZHEJIANG DAXUE XUEBAO (GONGXUE BAN)

JOURNAL OF ZHEJIANG UNIVERSITY: SCIENCE A

TONGXIN XUEBAO

JOURNAL WUHAN UNIVERSITY OF TECHNOLOGY, MATERIALS SCIENCE EDITION

LIGHT: SCIENCE & APPLICATIONS

CAILIAO DAOBAO

NANO RESEARCH

TIANRANQI GONGYE

XINXING TAN CAILIAO

HEDONGLI GONGCHENG

SHIYOU YU TIANRANQI DIZHI

SHIYOU DIQIU WULI KANTAN

GUANGXUE JINGMI GONGCHENG

OPTOELECTRONICS LETTERS

PARTICUOLOGY

SHIYOU KANTAN YU KAIFA

PHOTONIC SENSORS

PLASMA SCIENCE AND TECHNOLOGY

GAOFENZI CAILIAO KEXUE YU GONGCHENG

DIANWANG JISHU

ZHONGGUO DIANJI GONGCHENG XUEBAO

XIYOU JINSHU CAILIAO YU GONGCHENG

RARE METALS

JIQIREN

YANTU LIXUE

SCIENCE BULLETIN

SCIENCE CHINA CHEMISTRY

SCIENCE CHINA EARTH SCIENCES

SCIENCE CHINA INFORMATION SCIENCES

ZHONGGUO KEXUE: CAILIAOKEXUE
(YINGWENBAN)

SCIENCE CHINA: PHYSICS, MECHANICS AND
ASTRONOMY

LINYE KEXUE

ZHONGGUO KEXUE JISHU KEXUE (CHINESE)

DIZHEN DIZHI

ZHONGGUO ZAOCHUAN

GUANG PU XUE YU GUANG PU FEN XI

BIAOMIAN JISHU

XITONG GONGCHENG LILUN YU SHIJIAN

XI TONG GONG CHENG YU DIAN ZI JI SHU

BEIJING LIGONG DAXUE XUEBAO

DIANGONG JISHU XUEBAO

NEIRANJI XUEBAO

TRANSACTIONS OF NANJING UNIVERSITY OF
AERONAUTICS AND ASTRONAUTICS

TRANSACTIONS OF NONFERROUS METALS
SOCIETY OF CHINA (ENGLISH EDITION)

HANJIE XUEBAO

NONGYE JIXIE XUEBAO

NONGYE GONGCHENG XUEBAO

TRANSACTIONS OF TIANJIN UNIVERSITY

MOCAXUE XUEBAO

TSINGHUA SCIENCE AND TECHNOLOGY

WATER SCIENCE AND ENGINEERING

TSINGHUA SCIENCE AND TECHNOLOGY

WATER SCIENCE AND ENGINEERING

附录 6　2017 年中国内地第一作者在 NATURE、SCIENCE、CELL 期刊上发表的论文

论文题目	第一作者	所属机构	来源期刊	被引次数
Arabidopsis pollen tube integrity and sperm release are regulated by RALF-mediated signaling	Ge, Zengxiang	清华大学—北京大学生命科学联合中心	SCIENCE	15
Driving mosquito refractoriness to Plasmodium falciparum with engineered symbiotic bacteria	Wang, Sibao	中国科学院上海生命科学研究院	SCIENCE	7
The Apostasia genome and the evolution of orchids	Zhang, Guoqiang	中国兰花保存中心	NATURE	5
Superparamagnetic enhancement of thermoelectric performance	Zhao, Wenyu	武汉理工大学	NATURE	24
m(6)A modulates haematopoietic stem and progenitor cell specification	Zhang, Chunxia	中国科学院动物研究所	NATURE	13
Polycomb-like proteins link the PRC2 complex to CpG islands	Li, Haojie	北京师范大学	NATURE	11
Satellite-to-ground quantum key distribution	Liao, Shengkai	中国科学技术大学	NATURE	22
Ground-to-satellite quantum teleportation	Ren, Jigang	中国科学技术大学	NATURE	17
A series of energetic metal pentazolate hydrates	Xu, Yuangang	南京理工大学	NATURE	12

续表

论文题目	第一作者	所属机构	来源期刊	被引次数
Robust epitaxial growth of two-dimensional heterostructures, multiheterostructures, and superlattices	Zhang, Zhengwei	湖南大学	*SCIENCE*	38
Structure and assembly mechanism of plant C2S2M2-type PSII-LHCII supercomplex	Su, Xiaodong	中国科学院生物物理研究所	*SCIENCE*	14
Mechanism of intracellular allosteric beta(2)AR antagonist revealed by X-ray crystal structure	Liu, Xiangyu	清华大学	*NATURE*	6
A molecular spin-photovoltaic device	Sun, Xiangnan	中国科学院国家纳米科学中心	*SCIENCE*	3
A central neural circuit for itch sensation	Mu, Di	中国医学科学院神经科学研究所	*SCIENCE*	7
New gliding mammaliaforms from the Jurassic	Meng, Qingjin	北京历史博物馆	*NATURE*	2
Fructose-1,6-bisphosphate and aldolase mediate glucose sensing by AMPK	Zhang, Chensong	厦门大学	*NATURE*	20
Atomic-layered Au clusters on alpha-MoC as catalysts for the low-temperature water-gas shift reaction	Yao, Siyu	北京大学	*SCIENCE*	18
Cysteine protease cathepsin B mediates radiation-induced bystander effects	Peng, Yu	清华大学	*NATURE*	2
Crystal structures of agonist-bound human cannabinoid receptor CB1	Hua, Tian	上海科技大学	*NATURE*	23
An organic-inorganic perovskite ferroelectric with large piezoelectric response (vol 357, pg 306, 2017)	You, Yumeng	东南大学	*SCIENCE*	46
History of winning remodels thalamo-PFC circuit to reinforce social dominance	Zhou, Tingting	中国科学院上海生命科学研究院	*SCIENCE*	9
All-oxide-based synthetic antiferromagnets exhibiting layer-resolved magnetization reversal	Chen, Binbin	中国科学技术大学	*SCIENCE*	3
Allelic reprogramming of 3D chromatin architecture during early mammalian development	Du, Zhenhai	清华大学	*NATURE*	18
Chemotherapy drugs induce pyroptosis through caspase-3 cleavage of a gasdermin	Wang, Yupeng	中国农业大学	*NATURE*	30

续表

论文题目	第一作者	所属机构	来源期刊	被引次数
Observation of three-component fermions in the topological semimetal molybdenum phosphide	Lv, B. Q.	中国科学院物理研究所	*NATURE*	38
Plants transfer lipids to sustain colonization by mutualistic mycorrhizal and parasitic fungi	Jiang, Yina	中国科学院上海生命科学研究院	*SCIENCE*	30
Satellite-based entanglement distribution over 1200 kilometers	Yin, Juan	中国科学技术大学	*SCIENCE*	51
Controlling guest conformation for efficient purification of butadiene	Liao, Peiqin	中山大学	*SCIENCE*	39
Structural basis of CRISPR-SpyCas9 inhibition by an anti-CRISPR protein	Dong, De	哈尔滨工业大学	*NATURE*	20
Structure of the full-length glucagon class B G-protein-coupled receptor	Zhang, Haonan	中国科学院上海药物研究所	*NATURE*	27
Human GLP-1 receptor transmembrane domain structure in complex with allosteric modulators	Song, Gaojie	上海科技大学	*NATURE*	23
Electric-field control of tri-state phase transformation with a selective dual-ion switch	Lu, Nianpeng	清华大学	*NATURE*	38
3.9 angstrom structure of the yeast Mec1-Ddc2 complex, a homolog of human ATR-ATRIP	Wang, Xuejuan	中国科学技术大学	*SCIENCE*	3
Evolutionary enhancement of Zika virus infectivity in Aedes aegypti mosquitoes	Liu, Yang	清华大学	*NATURE*	46
Ephrin B1-mediated repulsion and signaling control germinal center T cell territoriality and function	Lu, Peiwen	清华大学	*SCIENCE*	6
TRAF2 and OTUD7B govern a ubiquitin-dependent switch that regulates mTORC2 signalling	Wang, Bin	陆军军医大学第三附属医院；第三军医大学第三附属医院；大坪医院；野战外科研究所	*NATURE*	7
The complex effects of ocean acidification on the prominent N-2-fixing cyanobacterium Trichodesmium	Hong, Haizheng	厦门大学	*SCIENCE*	6
Mechanism of chromatin remodelling revealed by the Snf2-nucleosome structure	Liu, Xiaoyu	清华大学	*NATURE*	26
Ultrastrong steel via minimal lattice misfit and high-density nanoprecipitation	Jiang, Suihe	北京科技大学	*NATURE*	58

续表

论文题目	第一作者	所属机构	来源期刊	被引次数
Low-temperature hydrogen production from water and methanol using Pt/alpha-MoC catalysts	Lin, Lili	北京大学	*NATURE*	60
Transboundary health impacts of transported global air pollution and international trade	Zhang, Qiang	清华大学	*NATURE*	44
METALLURGY Grain boundary stability governs hardening and softening in extremely fine nanograined metals	Hu, J.	沈阳材料科学国家（联合）实验室	*SCIENCE*	38
Rheological separation of the megathrust seismogenic zone and episodic tremor and slip	Gao, Xiang	中国科学院海洋研究所	*NATURE*	19
Deep functional analysis of synII, a 770-kilobase synthetic yeast chromosome	Shen, Yue	深圳华大基因科技有限公司	*SCIENCE*	49
Bug mapping and fitness testing of chemically synthesized chromosome X	Wu, Yi	天津大学	*SCIENCE*	29
Perfect"" designer chromosome V and behavior of a ring derivati	Xie, Zexiong	天津大学	*SCIENCE*	32
Engineering the ribosomal DNA in a megabase synthetic chromosome	Zhang, Weimin	清华大学	*SCIENCE*	21
Arrays of horizontal carbon nanotubes of controlled chirality grown using designed catalysts	Zhang, Shuchen	北京大学	*NATURE*	38
Epigenetic regulation of antagonistic receptors confers rice blast resistance with yield balance	Deng, Yiwen	中国科学院上海生命科学研究院	*SCIENCE*	34
Late Pleistocene archaic human crania from Xuchang, China	Li, Zhanyang	中国科学院古脊椎动物与古人类研究所	*SCIENCE*	21
Structure of a eukaryotic voltage-gated sodium channel at near-atomic resolution	Shen, Huaizong	清华大学	*SCIENCE*	25
A paralogous decoy protects Phytophthora sojae apoplastic effector PsXEG1 from a host inhibitor	Ma, Zhenchuan	南京农业大学	*SCIENCE*	20
MFN1 structures reveal nucleotide-triggered dimerization critical for mitochondrial fusion	Cao, Yulu	中山大学附属肿瘤医院	*NATURE*	20
Deterministic entanglement generation from driving through quantum phase transitions	Luo, Xinyu	清华大学	*SCIENCE*	14

续表

论文题目	第一作者	所属机构	来源期刊	被引次数
Meiofaunal deuterostomes from the basal Cambrian of Shaanxi (China)	Han, Jian	西北大学	*NATURE*	9
An interferon-independent lncRNA promotes viral replication by modulating cellular metabolism	Wang, Pin	海军军医大学；第二军医大学	*SCIENCE*	1
A Jurassic gliding euharamiyidan mammal with an ear of five auditory bones	Han, Gang	渤海大学	*NATURE*	1
INORGANIC CHEMISTRY Synthesis and characterization of the pentazolate anion cyclo-N-5(-) in (N-5)(6)(H3O)(3)(NH4)(4)Cl	Zhang, Chong	南京理工大学	*SCIENCE*	29
PLANT SCIENCE A chemical genetic roadmap to improved tomato flavor	Tieman, Denise	中国农业科学院深圳农业基因组研究所	*SCIENCE*	40
RPA binds histone H3-H4 and functions in DNA replication-coupled nucleosome assembly	Liu, Shaofeng	北京大学	*SCIENCE*	7
Mechanistic insights into the alternative translation termination by ArfA and RF2	Ma, Chengying	清华大学	*NATURE*	7
Scaling carbon nanotube complementary transistors to 5-nm gate lengths	Qiu, Chenguang	北京大学	*SCIENCE*	60
Structure of a yeast step II catalytically activated spliceosome	Yan, Chuangye	清华大学	*SCIENCE*	38
A single mutation in the prM protein of Zika virus contributes to fetal microcephaly	Yuan, Ling	中国科学院遗传与发育生物学研究所	*SCIENCE*	40
Granular materials flow like complex fluids	Kou, Binquan	上海交通大学	*NATURE*	3
Ubiquitination and degradation of GBPs by a Shigella effector to suppress host defence	Li, Peng	清华大学	*NATURE*	4
Genetic variation in glia-neuron signalling modulates ageing rate	Yin, Jiangan	中国医学科学院神经科学研究所	*NATURE*	2
History-independent cyclic response of nanotwinned metals	Pan, Qingsong	中国科学院金属研究所	*NATURE*	1
Structure of phycobilisome from the red alga Griffithsia pacifica	Zhang, Jun	清华大学	*NATURE*	9
Embryonic epigenetic reprogramming by a pioneer transcription factor in plants	Tao, Zeng	中国科学院上海生命科学研究院	*NATURE*	2

续表

论文题目	第一作者	所属机构	来源期刊	被引次数
Reducing the stochasticity of crystal nucleation to enable subnanosecond memory writing	Rao, Feng	中国科学院上海微系统与信息技术研究所	*SCIENCE*	10
N−epsilon−Fatty acylation of Rho GTPases by a MARTX toxin effector	Zhou, Yan	浙江大学	*SCIENCE*	1
Chaos−assisted broadband momentum transformation in optical microresonators	Jiang, Xuefeng	北京大学	*SCIENCE*	13
Ion sieving in graphene oxide membranes via cationic control of interlayer spacing	Chen, Liang	上海大学	*NATURE*	28
A solvent− and vacuum−free route to large−area perovskite films for efficient solar modules	Chen, Han	上海交通大学	*NATURE*	32
Structure of the Post−catalytic Spliceosome from Saccharomyces cerevisiae	Bai, Rui	清华大学	*CELL*	8
Structure of an Intron Lariat Spliceosome from Saccharomyces cerevisiae	Wan, Ruixue	清华大学	*CELL*	9
Regulatory Innate Lymphoid Cells Control Innate Intestinal Inflammation	Wang, Shuo	中国科学院生物物理研究所	*CELL*	17
Architecture of Human Mitochondrial Respiratory Megacomplex I2III2IV2	Guo, Runyu	清华大学	*CELL*	17
The Molecular Architecture for RNA−Guided RNA Cleavage by Cas13a	Liu, Liang	中国科学院生物物理研究所	*CELL*	13
Identification of Phosphorylation Codes for Arrestin Recruitment by G Protein−Coupled Receptors	Zhou, X. Edward	中国科学院上海药物研究所	*CELL*	16
Structure of the Na(v)1.4−beta 1 Complex from Electric Eel	Yan, Zhen	清华大学	*CELL*	24
Methyltransferase SETD2−Mediated Methylation of STAT1 Is Critical for Interferon Antiviral Activity	Chen, Kun	浙江大学医学院	*CELL*	8
Fusobacterium nucleatum Promotes Chemoresistance to Colorectal Cancer by Modulating Autophagy	Yu, TaChung	上海交通大学医学院附属仁济医院	*CELL*	32
3D Chromatin Structures of Mature Gametes and Structural Reprogramming during Mammalian Embryogenesis	Ke, Yuwen	中国科学院北京基因组研究所	*CELL*	16

续表

论文题目	第一作者	所属机构	来源期刊	被引次数
A Natural Allele of a Transcription Factor in Rice Confers Broad-Spectrum Blast Resistance	Li, Weitao	四川农业大学	*CELL*	14
Structure of the Human Lipid Exporter ABCA1	Qian, Hongwu	清华大学	*CELL*	18
Landscape of Infiltrating T Cells in Liver Cancer Revealed by Single-Cell Sequencing	Zheng, Chunhong	北京大学	*CELL*	32
Ubiquitination-Deficient Mutations in Human Piwi Cause Male Infertility by Impairing Histone-to-Protamine Exchange during Spermiogenesis	Gou, Lantao	中国科学院分子细胞科学卓越创新中心	*CELL*	9
An Atomic Structure of the Human Spliceosome	Zhang, Xiaofeng	清华大学	*CELL*	26
Modeling Rett Syndrome Using TALEN-Edited MECP2 Mutant Cynomolgus Monkeys	Chen, Yongchang	昆明理工大学	*CELL*	12
SLERT Regulates DDX21 Rings Associated with Pol I Transcription	Xing, Yuhang	中国科学院上海生命科学研究院	*CELL*	12
Derivation of Pluripotent Stem Cells with In Vivo Embryonic and Extraembryonic Potency	Yang, Yang	北京大学	*CELL*	30
Inefficient Crossover Maturation Underlies Elevated Aneuploidy in Human Female Meiosis	Wang, Shunxin	山东大学	*CELL*	8
Structure of a Pancreatic ATP-Sensitive Potassium Channel	Li, Ningning	北京大学	*CELL*	33
Two Distant Catalytic Sites Are Responsible for C2c2 RNase Activities	Liu, Liang	中国科学院生物物理研究所	*CELL*	30

注：论文文献类型为 Article 和 Review。检索时间为 2018 年 6 月。

附录 7　2017 年《美国数学评价》收录的中国科技期刊

ACTA MATH. APPL.SIN.	*APPL. MATH. J. CHINESE UNIV.SER. A*
ACTA MATH. APPL.SIN.ENGL.SER.	*APPL. MATH. J. CHINESE UNIV.SER. B*
ACTA MATH. SCI.SER.A CHIN. ED.	*CHIN. ANN. MATH. SER. B*
ACTA MATH. SCI.SER.B ENGL.ED.	*CHINESE ANN. MATH.SER. A*
ACTA MATH. SIN. (ENGL.SER.)	*CINESE J. APPL. PROBAB. STATIST.*
ACTA MATH. SINICA (CHIN.SER.)	*COMMUN.MAHT.RES.*
ADV. MATH. (CHINA)	*FRONT. MATH. CHINA*
ANN. APPL. MATH	*J. COMPUT. MATH.*

J. MATH. RES. APPL.	NUMER.MATH.J. CHINESE UNIV.
MATH. NUMER. SIN.	SCI. CHINA MATH.
NANJING DAXUE XUEBAO SHUXUE BANNIAN KAN	

附录 8　2017 年 SCIE 收录的中国论文数居前 100 位的期刊

排名	期刊名称	收录中国论文篇数
1	SCIENTIFIC REPORTS	7779
2	ONCOTARGET	5450
3	RSC ADVANCES	4253
4	PLOS ONE	3219
5	JOURNAL OF ALLOYS AND COMPOUNDS	2571
6	ACS APPLIED MATERIALS & INTERFACES	2430
7	MEDICINE	2211
8	INTERNATIONAL JOURNAL OF CLINICAL AND EXPERIMENTAL MEDICINE	1979
9	AGRO FOOD INDUSTRY HI-TECH	1645
10	MOLECULAR MEDICINE REPORTS	1641
11	JOURNAL OF MATERIALS CHEMISTRY A	1581
12	APPLIED SURFACE SCIENCE	1394
13	OPTICS EXPRESS	1352
14	INTERNATIONAL JOURNAL OF CLINICAL AND EXPERIMENTAL PATHOLOGY	1333
15	IEEE ACCESS	1325
16	ONCOLOGY LETTERS	1290
17	CERAMICS INTERNATIONAL	1276
18	EXPERIMENTAL AND THERAPEUTIC MEDICINE	1266
19	ABSTRACTS OF PAPERS OF THE AMERICAN CHEMICAL SOCIETY	1251
20	SENSORS	1235
21	CHEMICAL COMMUNICATIONS	1151
22	CHEMICAL ENGINEERING JOURNAL	1066
23	INTERNATIONAL JOURNAL OF HYDROGEN ENERGY	1056
24	SENSORS AND ACTUATORS B-CHEMICAL	1038
25	APPLIED THERMAL ENGINEERING	1028
26	NANOSCALE	998
27	MATERIALS LETTERS	995
28	INTERNATIONAL JOURNAL OF ADVANCED MANUFACTURING TECHNOLOGY	991
29	ELECTROCHIMICA ACTA	990
30	JOURNAL OF MATERIALS SCIENCE-MATERIALS IN ELECTRONICS	987
31	ENVIRONMENTAL SCIENCE AND POLLUTION RESEARCH	952
32	FRONTIERS IN PLANT SCIENCE	945
33	NATURE COMMUNICATIONS	933

排名	期刊名称	收录中国论文篇数
34	BIOMEDICAL RESEARCH-INDIA	926
35	CHINESE PHYSICS B	905
36	ENERGIES	896
37	ACTA PHYSICA SINICA	875
37	PHYSICAL CHEMISTRY CHEMICAL PHYSICS	875
39	APPLIED PHYSICS LETTERS	859
40	BIOCHEMICAL AND BIOPHYSICAL RESEARCH COMMUNICATIONS	846
41	JOURNAL OF CLEANER PRODUCTION	840
42	SCIENCE OF THE TOTAL ENVIRONMENT	836
43	JOURNAL OF MATERIALS CHEMISTRY C	831
44	PHYSICAL REVIEW B	818
45	CHEMOSPHERE	806
46	BIOMED RESEARCH INTERNATIONAL	801
46	MOLECULES	801
46	SUSTAINABILITY	801
49	MATHEMATICAL PROBLEMS IN ENGINEERING	795
50	BIOMEDICINE & PHARMACOTHERAPY	786
51	CONSTRUCTION AND BUILDING MATERIALS	782
52	BIORESOURCE TECHNOLOGY	774
52	JOURNAL OF THE AMERICAN COLLEGE OF CARDIOLOGY	774
54	NEUROCOMPUTING	755
55	ANGEWANDTE CHEMIE-INTERNATIONAL EDITION	747
56	JOURNAL OF PHYSICAL CHEMISTRY C	731
57	ADVANCED MATERIALS	706
58	ORGANIC LETTERS	705
59	ENERGY & FUELS	697
60	FRONTIERS IN MICROBIOLOGY	695
61	NEW JOURNAL OF CHEMISTRY	692
62	SPECTROSCOPY AND SPECTRAL ANALYSIS	689
63	MATERIALS SCIENCE AND ENGINEERING A-STRUCTURAL MATERIALS PROPERTIES MICROSTRUCTURE AND PROCESSING	687
64	APPLIED ENERGY	679
65	ADVANCES IN MECHANICAL ENGINEERING	666
66	APPLIED OPTICS	662
67	CELLULAR PHYSIOLOGY AND BIOCHEMISTRY	659
68	OPTIK	655
69	INTERNATIONAL JOURNAL OF ELECTROCHEMICAL SCIENCE	646
70	INTERNATIONAL JOURNAL OF HEAT AND MASS TRANSFER	641
71	OPTICS COMMUNICATIONS	638

续表

排名	期刊名称	收录中国论文篇数
71	RARE METAL MATERIALS AND ENGINEERING	638
73	ONCOLOGY REPORTS	630
74	EUROPEAN REVIEW FOR MEDICAL AND PHARMACOLOGICAL SCIENCES	624
75	ANALYTICAL CHEMISTRY	612
75	REMOTE SENSING	612
77	ACS SUSTAINABLE CHEMISTRY & ENGINEERING	609
77	AIP ADVANCES	609
79	ENERGY	603
80	DALTON TRANSACTIONS	602
80	MEDICAL SCIENCE MONITOR	602
82	PHYSICAL REVIEW A	584
83	INDUSTRIAL & ENGINEERING CHEMISTRY RESEARCH	582
84	JOURNAL OF THE AMERICAN CHEMICAL SOCIETY	567
85	JOURNAL OF AGRICULTURAL AND FOOD CHEMISTRY	565
85	JOURNAL OF POWER SOURCES	565
87	CHINESE MEDICAL JOURNAL	555
87	JOURNAL OF MATERIALS CHEMISTRY B	555
89	MATERIALS	553
90	INTERNATIONAL JOURNAL OF MOLECULAR SCIENCES	552
91	MULTIMEDIA TOOLS AND APPLICATIONS	540
92	JOURNAL OF MATERIALS SCIENCE	537
93	APPLIED CATALYSIS B-ENVIRONMENTAL	536
94	APPLIED SCIENCES-BASEL	535
95	FUEL	534
95	JOURNAL OF COLLOID AND INTERFACE SCIENCE	534
97	CHEMISTRY-A EUROPEAN JOURNAL	517
98	ENVIRONMENTAL POLLUTION	516
99	FOOD CHEMISTRY	511
100	ASTROPHYSICAL JOURNAL	510

附录 9　2017 年 Ei 收录的中国论文数居前 100 位的期刊

期刊名称	收录中国论文篇数	期刊名称	收录中国论文篇数
Shipin Kexue/Food Sc.	1127	Diangong Jishu Xuebao	718
Chin. Phys.	894	Jixie Gongcheng Xuebao	617
Nongye Gongcheng Xuebao	835	Zhongguo Dianji Gongcheng Xuebao	608
Wuli Xuebao	810	Cailiao Daobao/Mater. Rev.	607
J Vib Shock	794	Guang Pu Xue Yu Guang Pu Fen Xi	578

续表

期刊名称	收录中国论文篇数	期刊名称	收录中国论文篇数
Dianli Xitong Zidonghue	559	Hangkong Dongli Xuebao	310
Huagong Xuebao	541	Guangzi Xuebao	309
Nongye Jixie Xuebao	528	Kongzhi yu Juece Control Decis	309
Huanjing Kexue	518	Acta Geophys. Sin.	307
Huagong Jinzhan/Chem. Ind. Eng. Prog.	510	Zhejiang Daxue Xuebao (Gongxue Ban)	305
Xiyou Jinshu Cailiao Yu Gongcheng	500	Xitong Gongcheng Lilum yu Shijian	304
Guangxue Xuebao	495	Yuanzineng Kexue Jishu	300
Hongwai yu Jiguang Gongcheng Infrared Laser Eng.	487	Beijing Hangkong Hangtian Daxue Xuebao	289
Rock Soil Mech	473	Tuijin Jishu	289
Zhongguo Huanjing Kexue	473	Jisuanji Jicheng Zhizao Xitong	287
Meitan Xuebao	466	Harbin Gongye Daxue Xuebao	284
Tien Tzu Hsueh Pao	458	Hangkong Xuebao	282
Kung Cheng Je Wu Li Hsueh Pao	451	Hedongli Gongcheng	271
Dianwang Jishu	449	J. Cent. South Univ.	265
Dianzi Yu Xinxi Xuebao	441	Shanghai Jiaotong Daxue Xuebao	262
Gaodianya Jishu	441	Binggong Xuebao	259
Zhongguo Jiguang	407	Tongxin Xuebao	259
Yanshilixue Yu Gongcheng Xuebao	400	Huazhong Ligong Daxue Xuebao	258
Taiyangneng Xuebao	399	Cehui Xuebao	255
Yi Qi Yi Biao Xue Bao	390	Zhongguo Youse Jinshu Xuebao	255
Dianli Zidonghua Shebei Electr. Power Autom. Equip.	389	Hsi An Chiao Tung Ta Hsueh	253
Nano. Res.	388	Ruan Jian Xue Bao	253
Zhongnan Daxue Xuebao (Ziran Kexue Ban)	380	J. Mater. Sci. Technol.	250
Fuhe Cailiao Xuebao	372	Harbin Gongcheng Daxue Xuebao	247
Gongcheng Lixue	365	Dili Xuebao/Acta Geogr. Sin.	243
Guangxue Jingmi Gongcheng	365	Faguang Xuebao	239
Kexue Tongbao/Chin. Sc. Bull.	358	Gaodeng Xuexiao Huaxue Xuebao	235
Dongbei Daxue Xuebao	357	Gao Xiao Hua Xue Gong Cheng Xue Bao	227
Fangzhi Xuebao/J. Text. Res.	354	Jilin Daxue Xuebao (Gongxueban)	225
J. Chin. Inst. Food Sci. Technol.	347	J Wuhan Univ Technol Mater Sci Ed	224
Xi Tong Cheng Yu Dian Zi Ji Shu/Syst Eng Electron	338	Jisuanji Fuzhu Sheji Yu Tuxingxue Xuebao	223
Jiaotong Yunshu Xitong Gongcheng Yu Xinxi J. Transp	318	J. Environ. Sci.	222
		Jisuanji Yanjiu yu Fazhan	220
Gaofenzi Cailiao Kexue Yu Gongcheng	317	Trans Nonferrous Met Soc China	219
Hanjie Xuebao	317	Wuhan Daxue Xuebao Xinxi Kexue Ban	219
Beijing Ligong Daxue Xuebao	314	Hunan Daxue Xuebao	217
		Cailiao Gongcheng	213
		Xiyou Jinshu	213
		Dongnan Daxue Xuebao	212

续表

期刊名称	收录中国论文篇数	期刊名称	收录中国论文篇数
Jianzhu Jiegou Xuebao	212	*Gongcheng Kexue Xuebao*	200
Kuei Suan Jen Hsueh Pao	211	*Jianzhu Cailiao Xuebao*	198
Jingxi Huagong	208	*Tongji Daxue Xuebao*	198
Zongguo Gonglu Xuebao	207	*Chin. Opt. Lett.*	193
Huanan Ligong Daxue Xuebao	204	*Tiedao Xuebao*	191
Yantu Gongcheng Xuebao	204	*Yanshi Xuebao/Acta Petrol. Sin.*	190
Sci. China Inf. Sci.	202	*Chin. J. Catal.*	187
Linye Kexue/Sci. Silvae Sinicae	201	*Chin J Aeronaut*	186

附录 10   2017 年总被引次数居前 100 位的中国科技期刊

排名	期刊名称	总被引次数	排名	期刊名称	总被引次数
1	生态学报	23011	28	中国全科医学	7573
2	中国电机工程学报	21176	29	中华护理杂志	7562
3	农业工程学报	19685	30	物理学报	7498
4	食品科学	16409	31	环境科学学报	7362
5	应用生态学报	13314	32	高电压技术	7335
6	电力系统自动化	12780	33	中华医学杂志	7294
7	中国农业科学	11663	34	科学通报	7019
8	电网技术	11597	35	实用医学杂志	6982
9	中国中药杂志	11373	36	生态学杂志	6859
10	环境科学	11228	37	山东医药	6844
11	岩石力学与工程学报	11015	38	现代预防医学	6725
12	中国农学通报	10441	39	中国环境科学	6675
13	管理世界	9777	40	中国药房	6579
14	电工技术学报	9597	41	地理研究	6460
15	食品工业科技	9432	42	作物学报	6345
16	中草药	9411	43	岩土工程学报	6313
17	地理学报	9392	44	地质学报	6162
18	中国实验方剂学杂志	9260	45	护理学杂志	5954
19	煤炭学报	9119	46	农业环境科学学报	5949
20	岩石学报	9034	47	经济地理	5864
21	机械工程学报	8933	48	护理研究	5862
22	岩土力学	8932	49	水土保持学报	5841
23	电力系统保护与控制	8392	50	植物营养与肥料学报	5832
24	地球物理学报	8142	51	计算机工程与应用	5830
25	中国组织工程研究	8063	52	现代中西医结合杂志	5815
26	农业机械学报	7889	53	石油学报	5766
27	中华中医药杂志	7593	54	资源科学	5746

续表

排名	期刊名称	总被引次数	排名	期刊名称	总被引次数
55	生态环境学报	5699	79	中国公共卫生	4783
56	振动与冲击	5631	80	光谱学与光谱分析	4749
57	植物生态学报	5591	81	辽宁中医杂志	4643
58	中医杂志	5583	82	化工学报	4612
59	中国医药导报	5557	83	林业科学	4565
60	中华中医药学刊	5465	84	水利学报	4485
61	仪器仪表学报	5416	85	计算机应用研究	4470
62	土壤学报	5370	86	江苏农业科学	4458
63	中国人口资源与环境	5329	87	光学学报	4448
64	地理科学	5306	88	现代生物医学进展	4435
65	环境工程学报	5219	89	园艺学报	4427
66	中成药	5167	90	中华结核和呼吸杂志	4397
67	自然资源学报	5162	91	CHINESE MEDICAL JOURNAL	4388
68	中华流行病学杂志	5128			
69	医学综述	5102	92	西北植物学报	4379
70	中华心血管病杂志	5076	93	中国针灸	4344
71	系统工程理论与实践	4959	94	热加工工艺	4307
72	地学前缘	4952	95	地理科学进展	4257
73	中国中西医结合杂志	4902	96	中国有色金属学报	4253
74	石油勘探与开发	4890	97	软件学报	4250
75	天然气工业	4876	98	光学精密工程	4212
76	中药材	4866	99	电子学报	4184
77	中华现代护理杂志	4863	100	计算机工程	4170
78	中国科学 地球科学	4861			

附录 11　　2017 年影响因子居前 100 位的中国科技期刊

排名	期刊名称	影响因子	排名	期刊名称	影响因子
1	地理学报	3.711	13	中华护理杂志	2.560
2	石油学报	3.695	14	地理科学	2.448
3	石油勘探与开发	3.468	15	电工技术学报	2.445
4	地理研究	3.268	16	土壤学报	2.433
5	电力系统保护与控制	3.045	17	电子测量与仪器学报	2.414
6	中国石油勘探	2.920	17	植物生态学报	2.414
7	中国电机工程学报	2.830	19	中华消化外科杂志	2.405
8	中华神经科杂志	2.755	19	CHINESE JOURNAL OF CANCER RESEARCH	2.405
9	电力系统自动化	2.719			
10	电网技术	2.713	21	高电压技术	2.364
11	地理科学进展	2.696	22	地质论评	2.354
12	管理世界	2.597	23	中国人口资源与环境	2.339

续表

排名	期刊名称	影响因子	排名	期刊名称	影响因子
24	计算机学报	2.331	62	国外电子测量技术	1.855
25	中华妇产科杂志	2.322	63	中华流行病学杂志	1.830
26	中国感染与化疗杂志	2.283	64	中华外科杂志	1.828
27	仪器仪表学报	2.268	64	中华肿瘤杂志	1.828
28	地学前缘	2.253	66	中华骨科杂志	1.825
28	地质学报	2.253	67	化学学报	1.812
30	石油与天然气地质	2.243	67	天然气工业	1.812
31	中华危重病急救医学	2.232	69	岩石力学与工程学报	1.811
32	中华心血管病杂志	2.212	70	气象	1.804
33	南开管理评论	2.206	71	软件学报	1.796
34	植物营养与肥料学报	2.205	72	*ACTA PHARMACEUTICA SINICA B*	1.779
35	中国肿瘤	2.204	73	中华结核和呼吸杂志	1.766
36	中国循环杂志	2.194	74	中国实用外科杂志	1.741
37	石油实验地质	2.177	75	中国软科学	1.737
38	生态学报	2.127	76	中华显微外科杂志	1.731
39	应用生态学报	2.123	77	科学学研究	1.727
40	中华儿科杂志	2.067	78	中国光学	1.726
41	气象与环境科学	2.063	79	中国实用妇科与产科杂志	1.713
42	自动化学报	2.061	80	中国管理科学	1.700
43	分子催化	2.023	81	农业机械学报	1.690
44	管理科学	2.021	82	管理科学学报	1.676
45	油气地质与采收率	2.008	83	管理评论	1.663
46	自然资源学报	1.994	84	中草药	1.661
47	测绘学报	1.986	85	作物学报	1.648
47	资源科学	1.986	86	科研管理	1.634
49	第四纪研究	1.972	87	光学精密工程	1.623
50	煤炭学报	1.971	88	水科学进展	1.621
50	农业工程学报	1.971	88	中华肝脏病杂志	1.621
52	环境科学	1.958	90	中国生态农业学报	1.613
53	中国环境科学	1.918	91	地球物理学报	1.609
54	城市规划学刊	1.914	92	中国中西医结合急救杂志	1.604
55	*INTERNATIONAL JOURNAL OF COAL SCIENCE & TECHNOLOGY*	1.904	93	应用气象学报	1.589
			94	中华耳鼻咽喉头颈外科杂志	1.581
56	中国土地科学	1.900	95	干旱区地理	1.578
57	中国农业科学	1.896	96	中国肺癌杂志	1.553
58	针刺研究	1.892	97	计算机研究与发展	1.543
59	地球科学	1.890	98	中华疾病控制杂志	1.536
60	经济地理	1.884	99	气象学报	1.535
60	电力自动化设备	1.884	99	中华预防医学杂志	1.535

附　表

附表 1　2017 年度国际科技论文总数居世界前列的国家（地区）

国家（地区）	2017 年收录的科技论文篇数			2017 年收录的科技论文总篇数	占科技论文总数比例	排名
	SCI	Ei	CPCI-S			
世界科技论文总数	1938262	661594	519889	3119745	100.0%	
美国	523976	111515	144549	780040	25.0%	1
中国	361220	227985	73626	662831	21.2%	2
英国	155938	34874	24950	215762	6.9%	3
德国	128523	37437	28121	194081	6.2%	4
日本	96966	30851	26478	154295	4.9%	5
印度	75335	37728	24827	137890	4.4%	6
法国	87990	27849	18614	134453	4.3%	7
意大利	83427	23435	18512	125374	4.0%	8
加拿大	80562	21948	15919	118429	3.8%	9
韩国	65870	27331	11780	104981	3.4%	10
澳大利亚	73101	19418	10039	102558	3.3%	11
西班牙	68144	20585	12443	101172	3.2%	12
俄罗斯	40476	20276	18461	79213	2.5%	13
巴西	53429	13215	7962	74606	2.4%	14
荷兰	46454	9474	7572	63500	2.0%	15
伊朗	38065	20714	2967	61746	2.0%	16
瑞士	38505	8701	6831	54037	1.7%	17
波兰	30956	10517	8589	50062	1.6%	18
土耳其	32772	9394	6880	49046	1.6%	19
瑞典	31718	8336	5722	45776	1.5%	20
比利时	25913	6534	4519	36966	1.2%	21
丹麦	22515	5048	4061	31624	1.0%	22
奥地利	19616	5182	4074	28872	0.9%	23
葡萄牙	17098	5689	4209	26996	0.9%	24
新加坡	15539	7240	4044	26823	0.9%	25
捷克	14941	5149	5442	25532	0.8%	26
墨西哥	17076	5006	3189	25271	0.8%	27
沙特阿拉伯	15860	6751	1976	24587	0.8%	28
以色列	15983	3916	3127	23026	0.7%	29
挪威	14984	3952	3051	21987	0.7%	30

注：中国台湾地区三系统论文总数 46424 篇，占 1.5%；香港特区三系统论文总数 26816 篇，占 0.9%；澳门特区三系统论文总数 2983 篇，占 0.1%。

附表 2　2017 年 SCI 收录的主要国家（地区）科技论文情况

国家（地区）	历年排名					2017 年发表的科技论文总篇数	占收录科技论文总数比例
	2013 年	2014 年	2015 年	2016 年	2017 年		
世界科技论文总数						1938262	100.0%
美国	1	1	1	1	1	523976	27.0%
中国	2	2	2	2	2	361220	18.6%
英国	3	3	3	3	3	155938	8.0%
德国	4	4	4	4	4	128523	6.6%
日本	5	5	5	5	5	96966	5.0%
法国	6	6	6	6	6	87990	4.5%
意大利	7	7	7	7	7	83427	4.3%
加拿大	8	8	8	8	8	80562	4.2%
印度	10	9	10	9	9	75335	3.9%
澳大利亚	11	11	9	10	10	73101	3.8%
西班牙	9	10	11	11	11	68144	3.5%
韩国	12	12	12	12	12	65870	3.4%
巴西	13	13	13	13	13	53429	2.8%
荷兰	14	14	14	14	14	46454	2.4%
俄罗斯	15	16	15	15	15	40476	2.1%
瑞士	16	15	16	16	16	38505	2.0%
伊朗	18	18	18	18	17	38065	2.0%
土耳其	17	17	17	17	18	32772	1.7%
瑞典	19	20	20	20	19	31718	1.6%
波兰	20	21	19	19	20	30956	1.6%
比利时	21	22	21	21	21	25913	1.3%
丹麦	22	23	22	22	22	22515	1.2%
奥地利	24	24	23	23	23	19616	1.0%
葡萄牙	26	25	26	26	24	17098	0.9%
墨西哥	25	27	25	25	25	17076	0.9%
以色列	23	26	24	24	26	15983	0.8%
沙特阿拉伯			27	27	27	15860	0.8%
新加坡	28	28	28	28	28	15539	0.8%
挪威				30	29	14984	0.8%
捷克		29	29	29	30	14941	0.8%

　　注：2017 年 SCI 收录的中国台湾地区论文数为 27675 篇，占 1.4%；香港特区论文数为 15395 篇，占 0.8%；澳门特区论文数为 1756 篇，占 0.1%。

附表 3　2017 年 CPCI-S 收录的主要国家（地区）科技论文情况

国家（地区）	历年排名					2017 年发表的科技论文总篇数	占收录科技论文总数比例
	2013 年	2014 年	2015 年	2016 年	2017 年		
世界科技论文总数						519889	100.0%
美国	1	1	1	1	1	144549	27.8%
中国	2	2	2	2	2	73626	14.2%
英国	4	4	3	3	3	29925	5.8%
德国	5	3	4	4	4	28121	5.4%
日本	3	5	5	6	5	26478	5.1%
印度	9	8	6	5	6	24827	4.8%
法国	6	7	8	7	7	18614	3.6%
意大利	7	6	7	8	8	18512	3.6%
俄罗斯	17	12	12	10	9	18461	3.6%
加拿大	8	9	9	9	10	15919	3.1%
西班牙	11	10	10	11	11	12443	2.4%
韩国	10	11	11	12	12	11780	2.3%
印度尼西亚					13	10277	2.0%
澳大利亚	12	14	13	13	14	10039	1.9%
波兰	16	17	16	14	15	8589	1.7%
马来西亚	0	0	21	19	16	7963	1.5%
巴西	13	13	14	16	17	7962	1.5%
荷兰	14	15	15	15	18	7572	1.5%
土耳其	15	20	20	17	19	6880	1.3%
瑞士	18	18	17	18	20	6831	1.3%
瑞典	19	21	19	21	21	5722	1.1%
捷克	22	22	18	20	22	5442	1.0%
罗马尼亚			24	23	23	4935	0.9%
比利时	20	23	22	22	24	4519	0.9%
葡萄牙	21	24	23	24	25	4209	0.8%
奥地利	24	25	25	25	26	4074	0.8%
丹麦	26	27	26	27	27	4061	0.8%
新加坡	29	31	28	26	28	4044	0.8%
希腊	27	28	27	30	29	3211	0.6%
墨西哥	25	27	28	30	30	3189	0.6%

注：2017 年 CPCI-S 收录的中国台湾地区论文数为 7769 篇，占 1.5%；香港特区论文数为 3446 篇，占 0.7%；澳门特区论文数为 354 篇，占 0.1%。

附表 4　2017 年 Ei 收录的主要国家（地区）科技论文情况

国家（地区）	历年排名					2017 年收录的科技论文总篇数	占收录科技论文总数比例
	2013 年	2014 年	2015 年	2016 年	2017 年		
世界科技论文总数						661594	100.0%
中国	1	1	1	1	1	227985	34.5%
美国	2	2	2	2	2	111515	16.9%
印度	6	4	5	4	3	37728	5.7%
德国	3	3	3	3	4	37437	5.7%
英国	5	5	6	5	5	34874	5.3%
日本	4	6	4	6	6	30851	4.7%
法国	7	8	7	7	7	27849	4.2%
韩国	8	7	8	8	8	27331	4.1%
意大利	9	9	9	9	9	23435	3.5%
加拿大	11	11	10	10	10	21948	3.3%
伊朗	14	14	14	14	11	20714	3.1%
西班牙	10	10	11	11	12	20585	3.1%
俄罗斯	13	13	12	12	13	20276	3.1%
澳大利亚	12	12	13	13	14	19418	2.9%
巴西	15	16	15	15	15	13215	2.0%
波兰	17	17	16	16	16	10517	1.6%
荷兰	16	18	17	17	17	9474	1.4%
土耳其	18	20	19	18	18	9394	1.4%
瑞士	19	19	18	19	19	8701	1.3%
瑞典	20	21	20	20	20	8336	1.3%
新加坡	21	22	21	21	21	7240	1.1%
沙特阿拉伯	26	27	21	22	22	6751	1.0%
比利时	22	23	22	24	23	6534	1.0%
马来西亚	23	24	23	23	24	6396	1.0%
葡萄牙	24	26	25	25	25	5689	0.9%
奥地利	25	28	26	26	26	5182	0.8%
捷克	29	29	27	28	27	5149	0.8%
丹麦	28	31	28	29	28	5048	0.8%
墨西哥			30	27	29	5006	0.8%
埃及			30	30	30	4815	0.7%

注：2017 年 Ei 收录的中国台湾地区论文数为 10980 篇，占 1.7%；香港特区论文数为 7977 篇，占 1.2%；澳门特区论文数为 873 篇，占 0.1%。

附表 5　2017 年 SCI、Ei 和 CPCI-S 收录的中国科技论文学科分布情况

学科	SCI		Ei		CPCI-S		论文总篇数	排名
	论文篇数	比例	论文篇数	比例	论文篇数	比例		
数学	9275	2.86%	4118	1.92%	298	0.45%	13691	14
力学	3135	0.97%	3298	1.54%	56	0.08%	6489	19
信息、系统科学	853	0.26%	479	0.22%	5	0.01%	1337	34
物理学	31417	9.70%	10032	4.68%	4263	6.40%	45712	4
化学	47224	14.58%	7364	3.44%	1530	2.30%	56118	2
天文学	1595	0.49%	433	0.20%	25	0.04%	2053	30
地学	12547	3.87%	12542	5.85%	930	1.40%	26019	9
生物学	37751	11.66%	16893	7.89%	1117	1.68%	55761	3
预防医学与卫生学	3188	0.98%	0	0.00%	93	0.14%	3281	26
基础医学	21297	6.58%	337	0.16%	997	1.50%	22631	10
药物学	9782	3.02%	0	0.00%	114	0.17%	9896	16
临床医学	34226	10.57%	0	0.00%	3199	4.80%	37425	8
中医学	1031	0.32%	0	0.00%	0	0.00%	1031	36
军事医学与特种医学	466	0.14%	0	0.00%	68	0.10%	534	38
农学	4263	1.32%	351	0.16%	192	0.29%	4806	21
林学	841	0.26%	0	0.00%	0	0.00%	841	37
畜牧、兽医	1390	0.43%	0	0.00%	2	0.00%	1392	33
水产学	1478	0.46%	0	0.00%	31	0.05%	1509	32
测绘科学技术	1	0.00%	2054	0.96%	0	0.00%	2055	29
材料科学	24328	7.51%	18452	8.61%	2332	3.50%	45112	6
工程与技术基础学科	1623	0.50%	921	0.43%	3394	5.10%	5938	20
矿山工程技术	392	0.12%	878	0.41%	24	0.04%	1294	35
能源科学技术	7370	2.28%	9596	4.48%	4198	6.30%	21164	11
冶金、金属学	1646	0.51%	7630	3.56%	156	0.23%	9432	17
机械、仪表	4542	1.40%	7827	3.65%	3590	5.39%	15959	13
动力与电气	997	0.31%	11503	5.37%	966	1.45%	13466	15
核科学技术	1422	0.44%	175	0.08%	807	1.21%	2404	28
电子、通信与自动控制	16663	5.14%	13299	6.21%	15551	23.35%	45513	5
计算技术	12049	3.72%	8964	4.18%	18796	28.22%	39809	7
化工	7975	2.46%	242	0.11%	316	0.47%	8533	18
轻工、纺织	1096	0.34%	840	0.39%	0	0.00%	1936	31
食品	4020	1.24%	41	0.02%	27	0.04%	4088	24
土木建筑	3102	0.96%	14687	6.86%	947	1.42%	18736	12
水利	1367	0.42%	2811	1.31%	22	0.03%	4200	23
交通运输	736	0.23%	3923	1.83%	94	0.14%	4753	22
航空航天	1027	0.32%	1888	0.88%	302	0.45%	3217	27
安全科学技术	126	0.04%	193	0.09%	122	0.18%	441	39
环境科学	10475	3.23%	50653	23.64%	867	1.30%	61995	1
管理学	816	0.25%	1676	0.78%	949	1.42%	3441	25
其他	346	0.11%	126	0.06%	225	0.34%	697	
合计	323878	100.00%	214226	100.00%	66605	100.00%	604709	

附表 6　2017 年 SCI、Ei 和 CPCI-S 收录的中国科技论文地区分布情况

地区	SCI		Ei		CPCI-S		论文总篇数	排名
	论文篇数	比例	论文篇数	比例	论文篇数	比例		
北京	52401	16.18%	36065	16.84%	14297	21.47%	102763	1
天津	9707	3.00%	7434	3.47%	1716	2.58%	18857	12
河北	4158	1.28%	3460	1.62%	1164	1.75%	8782	19
山西	3399	1.05%	2464	1.15%	337	0.51%	6200	22
内蒙古	1068	0.33%	749	0.35%	229	0.34%	2046	27
辽宁	11839	3.66%	8924	4.17%	2823	4.24%	23586	10
吉林	7777	2.40%	5225	2.44%	1485	2.23%	14487	15
黑龙江	8599	2.66%	7146	3.34%	2156	3.24%	17901	13
上海	28119	8.68%	15713	7.33%	5310	7.97%	49142	3
江苏	34736	10.73%	22757	10.62%	5536	8.31%	63029	2
浙江	16733	5.17%	9367	4.37%	2317	3.48%	28417	8
安徽	8452	2.61%	6152	2.87%	1622	2.44%	16226	14
福建	6625	2.05%	4085	1.91%	1102	1.65%	11812	18
江西	3457	1.07%	2231	1.04%	808	1.21%	6496	21
山东	16840	5.20%	9357	4.37%	3296	4.95%	29493	7
河南	7524	2.32%	4787	2.23%	1201	1.80%	13512	17
湖北	17697	5.46%	11930	5.57%	3827	5.75%	33454	6
湖南	10685	3.30%	8281	3.87%	2072	3.11%	21038	11
广东	21156	6.53%	10730	5.01%	4175	6.27%	36061	5
广西	2625	0.81%	1317	0.61%	534	0.80%	4476	24
海南	700	0.22%	266	0.12%	189	0.28%	1155	28
重庆	7411	2.29%	5086	2.37%	1346	2.02%	13843	16
四川	13861	4.28%	9819	4.58%	2786	4.18%	26466	9
贵州	1435	0.44%	730	0.34%	329	0.49%	2494	26
云南	3182	0.98%	1554	0.73%	514	0.77%	5250	23
西藏	43	0.01%	14	0.01%	7	0.01%	64	31
陕西	17013	5.25%	14743	6.88%	4591	6.89%	36347	4
甘肃	4205	1.30%	2684	1.25%	548	0.82%	7437	20
青海	341	0.11%	161	0.08%	49	0.07%	551	30
宁夏	352	0.11%	166	0.08%	81	0.12%	599	29
新疆	1738	0.54%	829	0.39%	158	0.24%	2725	25
总计	323878	100.00%	214226	100.00%	66605	100.00%	604709	

附表 7　2017 年 SCI、Ei 和 CPCI-S 收录的中国科技论文分学科地区分布情况

学科	北京	天津	河北	山西	内蒙古	辽宁	吉林	黑龙江	上海	江苏
数学	1802	402	179	199	64	371	261	303	998	1419
力学	1316	232	73	54	21	303	85	285	597	672
信息、系统科学	227	39	23	6	2	87	20	40	95	152
物理学	7794	1556	592	676	147	1440	1393	1318	3775	4608
化学	7362	2265	609	849	201	2200	2224	1524	4868	6135
天文学	622	36	21	17	1	36	33	32	168	271
地学	7096	510	259	165	70	629	616	567	1320	2762
生物学	7917	1737	698	453	220	1816	1530	1446	5010	6005
预防医学与卫生学	674	75	40	29	12	88	45	71	325	337
基础医学	2767	599	406	139	68	657	552	453	2372	2172
药物学	1083	206	160	57	22	559	239	217	852	1234
临床医学	6345	904	555	265	70	1174	692	518	4956	3196
中医学	255	50	10	4	2	21	11	15	119	120
军事医学与特种医学	91	14	2	4	2	27	1	3	114	43
农学	1044	25	70	45	35	161	81	175	77	617
林学	276	7	5	5	3	17	12	91	8	60
畜牧、兽医	210	8	16	23	22	14	56	96	22	225
水产学	29	20	5	3	1	60	3	25	132	154
测绘科学技术	400	78	35	19	3	66	37	46	150	176
材料科学	6163	1629	742	770	195	2190	1318	1488	3777	4453
工程与技术基础学科	921	164	323	28	29	283	148	213	326	518
矿山工程技术	340	13	16	31	3	79	16	18	32	193
能源科学技术	4539	839	407	271	98	756	390	659	1408	1977
冶金、金属	1623	300	207	176	42	932	188	352	651	751
机械、仪表	2709	527	296	163	50	797	409	701	1278	1668
动力与电气	2441	531	218	134	25	464	314	538	1029	1466
核科学技术	631	33	11	12	5	51	11	109	334	74
电子、通信与自动控制	8451	1149	629	314	81	1874	860	1802	3049	5001
计算技术	7689	1000	656	232	142	1809	955	1107	2721	3582
化工	1442	522	69	156	23	448	105	244	660	1007
轻工、纺织	186	116	35	34	11	61	56	45	196	295
食品	312	117	206	29	52	97	100	88	126	539
土木建筑	2878	592	270	124	77	829	252	756	1792	2259
水利	975	128	52	31	28	139	100	144	189	524
交通运输	1018	128	66	16	8	145	154	151	465	530
航空航天	991	40	21	13	2	88	43	254	162	386
安全科学技术	128	19	4	3	0	14	5	8	41	38
环境科学	11337	2112	710	624	200	2637	1103	1895	4551	7057
管理学	540	114	79	23	4	142	61	94	263	304
其他	139	21	7	4	5	25	8	10	134	49
合计	102763	18857	8782	6200	2046	23586	14487	17901	49142	63029

续表

学科	浙江	安徽	福建	江西	山东	河南	湖北	湖南	广东	广西	海南
数学	708	418	355	225	785	510	703	629	735	131	33
力学	319	185	57	24	197	84	303	261	254	31	2
信息、系统科学	57	59	23	11	69	29	61	51	73	10	0
物理学	2048	1935	845	477	1793	1028	2474	1566	2124	236	41
化学	2823	1830	1687	793	2877	1528	2740	1775	3317	405	114
天文学	37	107	12	16	66	43	96	49	57	12	1
地学	741	579	354	178	1595	337	2302	755	1136	130	29
生物学	3075	1159	1316	602	3146	1406	3267	1488	4125	588	244
预防医学与卫生学	188	57	58	27	157	64	191	77	300	36	10
基础医学	1562	423	432	284	1690	630	1192	568	2164	306	73
药物学	632	191	145	110	812	409	454	242	809	86	36
临床医学	2495	514	677	367	1915	815	1570	1112	3966	346	53
中医学	59	15	23	12	23	13	48	20	109	8	0
军事医学与特种医学	20	1	2	2	6	10	24	15	53	4	0
农学	252	92	89	49	226	174	317	129	231	46	47
林学	28	14	65	8	8	18	15	19	35	12	8
畜牧、兽医	69	24	19	21	52	60	69	23	88	11	9
水产学	139	10	56	12	311	27	158	20	213	15	24
测绘科学技术	92	50	50	20	102	52	168	85	84	10	1
材料科学	1935	1279	986	588	2057	893	2305	1843	2441	355	62
工程与技术基础学科	164	155	70	114	331	225	334	236	254	85	15
矿山工程技术	14	43	11	10	57	51	78	97	16	6	0
能源科学技术	823	486	346	141	1275	402	1219	567	1171	133	22
冶金、金属	257	241	131	128	329	162	457	662	329	53	11
机械、仪表	716	408	218	152	600	278	851	519	607	76	13
动力与电气	591	384	181	105	449	235	708	461	632	81	8
核科学技术	40	251	23	8	45	9	108	38	128	3	0
电子、通信与自动控制	1917	1257	601	344	2121	839	2418	1664	2390	319	51
计算技术	1622	1198	823	602	1517	977	2287	1672	2331	273	97
化工	506	244	168	68	482	128	425	276	425	31	6
轻工、纺织	121	48	36	20	84	43	103	50	109	9	0
食品	252	115	77	123	176	303	197	127	301	52	21
土木建筑	630	367	335	123	790	323	1262	1058	870	117	14
水利	135	86	57	25	157	95	366	80	164	13	3
交通运输	137	115	65	41	130	77	299	235	189	18	2
航空航天	53	56	20	3	47	43	129	224	38	7	2
安全科学技术	10	8	8	2	8	7	32	27	15	0	0
环境科学	2939	1694	1311	580	2862	1085	3495	2167	3574	398	87
管理学	189	113	72	73	120	91	190	130	174	20	14
其他	22	15	8	8	26	9	39	21	30	4	2
合计	28417	16226	11812	6496	29493	13512	33454	21038	36061	4476	1155

学科	重庆	四川	贵州	云南	西藏	陕西	甘肃	青海	宁夏	新疆	合计
数学	442	527	103	162	0	816	268	16	33	94	13691
力学	129	294	13	18	0	624	35	2	6	13	6489
信息、系统科学	32	56	4	6	0	93	7	0	2	3	1337
物理学	871	2317	148	265	0	3278	738	39	34	156	45712
化学	1026	2360	286	511	1	2319	1028	59	59	343	56118
天文学	25	32	16	123	0	53	43	0	0	28	2053
地学	346	1047	157	186	1	1372	574	20	20	166	26019
生物学	1543	2063	333	932	24	2558	583	67	76	334	55761
预防医学与卫生学	76	122	19	30	1	113	26	8	4	21	3281
基础医学	630	864	143	219	4	779	192	22	52	217	22631
药物学	258	312	72	134	1	320	108	17	31	88	9896
临床医学	976	1830	127	249	5	1320	156	36	46	175	37425
中医学	11	38	5	7	0	14	9	0	0	10	1031
军事医学与特种医学	27	32	1	8	0	25	2	1	0	0	534
农学	68	189	20	71	2	284	106	19	5	60	4806
林学	5	20	2	25	0	42	21	3	1	8	841
畜牧、兽医	15	90	1	10	2	81	32	3	3	18	1392
水产学	18	35	1	7	2	23	2	3	0	1	1509
测绘科学技术	44	88	7	21	0	120	41	1	1	7	2054
材料科学	1026	2065	125	454	0	2992	712	55	36	178	45112
工程与技术基础学科	155	253	29	46	0	439	53	1	7	19	5938
矿山工程技术	48	41	4	13	0	57	2	2	0	3	1294
能源科学技术	508	887	69	164	3	1319	163	24	21	77	21164
冶金、金属	257	305	32	140	0	538	142	11	10	15	9432
机械、仪表	471	723	56	91	1	1332	205	2	9	33	15959
动力与电气	304	686	36	77	0	1197	127	6	7	31	13466
核科学技术	34	174	3	1	0	178	87	0	0	3	2404
电子、通信与自动控制	1095	2527	140	172	0	4043	275	14	26	90	45513
计算技术	912	1693	100	312	8	3040	293	18	35	106	39809
化工	137	376	12	100	0	322	107	12	10	22	8533
轻工、纺织	34	79	8	8	0	112	24	3	4	6	1936
食品	126	134	22	54	3	272	32	5	6	24	4088
土木建筑	533	803	38	88	2	1291	206	6	8	43	18736
水利	85	139	27	25	0	286	74	10	2	61	4200
交通运输	117	287	3	15	0	274	61	1	0	6	4753
航空航天	28	68	1	2	0	482	13	0	0	1	3217
安全科学技术	10	22	0	2	0	28	2	0	0	0	441
环境科学	1277	2648	263	463	4	3697	859	64	42	260	61995
管理学	128	187	67	28	0	185	29	1	2	4	3441
其他	16	53	1	11	0	29	0	0	1	1	698
合计	13843	26466	2494	5250	64	36347	7437	551	599	2725	604709

附表 8　2017 年 SCI、Ei 和 CPCI–S 收录的中国科技论文分地区机构分布情况

地区	高等院校	科研机构	企业	医疗机构	其他	合计
北京	70639	27107	2364	2145	508	102763
天津	17644	747	170	233	63	18857
河北	7791	379	165	413	34	8782
山西	5431	548	79	117	25	6200
内蒙古	1909	46	22	58	11	2046
辽宁	20291	2734	193	334	34	23586
吉林	12095	2289	46	43	14	14487
黑龙江	17319	398	60	101	23	17901
上海	42442	5443	770	338	149	49142
江苏	58382	3037	596	822	192	63029
浙江	25148	1713	194	1281	81	28417
安徽	14121	1848	139	68	50	16226
福建	10175	1326	71	222	18	11812
江西	6215	146	42	84	9	6496
山东	24760	2249	243	2165	76	29493
河南	11885	724	153	591	159	13512
湖北	30943	1895	250	300	66	33454
湖南	20262	383	120	236	37	21038
广东	30875	3349	742	879	216	36061
广西	4072	225	51	106	22	4476
海南	835	206	14	95	5	1155
重庆	13211	361	136	101	34	13843
四川	22814	2880	335	360	77	26466
贵州	1951	385	43	98	17	2494
云南	4104	895	77	139	35	5250
西藏	36	15	1	11	1	64
陕西	33928	1699	355	321	44	36347
甘肃	5418	1846	57	103	13	7437
青海	254	244	7	41	5	551
宁夏	558	11	20	6	4	599
新疆	1938	664	36	71	16	2725
总计	517446	65792	7551	11882	2038	604709

附表 9　2017 年 SCI 收录 2 种文献类型论文数居前 50 位的中国高等院校

排名	高等院校	论文篇数	排名	高等院校	论文篇数
1	上海交通大学	6912	26	重庆大学	2174
2	浙江大学	6620	27	中国石油大学	2155
3	清华大学	5370	28	电子科技大学	2103
4	华中科技大学	4702	29	北京理工大学	2089
5	四川大学	4606	30	厦门大学	2019
6	北京大学	4602	31	北京科技大学	1975
7	西安交通大学	4305	32	中国地质大学	1904
8	吉林大学	4214	33	东北大学	1866
9	复旦大学	4172	34	中国矿业大学	1841
10	中山大学	4133	35	湖南大学	1736
11	中南大学	4036	36	江苏大学	1735
12	哈尔滨工业大学	4011	37	华东理工大学	1717
13	山东大学	4009	38	中国农业大学	1664
14	武汉大学	3689	39	郑州大学	1662
15	天津大学	3578	40	西北农林科技大学	1631
16	南京大学	3190	41	南京航空航天大学	1630
17	东南大学	3007	42	兰州大学	1613
18	华南理工大学	2980	43	南京医科大学	1602
19	同济大学	2917	44	上海大学	1601
20	北京航空航天大学	2871	44	西安电子科技大学	1601
21	中国科学技术大学	2867	46	南京理工大学	1584
22	大连理工大学	2686	47	江南大学	1574
23	苏州大学	2659	48	南京农业大学	1573
24	西北工业大学	2289	49	西南大学	1507
25	首都医科大学	2204	50	武汉理工大学	1490

附表 10　2017 年 SCI 收录 2 种文献类型论文数居前 50 位的中国研究机构

排名	研究机构	论文篇数	排名	研究机构	论文篇数
1	中国工程物理研究院	818	12	中国科学院海洋研究所	433
2	中国科学院合肥物质科学研究院	742	13	中国科学院海西研究院	425
3	中国科学院长春应用化学研究所	677	14	军事医学科学院	421
4	中国科学院化学研究所	667	15	中国科学院过程工程研究所	384
5	中国科学院大连化学物理研究所	548	16	中国水产科学研究院	382
6	中国科学院生态环境研究中心	543	17	中国科学院兰州化学物理研究所	378
7	中国科学院地理科学与资源研究所	512	18	中国科学院宁波工业技术研究院	375
8	中国科学院物理研究所	457	19	中国林业科学研究院	356
9	中国科学院地质与地球物理研究所	456	20	国家纳米科学中心	355
10	中国科学院金属研究所	436	21	中国科学院上海生命科学研究院	341
11	中国科学院上海硅酸盐研究所	435	22	中国科学院大气物理研究所	324

排名	研究机构	论文篇数	排名	研究机构	论文篇数
23	中国科学院半导体研究所	288	37	中国科学院昆明植物研究所	235
24	中国科学院遥感与数字地球研究所	285	38	中国医学科学院肿瘤研究所	222
25	中国科学院广州地球化学研究所	278	39	中国科学院上海微系统与信息技术研究所	217
25	中国疾病预防控制中心	278			
27	中国科学院上海有机化学研究所	272	40	中国科学院自动化研究所	215
28	中国科学院长春光学精密机械与物理研究所	269	41	中国科学院上海药物研究所	212
			41	中国科学院南海海洋研究所	212
29	中国科学院理化技术研究所	268	43	中国科学院微生物研究所	206
30	中国科学院水利部水土保持研究所	265	44	中国科学院水生生物研究所	205
31	中国科学院动物研究所	260	45	中国科学院数学与系统科学研究院	204
32	中国科学院上海应用物理研究所	259	45	中国科学院青岛生物能源与过程研究所	204
33	中国科学院高能物理研究所	255			
34	中国科学院上海光学精密机械研究所	247	47	中国中医科学院	203
			48	江苏省农业科学院	187
35	中国科学院深圳先进技术研究院	241	49	中国科学院新疆生态与地理研究所	181
36	中国科学院南京土壤研究所	240	49	中国医学科学院药物研究所	181

附表 11　2017 年 CPCI-S 收录科技论文数居前 50 位的中国高等院校

排名	高等院校	论文篇数	排名	高等院校	论文篇数
1	清华大学	1820	19	天津大学	615
2	北京航空航天大学	1451	20	同济大学	613
3	哈尔滨工业大学	1428	21	北京交通大学	593
4	上海交通大学	1379	22	南京理工大学	584
5	西安交通大学	1099	23	华南理工大学	576
6	国防科技大学	1085	24	中国科学技术大学	573
7	电子科技大学	1051	25	大连理工大学	554
8	浙江大学	1032	26	复旦大学	491
9	北京理工大学	982	27	重庆大学	485
10	北京大学	981	27	西安电子科技大学	485
11	华中科技大学	943	29	东北大学	482
12	华北电力大学	922	30	哈尔滨工程大学	472
13	北京邮电大学	901	31	吉林大学	471
14	东南大学	872	32	南京航空航天大学	454
15	西北工业大学	726	33	武汉大学	421
16	山东大学	675	34	上海大学	415
17	武汉理工大学	657	35	北京工业大学	402
18	中山大学	637	36	四川大学	390

续表

排名	高等院校	论文篇数	排名	高等院校	论文篇数
37	南京邮电大学	360	44	中国科学院大学	287
38	厦门大学	348	45	中国石油大学	283
39	苏州大学	327	46	西南交通大学	276
40	北京科技大学	324	47	济南大学	270
41	中南大学	323	48	武汉科技大学	263
42	南京大学	316	49	西安理工大学	243
43	深圳大学	299	50	河海大学	236

附表 12　2017 年 CPCI-S 收录科技论文数居前 50 位的中国研究机构

排名	研究机构	论文篇数	排名	研究机构	论文篇数
1	中国工程物理研究院	175	25	中国医学科学院肿瘤研究所	37
2	中国科学院自动化研究所	163	25	中国科学院上海技术物理研究所	37
3	中国科学院深圳先进技术研究院	155	27	中国铁道科学研究院	34
4	中国科学院信息工程研究所	116	28	中国科学院微电子研究所	32
5	上海核工程研究设计院	113	29	中国科学院合肥物质科学研究院	31
6	中国科学院西安光学精密机械研究所	102	29	中国水产科学研究院	31
7	中国科学院计算技术研究所	98	29	中国科学院近代物理研究所	31
8	中国科学院遥感与数字地球研究所	95	29	中国农业科学院作物科学研究所	31
9	中国科学院电工研究所	93	33	中国科学院宁波工业技术研究院	30
10	中国科学院沈阳自动化研究所	90	34	中国科学院长春应用化学研究所	29
11	中国科学院电子学研究所	85	34	中国科学院化学研究所	29
12	机械科学研究总院	69	34	北京跟踪与通信技术研究所	29
13	中国科学院上海微系统与信息技术研究所	65	37	中国科学院空间应用工程与技术中心	28
14	中国科学院理化技术研究所	63	38	中国科学院高能物理研究所	27
15	中国科学院软件研究所	62	38	中国计量科学研究院	27
15	中国科学院声学研究所	62	38	长江水利委员会长江科学院	27
17	中国科学院上海光学精密机械研究所	59	41	北京市农林科学院	26
18	山东省科学院	57	42	中国科学院上海应用物理研究所	24
19	中国科学院数学与系统科学研究院	54	42	中国科学院工程热物理研究所	24
20	中国科学院半导体研究所	53	44	中国科学院大连化学物理研究所	22
21	中国科学院光电技术研究所	49	44	中国科学院广州能源研究所	22
22	西北核技术研究所	45	46	中国科学院地理科学与资源研究所	21
22	中国科学院光电研究院	45	46	中国科学院过程工程研究所	21
24	中国科学院国家空间科学中心	44	48	中国科学院地质与地球物理研究所	20
			48	中国科学院海西研究院	20
			50	中国科学院金属研究所	19

附表 13　2017 年 Ei 收录科技论文数居前 50 位的中国高等院校

排名	高等院校	论文篇数	排名	高等院校	论文篇数
1	清华大学	4990	26	电子科技大学	1867
2	浙江大学	4039	27	西安电子科技大学	1866
3	哈尔滨工业大学	3999	28	南京理工大学	1789
4	上海交通大学	3570	29	北京大学	1765
5	天津大学	3531	30	中国矿业大学	1760
6	北京航空航天大学	3204	31	湖南大学	1759
7	西安交通大学	3163	32	北京交通大学	1619
8	华南理工大学	2962	33	中国地质大学	1579
9	华中科技大学	2764	34	南京大学	1493
10	中南大学	2678	35	西南交通大学	1428
11	大连理工大学	2671	36	武汉理工大学	1403
12	同济大学	2611	37	华北电力大学	1384
13	东南大学	2610	38	江苏大学	1368
14	吉林大学	2505	39	国防科技大学	1353
15	西北工业大学	2492	40	华东理工大学	1352
16	武汉大学	2375	41	上海大学	1289
17	北京理工大学	2294	41	苏州大学	1289
18	重庆大学	2293	43	北京工业大学	1278
19	中国石油大学	2282	44	中山大学	1267
20	四川大学	2267	45	哈尔滨工程大学	1252
21	北京科技大学	2229	46	北京邮电大学	1232
22	山东大学	2095	47	江南大学	1215
23	东北大学	2086	48	北京化工大学	1162
24	中国科学技术大学	2045	49	厦门大学	1159
25	南京航空航天大学	1957	50	合肥工业大学	1158

附录 14　2017 年 Ei 收录的中国科技论文数居前 50 位的中国研究机构

排名	研究机构	论文篇数	排名	研究机构	论文篇数
1	中国工程物理研究院	730	11	中国科学院兰州化学物理研究所	326
2	中国科学院合肥物质科学研究院	695	12	中国科学院自动化研究所	307
3	中国科学院长春应用化学研究所	521	13	中国科学院物理研究所	292
4	中国科学院化学研究所	486	14	中国科学院上海光学精密机械研究所	277
5	中国科学院大连化学物理研究所	455	15	中国科学院海西研究院	273
6	中国科学院金属研究所	422	16	中国科学院宁波工业技术研究院	262
7	中国科学院长春光学精密机械与物理研究所	417	17	中国科学院半导体研究所	254
8	中国科学院生态环境研究中心	391	18	中国科学院南海海洋研究所	247
9	中国科学院上海硅酸盐研究所	383	19	中国科学院地理科学与资源研究所	244
10	中国科学院过程工程研究所	372	20	中国科学院地质与地球物理研究所	241

续表

排名	研究机构	论文篇数	排名	研究机构	论文篇数
21	中国科学院遥感与数字地球研究所	209	36	中国科学院上海应用物理研究所	131
22	中国科学院理化技术研究所	205	37	中国农业科学院水牛研究所	130
23	中国科学院武汉岩土力学研究所	204	38	中国科学院南京地理与湖泊研究所	126
23	国家纳米科学中心	204	39	中国科学院苏州纳米技术与纳米仿生研究所	124
25	中国科学院上海微系统与信息技术研究所	187	40	中国科学院电工研究所	119
26	中国科学院山西煤炭化学研究所	178	41	中国科学院沈阳自动化研究所	116
27	中国科学院广州能源研究所	174	42	中国科学院微电子研究所	115
27	中国林业科学研究院	174	43	中国科学院高能物理研究所	112
29	中国科学院工程热物理研究所	173	44	北京有色金属研究总院	109
30	中国科学院电子学研究所	169	45	中国科学院计算技术研究所	107
31	中国科学院力学研究所	153	45	中国科学院海洋研究所	107
32	中国科学院大气物理研究所	147	47	中国农业科学院作物科学研究所	106
33	中国科学院青岛生物能源与过程研究所	142	48	中国科学院深圳先进技术研究院	104
34	中国科学院上海有机化学研究所	133	49	中国科学院城市环境研究所	103
35	中国科学院西安光学精密机械研究所	132	50	中国科学院寒区旱区环境与工程研究所	101

附表 15　1992—2017 年 SCIE 收录的中国科技论文在国内外科技期刊上发表的比例

年度	论文总篇数	在中国期刊上发表		在非中国期刊上发表	
		论文篇数	所占比例	论文篇数	所占比例
1999	19936	7647	38.36%	12289	61.64%
2000	22608	9208	40.73%	13400	59.27%
2001	25889	9580	37.00%	16309	63.00%
2002	31572	11425	36.19%	20147	63.81%
2003	38092	12441	32.66%	25651	67.34%
2004	45351	13498	29.76%	31853	70.24%
2005	62849	16669	26.52%	46180	73.48%
2006	71184	16856	23.68%	54328	76.32%
2007	79669	18410	23.11%	61259	76.89%
2008	92337	20804	22.53%	71533	77.47%
2009	108806	22229	20.43%	86577	79.57%
2010	121026	25934	21.43%	95092	78.57%
2011	136445	22988	16.85%	113457	83.15%
2012	158615	22903	14.44%	135712	85.56%
2013	204061	23271	11.40%	180790	88.60%
2014	235139	22805	9.70%	212334	90.30%
2015	265469	22324	8.41%	243145	91.59%
2016	290647	21789	7.50%	268858	92.50%
2017	323878	21331	6.59%	302547	93.41%

附表 16　1994—2017 年 Ei 收录的中国科技论文在国内外科技期刊上发表的比例

年度	论文总篇数	在中国期刊上发表		在非中国期刊上发表	
		论文篇数	所占比例	论文篇数	所占比例
1994	8006	5623	70.23%	2383	29.77%
1995	6791	3038	44.74%	3753	55.26%
1996	8035	4997	62.19%	3038	37.81%
1997	9834	5121	52.07%	4713	47.93%
1998	8220	4160	50.61%	4060	49.39%
1999	13155	8324	63.28%	4831	36.72%
2000	13991	8293	59.27%	5698	40.73%
2001	15605	9055	58.03%	6550	41.97%
2002	19268	12810	66.48%	6458	33.52%
2003	26857	13528	50.37%	13329	49.63%
2004	32881	17442	53.05%	15439	46.95%
2005	60301	35262	58.48%	25039	41.52%
2006	65041	33454	51.44%	31587	48.56%
2007	75568	40656	53.80%	34912	46.20%
2008	85381	45686	53.51%	39695	46.49%
2009	98115	46415	47.31%	51700	52.69%
2010	119374	56578	47.40%	62796	52.60%
2011	116343	54602	46.93%	61741	53.07%
2012	116429	51146	43.93%	65283	56.07%
2013	163688	49912	30.49%	113776	69.51%
2014	172569	54727	31.71%	117842	68.29%
2015	217313	62532	28.78%	154781	71.22%
2016	213385	55263	25.90%	158122	74.10%
2017	214226	47545	22.19%	166681	77.81%

附表 17　2008—2017 年 Medline 收录的中国科技论文在国内外科技期刊上发表的比例

年度	论文总篇数	在中国期刊上发表		在非中国期刊上发表	
		论文篇数	所占比例	论文篇数	所占比例
2008	41460	15400	37.14%	26060	62.86%
2009	47581	15216	31.98%	32365	68.02%
2010	56194	15468	27.53%	40726	72.47%
2011	64983	15812	24.33%	49171	75.67%
2012	77427	16292	21.04%	61135	78.96%
2013	90021	15468	17.18%	74553	82.82%
2014	104444	15022	14.38%	89422	85.62%
2015	117086	16383	13.99%	100703	86.01%
2016	128163	12847	10.02%	115316	89.98%
2017	141344	15352	10.86%	125992	89.14%

数据来源：Medline 2008—2017。

附表 18　2017 年 Ei 收录的中国台湾地区和香港特区的论文按学科分布情况

学科	中国台湾地区			中国香港特区		
	论文篇数	所占比例	学科排名	论文篇数	所占比例	学科排名
数学	182	2.08%	14	127	3.65%	11
力学	144	1.65%	17	58	1.67%	17
信息、系统科学	31	0.36%	22	18	0.52%	22
物理学	637	7.30%	5	242	6.96%	6
化学	311	3.56%	11	114	3.28%	13
天文学	29	0.33%	23	5	0.14%	27
地学	538	6.16%	7	252	7.25%	4
生物学	1127	12.91%	1	378	10.88%	2
基础医学	25	0.29%	24	12	0.35%	24
农学	3	0.03%	31	0	0.00%	30
测绘科学技术	83	0.95%	19	77	2.22%	16
材料科学	690	7.90%	3	168	4.83%	8
工程与技术基础学科	53	0.61%	20	28	0.81%	21
矿山工程技术	23	0.26%	25	5	0.14%	27
能源科学技术	454	5.20%	10	155	4.46%	10
冶金、金属学	283	3.24%	13	122	3.51%	12
机械、仪表	490	5.61%	9	108	3.11%	14
动力与电气	688	7.88%	4	206	5.93%	7
核科学技术	4	0.05%	30	0	0.00%	30
电子、通信与自动控制	964	11.04%	2	358	10.30%	3
计算技术	630	7.22%	6	243	6.99%	5
化工	11	0.13%	29	2	0.06%	29
轻工、纺织	20	0.23%	26	9	0.26%	25
食品	2	0.02%	32	0	0.00%	
土木建筑	497	5.69%	8	405	11.65%	1
水利	106	1.21%	18	32	0.92%	19
交通运输	182	2.08%	14	91	2.62%	15
航空航天	41	0.47%	21	30	0.86%	20
安全科学技术	12	0.14%	28	8	0.23%	26
环境科学	285	3.26%	12	160	4.60%	9
管理学	172	1.97%	16	49	1.41%	18
其他	13	0.15%	27	13	0.37%	23
总计	8730	100.00%		3475	100.00%	

附表 19　2008—2017 年 SCI 网络版收录的中国科技论文在 2016 年被引情况按学科分布

学科	未被引论文篇数	被引论文篇数	被引次数	总论文篇数	平均被引次数	论文未被引率
化学	45120	324012	6414818	369132	17.38	12.22%
环境科学	7274	50746	854556	58020	14.73	12.54%
能源科学技术	4478	31333	535735	35811	14.96	12.50%
化工	4322	28088	433876	32410	13.39	13.34%
天文学	1855	12896	190931	14751	12.94	12.58%
材料科学	23555	133413	1941558	156968	12.37	15.01%
生物学	40307	197686	2683725	237993	11.28	16.94%
农学	4438	22311	303798	26749	11.36	16.59%
食品	3339	14115	183391	17454	10.51	19.13%
地学	13278	59475	755382	72753	10.38	18.25%
动力与电气	463	3548	42738	4011	10.66	11.54%
管理学	1012	5104	61242	6116	10.01	16.55%
药物学	10324	42845	505252	53169	9.50	19.42%
计算技术	15412	53230	688665	68642	10.03	22.45%
基础医学	33206	88712	1094471	121918	8.98	27.24%
电子、通信与自动控制	17868	65220	796636	83088	9.59	21.50%
水产学	1387	6676	69459	8063	8.61	17.20%
信息、系统科学	1731	5354	62047	7085	8.76	24.43%
工程与技术基础学科	4815	9577	130280	14392	9.05	33.46%
测绘科学技术	2	15	167	17	9.82	11.76%
军事医学与特种医学	537	1934	21864	2471	8.85	21.73%
物理学	45049	184593	1966238	229642	8.56	19.62%
预防医学与卫生学	4913	15677	174007	20590	8.45	23.86%
土木建筑	2788	12143	125841	14931	8.43	18.67%
临床医学	69119	159976	1871483	229095	8.17	30.17%
安全科学技术	60	527	5843	587	9.95	10.22%
力学	2962	14673	144719	17635	8.21	16.80%
机械、仪表	6567	20881	198058	27448	7.22	23.93%
矿山工程技术	395	1924	19673	2319	8.48	17.03%
水利	1598	6680	70625	8278	8.53	19.30%
林学	826	2881	25826	3707	6.97	22.28%
交通运输	814	3182	31902	3996	7.98	20.37%
数学	25248	66780	585040	92028	6.36	27.44%
航空航天	1210	3930	29086	5140	5.66	23.54%
核科学技术	2047	4760	30553	6807	4.49	30.07%
轻工、纺织	516	669	2297	1185	1.94	43.54%
冶金、金属学	4679	15125	100807	19804	5.09	23.63%
中医学	1695	5313	35681	7008	5.09	24.19%
畜牧、兽医	2277	6007	40417	8284	4.88	27.49%
其他	50	134	2127	184	11.56	27.17%

数据来源：2008—2017 年 SCI 网络版。

附表20 2008—2017年SCI网络版收录的中国科技论文在2017年被引情况按地区分布

地区	未被引论文篇数	被引论文篇数	被引次数	总论文篇数	平均被引次数	论文未被引率
北京	64537	283039	4264244	347576	12.27	18.57%
天津	10463	45837	659395	56300	11.71	18.58%
河北	6221	17661	170450	23882	7.14	26.05%
山西	4183	13521	136372	17704	7.70	23.63%
内蒙古	1553	4022	31817	5575	5.71	27.86%
辽宁	14295	60703	855119	74998	11.40	19.06%
吉林	9610	41812	695913	51422	13.53	18.69%
黑龙江	9630	42048	546649	51678	10.58	18.63%
上海	33571	155901	2406100	189472	12.70	17.72%
江苏	36809	158076	2116485	194885	10.86	18.89%
浙江	19825	84186	1141198	104011	10.97	19.06%
安徽	9656	43015	666994	52671	12.66	18.33%
福建	6857	31776	500076	38633	12.94	17.75%
江西	4605	13745	147620	18350	8.04	25.10%
山东	18983	74907	873418	93890	9.30	20.22%
河南	9902	29538	286720	39440	7.27	25.11%
湖北	18044	81960	1154857	100004	11.55	18.04%
湖南	11935	51457	635817	63392	10.03	18.83%
广东	23725	91494	1256118	115219	10.90	20.59%
广西	3448	10505	98209	13953	7.04	24.71%
海南	1021	2556	19557	3577	5.47	28.54%
重庆	8800	32747	379312	41547	9.13	21.18%
四川	17907	61904	667767	79811	8.37	22.44%
贵州	1880	4655	45698	6535	6.99	28.77%
云南	4061	15342	160693	19403	8.28	20.93%
西藏	58	75	586	133	4.41	43.61%
陕西	19513	75951	839407	95464	8.79	20.44%
甘肃	4835	25039	362874	29874	12.15	16.18%
青海	388	1078	8873	1466	6.05	26.47%
宁夏	450	1175	8709	1625	5.36	27.69%
新疆	2510	6591	59196	9101	6.50	27.58%

数据来源：2008—2017年SCI网络版。

附表 21 2008—2017 年 SCI 网络版收录的中国科技论文累计被引篇数居前 50 位的高等院校

排名	高等院校	被引篇数	被引次数	排名	高等院校	被引篇数	被引次数
1	浙江大学	41166	591333	26	重庆大学	12780	114660
2	清华大学	38084	615803	27	中国农业大学	12711	151135
3	上海交通大学	28814	369150	28	西北工业大学	12655	107217
4	北京大学	27626	464112	29	厦门大学	12636	188095
5	哈尔滨工业大学	26131	305156	30	兰州大学	12428	179288
6	吉林大学	22181	268275	31	苏州大学	12024	193581
7	华中科技大学	21473	272507	32	北京理工大学	11941	126477
8	西安交通大学	21181	218943	33	北京科技大学	11745	113397
9	复旦大学	21019	379649	34	北京师范大学	10823	130359
10	中国科学技术大学	20984	359140	35	湖南大学	10667	168094
11	南京大学	20161	335137	36	东北大学	9880	85615
12	山东大学	20144	249488	37	上海大学	9816	107311
13	天津大学	20045	223418	38	西安电子科技大学	9396	74558
14	四川大学	19336	216172	39	江南大学	9358	103627
15	大连理工大学	18695	236081	40	西北农林科技大学	9237	83396
16	中山大学	18339	274776	41	北京化工大学	9229	138188
17	东南大学	17023	205529	42	中国石油大学	9222	72089
18	中南大学	16521	175326	43	南京农业大学	9130	106966
19	华南理工大学	16472	236179	44	中国地质大学	9050	96266
20	武汉大学	16148	233554	45	南京航空航天大学	8915	93144
21	北京航空航天大学	16124	146064	46	国防科学技术大学	8909	63398
22	同济大学	14131	161482	47	南京理工大学	8651	93046
23	电子科技大学	13085	109377	48	华东师范大学	8615	109540
24	南开大学	13042	246119	49	西南大学	8253	89422
25	华东理工大学	13032	202533	50	江苏大学	8164	84560

附表 22 2008—2017 年 SCI 网络版收录的中国科技论文累计被引篇数居前 50 位的研究机构

排名	研究机构	被引篇数	被引次数
1	中国科学院长春应用化学研究所	7156	233049
2	中国科学院化学研究所	7050	225527
3	中国科学院大连化学物理研究所	5340	138113
4	中国科学院合肥物质科学研究院	5283	72763
5	中国科学院物理研究所	4899	115666

排名	研究机构	被引篇数	被引次数
6	中国科学院金属研究所	4328	105685
7	中国科学院生态环境研究中心	4276	87113
8	中国科学院上海硅酸盐研究所	3893	85881
9	中国科学院上海生命科学研究院	3703	83205
10	中国科学院兰州化学物理研究所	3416	67917
11	中国科学院海西研究院	3415	74120
12	中国科学院地质与地球物理研究所	3323	54058
13	中国科学院地理科学与资源研究所	3162	41306
14	中国科学院大学	3154	32090
15	中国科学院海洋研究所	3132	34984
16	中国科学院过程工程研究所	2912	48762
17	中国科学院半导体研究所	2833	29292
18	中国科学院上海有机化学研究所	2787	82128
19	中国科学院上海光学精密机械研究所	2624	23118
20	中国科学院高能物理研究所	2605	34285
21	中国科学院动物研究所	2523	32260
22	中国科学院大气物理研究所	2505	35043
23	中国科学院理化技术研究所	2500	52635
24	中国科学院上海药物研究所	2380	41135
25	中国科学院广州地球化学研究所	2370	48377
26	中国疾病预防控制中心	2352	36757
27	中国科学院昆明植物研究所	2237	25996
28	中国科学院植物研究所	2114	36630
29	中国水产科学研究院	2099	13874
30	中国工程物理研究院	2073	10588
31	中国科学院数学与系统科学研究院	2031	26081
32	中国科学院长春光学精密机械与物理研究所	1932	22326
33	中国科学院水生生物研究所	1918	23188
34	中国科学院宁波工业技术研究院	1891	29408
35	中国科学院南海海洋研究所	1887	18705
36	中国科学院微生物研究所	1829	26417
37	中国林业科学研究院	1773	13085
38	中国科学院寒区旱区环境与工程研究所	1757	21903

续表

排名	研究机构	被引篇数	被引次数
39	中国科学院上海应用物理研究所	1746	25492
40	中国科学院上海微系统与信息技术研究所	1681	14891
41	中国科学院南京土壤研究所	1649	25099
42	中国医学科学院 北京协和医学院	1592	9774
43	中国科学院国家天文台	1503	15772
44	中国科学院自动化研究所	1500	26733
45	中国医学科学院药物研究所	1496	14611
46	国家纳米科学中心	1490	42994
47	中国科学院遥感与数字地球研究所	1488	11017
48	中国科学院生物物理研究所	1461	23930
49	中国科学院山西煤炭化学研究所	1430	23839
50	中国科学院力学研究所	1409	14335

附表 23　2017 年 CSTPCD 收录的中国科技论文按学科分布

学科	论文篇数	所占比例	排名
数学	4688	0.99%	25
力学	1922	0.41%	33
信息、系统科学	355	0.08%	38
物理学	4941	1.05%	24
化学	8643	1.83%	18
天文学	403	0.09%	37
地学	14142	3.00%	8
生物学	11505	2.44%	14
预防医学与卫生学	14306	3.03%	7
基础医学	13027	2.76%	9
药物学	12773	2.71%	11
临床医学	128524	27.22%	1
中医学	22159	4.69%	4
军事医学与特种医学	2170	0.46%	32
农学	21193	4.49%	5
林学	3796	0.80%	27
畜牧、兽医	6356	1.35%	20
水产学	1809	0.38%	34

学科	论文篇数	所占比例	排名
测绘科学技术	2993	0.63%	30
材料科学	5887	1.25%	21
工程与技术基础学科	3797	0.80%	26
矿山工程技术	6433	1.36%	19
能源科学技术	5323	1.13%	22
冶金、金属学	12978	2.75%	10
机械、仪表	10903	2.31%	15
动力与电气	3610	0.76%	28
核科学技术	1160	0.25%	35
电子、通信与自动控制	26058	5.52%	3
计算技术	28325	6.00%	2
化工	12426	2.63%	12
轻工、纺织	2210	0.47%	31
食品	9120	1.93%	17
土木建筑	12014	2.54%	13
水利	3225	0.68%	29
交通运输	10617	2.25%	16
航空航天	5251	1.11%	23
安全科学技术	228	0.05%	39
环境科学	14728	3.12%	6
管理学	915	0.19%	36
其他	21207	4.49%	
合计	472120	100.00%	

附表 24　2017 年 CSTPCD 收录的中国科技论文按地区分布

地区	论文篇数	所占比例	排名
北京	64986	13.76%	1
天津	13364	2.83%	13
河北	16491	3.49%	12
山西	7950	1.68%	22
内蒙古	4524	0.96%	27
辽宁	18802	3.98%	9

续表

地区	论文篇数	所占比例	排名
吉林	8012	1.70%	21
黑龙江	10840	2.30%	17
上海	28911	6.12%	3
江苏	42452	8.99%	2
浙江	18302	3.88%	10
安徽	11751	2.49%	15
福建	8452	1.79%	18
江西	6614	1.40%	25
山东	21209	4.49%	8
河南	18008	3.81%	11
湖北	25188	5.34%	6
湖南	13080	2.77%	14
广东	27216	5.76%	5
广西	8069	1.71%	19
海南	3147	0.67%	28
重庆	11257	2.38%	16
四川	22160	4.69%	7
贵州	6169	1.31%	26
云南	8024	1.70%	20
西藏	321	0.07%	31
陕西	27662	5.86%	4
甘肃	7695	1.63%	24
青海	1551	0.33%	30
宁夏	1979	0.42%	29
新疆	7878	1.67%	23
不详	56	0.01%	
总计	472120	100.00%	

附表 25 2017 年 CSTPCD 收录的中国科技论文篇数分学科按地区分布

学科	北京	天津	河北	山西	内蒙古	辽宁	吉林	黑龙江	上海
数学	356	123	126	169	105	141	115	78	199
力学	294	54	34	41	19	103	10	65	170
信息、系统科学	51	9	14	6	6	23	3	6	26
物理学	897	153	118	139	44	105	200	90	359
化学	898	331	192	284	74	429	313	210	507
天文学	119	7	3	1	1	4	6	6	33
地学	3051	380	461	120	109	332	344	234	310
生物学	1372	327	222	224	203	364	215	337	679
预防医学与卫生学	2427	364	445	189	106	356	140	235	1185
基础医学	1586	389	508	149	156	417	202	202	938
药物学	1806	361	474	139	95	606	187	217	851
临床医学	15759	2967	7017	1281	1085	4750	1840	2346	9391
中医学	3511	773	846	200	125	868	404	631	1303
军事医学与特种医学	471	67	101	12	24	65	13	17	174
农学	1859	164	559	775	359	691	478	689	324
林学	619	7	52	64	60	101	42	305	31
畜牧、兽医	644	54	190	129	266	142	335	281	158
水产学	58	38	20	4	4	93	13	32	328
测绘科学技术	383	71	27	17	1	130	14	18	75
材料科学	661	204	107	118	113	411	48	129	374
工程与技术基础学科	561	120	95	82	26	171	65	130	277
矿山工程技术	1057	20	255	505	135	540	49	93	31
能源科学技术	1419	302	249	13	11	219	34	313	109
冶金、金属学	1587	253	772	350	216	995	167	291	644
机械、仪表	1187	319	447	439	84	610	239	209	553
动力与电气	654	210	79	66	61	124	106	122	361
核科学技术	341	6	6	17	4	16	4	25	142
电子、通信与自动控制	4026	902	784	406	131	685	542	517	1573
计算技术	3587	915	599	613	193	1277	559	687	1614
化工	1352	570	305	342	128	699	182	388	785
轻工、纺织	114	111	44	9	8	50	13	35	201
食品	707	305	184	165	111	354	199	401	324
土木建筑	1518	485	206	117	113	464	86	267	1202
水利	380	136	30	44	23	118	19	39	83
交通运输	1222	421	156	89	36	496	252	228	1103
航空航天	1497	185	37	33	8	261	91	182	343
安全科学技术	43	4	3	2	2	11	1	5	2
环境科学	2370	641	333	272	124	698	173	299	755
管理学	122	40	8	9	1	93	5	19	81
其他	4420	576	383	316	153	790	304	462	1313
总计	64986	13364	16491	7950	4524	18802	8012	10840	28911

续表

学科	江苏	浙江	安徽	福建	江西	山东	河南	湖北
数学	338	158	208	125	104	178	239	214
力学	243	67	79	18	20	39	30	128
信息、系统科学	44	7	7	5	4	15	18	21
物理学	417	163	264	90	63	149	155	199
化学	685	423	273	182	201	422	346	395
天文学	56	1	9	6	1	17	7	18
地学	1179	302	290	226	155	1091	329	847
生物学	782	499	240	390	187	516	300	456
预防医学与卫生学	1048	743	309	215	175	731	341	824
基础医学	903	557	342	313	169	618	462	579
药物学	1197	687	305	223	159	574	552	728
临床医学	11150	6129	3741	2176	1302	5476	4648	7965
中医学	1643	978	446	378	342	1068	909	974
军事医学与特种医学	171	88	48	25	23	111	79	95
农学	1621	648	303	565	387	1225	1295	818
林学	193	199	33	199	79	65	77	64
畜牧、兽医	583	133	101	139	55	341	296	161
水产学	113	142	12	66	16	288	23	100
测绘科学技术	251	59	50	40	57	121	345	588
材料科学	476	173	167	90	207	262	213	321
工程与技术基础学科	345	159	92	63	72	136	122	216
矿山工程技术	482	21	212	79	147	327	435	192
能源科学技术	152	61	11	6	7	593	91	277
冶金、金属学	1069	251	271	121	402	518	547	604
机械、仪表	1261	410	277	140	137	521	524	530
动力与电气	328	149	77	17	20	99	94	162
核科学技术	44	19	71	12	8	7	10	41
电子、通信与自动控制	2716	830	829	382	273	830	1077	1417
计算技术	3379	921	961	511	399	1034	1439	1333
化工	1184	546	242	129	238	767	465	537
轻工、纺织	360	209	38	50	23	102	166	44
食品	870	397	150	248	188	502	584	349
土木建筑	1285	475	194	276	156	434	371	693
水利	561	99	35	13	43	85	194	378
交通运输	944	255	149	166	130	363	202	981
航空航天	653	38	43	20	41	132	54	76
安全科学技术	16	1	4	7	4	7	13	10
环境科学	1734	547	339	309	256	630	371	611
管理学	117	22	26	14	18	28	15	66
其他	1859	736	503	418	346	787	570	1176
总计	42452	18302	11751	8452	6614	21209	18008	25188

学科	湖南	广东	广西	海南	重庆	四川	贵州	云南
数学	102	164	105	33	164	202	110	79
力学	74	57	8	1	34	110	1	5
信息、系统科学	16	7	4	0	10	11	2	4
物理学	136	192	56	3	76	272	49	41
化学	239	439	143	49	156	365	178	174
天文学	9	9	3	3	3	11	7	31
地学	257	591	224	44	139	806	180	263
生物学	304	730	245	205	296	446	317	455
预防医学与卫生学	286	1150	278	99	434	694	195	226
基础医学	387	1132	243	94	524	493	284	300
药物学	275	759	199	101	311	637	209	150
临床医学	2659	9476	2583	1094	2879	6803	1490	1672
中医学	764	1875	494	157	283	1019	300	324
军事医学与特种医学	26	124	30	12	66	90	22	23
农学	669	693	524	523	383	734	676	870
林学	185	190	219	100	35	94	88	339
畜牧、兽医	171	271	147	33	104	363	118	120
水产学	18	253	43	30	25	24	23	7
测绘科学技术	86	124	46	4	49	119	13	36
材料科学	216	218	62	25	118	290	77	151
工程与技术基础学科	149	161	20	9	76	130	36	56
矿山工程技术	273	37	60	1	310	137	116	195
能源科学技术	11	160	13	3	59	506	13	9
冶金、金属学	620	413	201	7	367	575	133	288
机械、仪表	266	344	108	18	298	605	72	91
动力与电气	94	158	33	5	60	121	9	52
核科学技术	40	58	0	2	6	207	1	3
电子、通信与自动控制	724	1445	375	45	825	1333	207	279
计算技术	841	1182	425	52	627	1042	181	458
化工	283	656	178	63	203	466	213	211
轻工、纺织	54	113	24	6	24	113	18	66
食品	309	666	194	99	252	428	226	199
土木建筑	534	658	184	29	444	407	102	108
水利	68	97	43	6	60	151	30	86
交通运输	654	431	108	11	408	705	61	102
航空航天	164	32	4	0	17	278	5	11
安全科学技术	8	6	6	2	9	13	1	10
环境科学	479	790	221	53	398	625	180	250
管理学	29	55	5	1	22	28	2	5
其他	601	1300	211	125	703	707	224	275
总计	13080	27216	8069	3147	11257	22160	6169	8024

续表

学科	西藏	陕西	甘肃	青海	宁夏	新疆	不详	合计
数学	0	410	204	9	53	77	0	4688
力学	1	170	35	0	8	4	0	1922
信息、系统科学	0	22	6	0	7	0	1	355
物理学	0	372	99	2	5	31	2	4941
化学	2	393	147	41	46	106	0	8643
天文学	1	17	3	1	0	10	0	403
地学	16	817	465	156	34	386	4	14142
生物学	21	412	313	68	58	319	3	11505
预防医学与卫生学	19	438	164	41	114	333	2	14306
基础医学	8	448	187	67	97	271	2	13027
药物学	3	486	160	38	39	245	0	12773
临床医学	42	5929	1520	556	546	2247	5	128524
中医学	12	702	403	68	72	286	1	22159
军事医学与特种医学	0	107	32	11	9	34	0	2170
农学	68	1272	689	84	245	1000	3	21193
林学	17	161	66	9	15	88	0	3796
畜牧、兽医	37	226	301	50	63	344	0	6356
水产学	5	16	3	0	1	11	0	1809
测绘科学技术	0	179	51	10	5	24	0	2993
材料科学	1	436	103	22	39	55	0	5887
工程与技术基础学科	0	319	75	6	4	23	1	3797
矿山工程技术	2	565	48	29	17	63	0	6433
能源科学技术	0	359	94	0	5	223	1	5323
冶金、金属学	3	962	224	19	37	70	1	12978
机械、仪表	0	936	184	6	14	73	1	10903
动力与电气	0	271	41	2	3	31	1	3610
核科学技术	0	45	23	0	1	1	0	1160
电子、通信与自动控制	5	2376	263	29	68	163	1	26058
计算技术	11	2639	463	49	76	257	1	28325
化工	4	836	190	51	60	152	1	12426
轻工、纺织	3	163	3	10	3	33	0	2210
食品	9	312	113	23	74	178	0	9120
土木建筑	2	819	251	25	42	64	3	12014
水利	5	223	38	13	22	103	0	3225
交通运输	2	725	160	9	13	32	3	10617
航空航天	0	995	49	1	0	1	0	5251
安全科学技术	0	26	10	0	0	1	0	228
环境科学	14	779	247	21	28	179	2	14728
管理学	0	74	8	0	0	2	0	915
其他	8	1225	260	25	56	358	17	21207
总计	321	27662	7695	1551	1979	7878	56	472120

附表 26　2017 年 CSTPCD 收录的中国科技论文篇数分地区按机构分布

地区	论文篇数					
	高等院校	研究机构	医疗机构①	企业	其他	合计
北京	33972	17462	7254	2907	3391	64986
天津	9238	1298	1343	984	501	13364
河北	8413	1040	5453	938	647	16491
山西	5935	934	479	438	164	7950
内蒙古	3331	259	473	274	187	4524
辽宁	14157	1458	1740	756	691	18802
吉林	6460	923	276	226	127	8012
黑龙江	9315	826	283	228	188	10840
上海	21240	3001	1996	1655	1019	28911
江苏	31227	3332	5094	1677	1122	42452
浙江	10222	1893	4337	1004	846	18302
安徽	8577	856	1609	442	267	11751
福建	5805	908	1058	354	327	8452
江西	5088	560	588	195	183	6614
山东	13419	2503	3137	1312	838	21209
河南	11935	1644	2691	1125	613	18008
湖北	17466	1925	4235	869	693	25188
湖南	10265	780	1130	591	314	13080
广东	15558	3022	5143	1852	1641	27216
广西	4897	1136	1369	300	367	8069
海南	1284	677	999	42	145	3147
重庆	8443	701	1187	580	346	11257
四川	13966	3023	3620	928	623	22160
贵州	4465	666	501	257	280	6169
云南	4989	1348	746	506	435	8024
西藏	184	59	39	10	29	321
陕西	20079	2012	3297	1567	707	27662
甘肃	4813	1216	1059	292	315	7695
青海	557	317	447	55	175	1551
宁夏	1368	226	169	140	76	1979
新疆	5162	1049	967	339	361	7878
不详	30	11	1	5	9	56
总计	311860	57065	62720	22848	17627	472120

数据来源：CSTPCD 2017。

①此处医院的数据不包括高等院校所属医院数据。

附表 27　2017 年 CSTPCD 收录的中国科技论文篇数分学科按机构分布

学科	论文篇数					
	高等院校	研究机构	医疗机构①	企业	其他	合计
数学	4579	81	2	7	19	4688
力学	1643	218	1	37	23	1922
信息、系统科学	320	25	0	2	8	355
物理学	3900	938	7	41	55	4941
化学	6499	1271	27	331	515	8643
天文学	208	181	0	1	13	403
地学	6840	3866	2	697	2737	14142
生物学	8534	2374	169	121	307	11505
预防医学与卫生学	7013	3529	2616	109	1039	14306
基础医学	8819	1333	2387	130	358	13027
药物学	7399	1056	3320	342	656	12773
临床医学	73930	4466	47917	190	2021	128524
中医学	15500	1292	4643	262	462	22159
军事医学与特种医学	1161	170	726	13	100	2170
农学	11823	7285	3	554	1528	21193
林学	2345	1066	0	35	350	3796
畜牧、兽医	4348	1483	20	207	298	6356
水产学	1094	637	0	28	50	1809
测绘科学技术	1977	537	0	126	353	2993
材料科学	4827	676	1	312	71	5887
工程与技术基础学科	2935	579	5	193	85	3797
矿山工程技术	3786	558	0	1939	150	6433
能源科学技术	2542	1431	0	1271	79	5323
冶金、金属学	9141	1505	2	2166	164	12978
机械、仪表	8270	1328	55	931	319	10903
动力与电气	2772	363	0	429	46	3610
核科学技术	466	460	9	158	67	1160
电子、通信与自动控制	18863	3825	15	2639	716	26058
计算技术	23943	2564	84	1024	710	28325
化工	8626	1577	36	1918	269	12426
轻工、纺织	1526	183	4	408	89	2210
食品	6789	1342	9	521	459	9120
土木建筑	9052	1142	1	1538	281	12014
水利	2127	566	1	317	214	3225
交通运输	7163	888	2	2178	386	10617
航空航天	3236	1503	1	250	261	5251
安全科学技术	152	32	0	3	41	228
环境科学	10187	2306	8	973	1254	14728

学科	论文篇数					
	高等院校	研究机构	医疗机构[①]	企业	其他	合计
管理学	880	21	3	4	7	915
其他	16645	2408	644	443	1067	21207
总计	311860	57065	62720	22848	17627	472120

数据来源：CSTPCD 2017。

①此处医院的数据不包括高等院校所属医院数据。

附表 28　2017 年 CSTPCD 收录各学科科技论文的引用文献情况

学科	论文篇数	参考文献篇数（A）	篇均参考文献篇数
数学	4688	73586	15.70
力学	1922	38003	19.77
信息、系统科学	355	6709	18.90
物理学	4941	115949	23.47
化学	8643	227859	26.36
天文学	403	14193	35.22
地学	14142	454449	32.13
生物学	11505	566895	49.27
预防医学与卫生学	14306	195093	13.64
基础医学	13027	278669	21.39
药物学	12773	220706	17.28
临床医学	128524	222152	1.73
中医学	22159	365167	16.48
军事医学与特种医学	2170	34140	15.73
农学	21193	491561	23.19
林学	3796	95484	25.15
畜牧、兽医	6356	143887	22.64
水产学	1809	52799	29.19
测绘科学技术	2993	48675	16.26
材料科学	5887	134391	22.83
工程与技术基础学科	3797	70207	18.49
矿山工程技术	6433	80214	12.47
能源科学技术	5323	102735	19.30
冶金、金属学	12978	165349	12.74
机械、仪表	10903	141594	12.99
动力与电气	3610	61408	17.01
核科学技术	1160	14217	12.26
电子、通信与自动控制	26058	400239	15.36
计算技术	28325	459848	16.23
化工	12426	220928	17.78
轻工、纺织	2210	29613	13.40

续表

学科	论文篇数	参考文献篇数（A）	篇均参考文献篇数
食品	9120	201318	22.07
土木建筑	12014	183106	15.24
水利	3225	49018	15.20
交通运输	10617	322604	30.39
航空航天	5251	136289	25.95
安全科学技术	228	5124	22.47
环境科学	14728	335189	22.76
管理学	915	23187	25.34
其他	21207	474904	22.39

数据来源：CSTPCD 2017。

附表 29　2017 年 CSTPCD 收录科技论文数居前 50 位的高等院校

排名	高等院校	论文篇数	排名	高等院校	论文篇数
1	首都医科大学	6058	26	中国矿业大学	1871
2	上海交通大学	5798	27	第四军医大学	1824
3	北京大学	4428	28	华南理工大学	1805
4	武汉大学	4057	29	第二军医大学	1786
5	四川大学	3969	30	南京航空航天大学	1774
6	复旦大学	3119	31	南京中医药大学	1706
7	华中科技大学	3098	32	江苏大学	1691
8	中南大学	3057	33	江南大学	1687
9	吉林大学	3029	34	重庆医科大学	1669
10	浙江大学	2972	35	山东大学	1652
11	同济大学	2933	36	昆明理工大学	1622
12	南京医科大学	2864	37	南昌大学	1618
13	中山大学	2705	38	广东中医药大学	1588
14	中国医科大学	2374	39	西南交通大学	1587
15	郑州大学	2365	40	中国地质大学	1563
16	南京大学	2306	41	天津医科大学	1543
17	天津大学	2148	42	广西医科大学	1538
18	安徽医科大学	2147	43	苏州大学	1512
19	西安交通大学	2109	44	华北电力大学	1508
20	清华大学	2100	45	河北医科大学	1497
21	河海大学	1998	46	西北农林科技大学	1494
22	北京中医药大学	1993	47	南方医科大学	1485
23	中国石油大学	1982	48	上海中医药大学	1461
24	哈尔滨医科大学	1944	49	南京理工大学	1448
25	新疆医科大学	1922	50	东南大学	1426

附表 30　2017 年 CSTPCD 收录科技论文数居前 50 位的研究机构

排名	研究机构	论文篇数	排名	研究机构	论文篇数
1	中国中医科学院	1420	26	四川省农业科学院	190
2	中国疾病预防控制中心	784	27	中国环境科学研究院	188
3	中国林业科学研究院	709	28	首都儿科研究所	182
4	中国水产科学研究院	621	29	中国科学院生态环境研究中心	175
5	中国热带农业科学院	562	29	中国科学院海洋研究所	175
6	中国工程物理研究院	554	31	北京市农林科学院	170
7	军事医学科学院	484	32	西安热工研究院有限公司	167
8	中国科学院地理科学与资源研究所	439	33	中国科学院新疆生态与地理研究所	163
9	江苏省农业科学院	425	34	新疆农业科学院	160
10	中国医学科学院肿瘤研究所	381	35	中国科学院地质与地球物理研究所	154
11	山西省农业科学院	374	36	南京水利科学研究院	152
12	山东省农业科学院	369	37	河北省农林科学院	146
13	中国食品药品检定研究院	331	38	中国医学科学院血液学研究所	141
14	福建省农业科学院	325	39	机械科学研究总院	140
15	中国科学院合肥物质科学研究院	308	40	中国科学院水利部成都山地灾害与环境研究所	137
16	中国科学院长春光学精密机械与物理研究所	306	40	浙江省农业科学院	137
17	云南省农业科学院	264	42	中国科学院电子学研究所	135
18	广西农业科学院	261	43	中国科学院大连化学物理研究所	130
19	中国地质科学院	235	43	中国科学院金属研究所	130
20	广东省农业科学院	228	45	北京市疾病预防控制中心	129
21	河南省农业科学院	224	46	中国医学科学院基础医学研究所	128
22	湖北省农业科学院	217	47	中国科学院大气物理研究所	127
23	中国水利水电科学研究院	214	48	山东省科学院	125
24	上海市农业科学院	202	49	安徽省农业科学院	124
25	中国空气动力研究与发展中心	194	49	南京电子技术研究所	124

附表 31　2017 年 CSTPCD 收录科技论文数居前 50 位的医疗机构

排名	医疗机构	论文篇数	排名	医疗机构	论文篇数
1	解放军总医院	1711	8	第四军医大学西京医院	819
2	四川大学华西医院	1611	9	哈尔滨医科大学附属第一医院	793
3	北京协和医院	1418	10	江苏省人民医院	782
4	武汉大学人民医院	1282	11	新疆医科大学第一附属医院	744
5	中国医科大学附属盛京医院	1114	12	首都医科大学宣武医院	725
6	郑州大学第一附属医院	990	13	北京大学第三医院	708
7	华中科技大学同济医学院附属同济医院	824	14	北京大学第一医院	695
			15	南京鼓楼医院	692

续表

排名	医疗机构	论文篇数	排名	医疗机构	论文篇数
16	第二军医大学附属长海医院	691	34	南方医院	508
17	中国医科大学附属第一医院	689	35	广西医科大学第一附属医院	495
18	首都医科大学附属北京安贞医院	666	35	西安交通大学医学院第一附属医院	495
19	南京军区南京总医院	635	37	首都医科大学附属北京朝阳医院	494
20	重庆医科大学附属第一医院	631	38	上海交通大学医学院附属新华医院	493
21	安徽医科大学第一附属医院	626	39	首都医科大学附属北京同仁医院	489
22	吉林大学白求恩第一医院	622	40	内蒙古医科大学附属医院	481
23	首都医科大学附属北京友谊医院	584	40	上海交通大学医学院附属仁济医院	481
23	上海交通大学医学院附属瑞金医院	584	42	中国中医科学院广安门医院	472
25	上海市第六人民医院	583	42	安徽省立医院	472
26	复旦大学附属中山医院	578	44	第二军医大学附属长征医院	471
27	青岛大学附属医院	556	45	中南大学湘雅医院	468
27	武汉大学中南医院	556	46	四川省人民医院	455
29	哈尔滨医科大学附属第二医院	537	47	中山大学附属第一医院	451
30	广东省中医院	535	48	苏州大学附属第一医院	450
31	北京大学人民医院	534	49	延安大学附属医院	446
32	河南省人民医院	521	50	上海市第一人民医院	438
33	上海交通大学医学院附属第九人民医院	512			

附表 32　2017 年 CSTPCD 收录科技论文数居前 30 位的农林牧渔类高等院校

排名	高等院校	论文篇数	排名	高等院校	论文篇数
1	西北农林科技大学	1494	16	吉林农业大学	618
2	中国农业大学	1063	17	甘肃农业大学	610
3	南京农业大学	976	18	河南农业大学	605
4	北京林业大学	857	19	河北农业大学	599
5	东北林业大学	836	20	山西农业大学	580
6	四川农业大学	807	21	沈阳农业大学	561
7	东北农业大学	775	22	云南农业大学	494
8	福建农林大学	757	23	中南林业科技大学	439
9	湖南农业大学	751	24	青岛农业大学	429
10	新疆农业大学	724	25	江西农业大学	370
11	华中农业大学	707	26	西南林业大学	363
12	华南农业大学	700	27	安徽农业大学	329
13	山东农业大学	696	28	浙江农林大学	317
14	内蒙古农业大学	672	29	黑龙江八一农垦大学	304
15	南京林业大学	623	30	北京农学院	191

附表 33　2017 年 CSTPCD 收录科技论文数居前 30 位的师范类高等院校

排名	师范类高等院校	论文篇数	排名	师范类高等院校	论文篇数
1	北京师范大学	641	15	山东师范大学	234
2	陕西师范大学	600	17	辽宁师范大学	230
3	西北师范大学	490	18	云南师范大学	219
4	华东师范大学	485	19	天津师范大学	210
5	福建师范大学	448	20	重庆师范大学	209
6	贵州师范大学	420	21	四川师范大学	205
7	南京师范大学	419	22	新疆师范大学	191
8	华南师范大学	380	23	东北师范大学	176
9	杭州师范大学	317	24	内蒙古师范大学	161
10	首都师范大学	266	25	浙江师范大学	156
11	华中师范大学	263	26	广西师范大学	155
12	河南师范大学	257	27	河北师范大学	152
13	安徽师范大学	253	28	沈阳师范大学	146
14	湖南师范大学	251	29	江苏师范大学	144
15	江西师范大学	234	30	上海师范大学	137

附表 34　2017 年 CSTPCD 收录科技论文数居前 30 位的医药学类高等院校

排名	医药学类高等院校	论文篇数	排名	医药学类高等院校	论文篇数
1	首都医科大学	6058	16	南方医科大学	1485
2	南京医科大学	2864	17	上海中医药大学	1461
3	中国医科大学	2374	18	浙江中医药大学	1330
4	安徽医科大学	2147	19	第三军医大学	1302
5	北京中医药大学	1993	20	温州医科大学	1301
6	哈尔滨医科大学	1944	21	天津中医药大学	1122
7	新疆医科大学	1922	22	辽宁中医药大学	1024
8	第四军医大学	1824	23	山西医科大学	1022
9	第二军医大学	1786	24	山东中医药大学	968
10	南京中医药大学	1706	25	昆明医学院	965
11	重庆医科大学	1669	26	贵州医科大学	926
12	广东中医药大学	1588	27	湖北医药学院	915
13	天津医科大学	1543	28	遵义医学院	855
14	广西医科大学	1538	29	湖南中医药大学	835
15	河北医科大学	1497	30	广州医科大学	824

附表 35　2017 年 CSTPCD 收录科技论文数居前 50 位的城市

排名	城市	论文篇数	排名	城市	论文篇数
1	北京	80591	26	福州	5166
2	上海	34486	27	贵阳	4624
3	南京	26568	28	南宁	4556
4	武汉	22565	29	深圳	4088
5	西安	22224	30	无锡	3281
6	广州	20041	31	徐州	3246
7	成都	16506	32	咸阳	3186
8	天津	15171	33	苏州	3144
9	重庆	13042	34	呼和浩特	2835
10	杭州	11602	35	唐山	2624
11	长沙	11432	36	厦门	2617
12	郑州	10637	37	宁波	2522
13	沈阳	10265	38	海口	2460
14	哈尔滨	9069	39	镇江	2349
15	长春	8028	40	保定	2014
16	合肥	7857	41	银川	1904
17	青岛	7843	42	桂林	1849
18	兰州	7526	43	洛阳	1799
19	昆明	7120	44	常州	1772
20	济南	6678	45	扬州	1765
21	太原	6632	46	绵阳	1718
22	南昌	5821	47	秦皇岛	1698
23	乌鲁木齐	5816	48	烟台	1581
24	大连	5745	49	温州	1542
25	石家庄	5224	50	西宁	1512

附表 36　2017 年 CSTPCD 统计科技论文被引次数居前 50 位的高等院校

排名	高等院校	被引次数	排名	高等院校	被引次数
1	北京大学	32886	12	中山大学	18430
2	上海交通大学	30739	13	中国地质大学	17311
3	首都医科大学	25894	14	复旦大学	16994
4	浙江大学	25024	15	中国石油大学	15913
5	清华大学	21178	16	中国矿业大学	15621
6	中南大学	21057	17	吉林大学	15592
7	华中科技大学	19255	18	西北农林科技大学	15491
8	武汉大学	18962	19	重庆大学	13119
9	同济大学	18950	20	西安交通大学	13107
10	南京大学	18589	21	中国农业大学	12014
11	四川大学	18578	22	天津大学	11732

排名	高等院校	被引次数	排名	高等院校	被引次数
23	南京医科大学	11704	37	南方医科大学	9046
24	南京农业大学	11546	38	中国医科大学	8963
25	哈尔滨工业大学	11525	39	大连理工大学	8949
26	华南理工大学	11367	40	江苏大学	8858
27	华北电力大学	11110	41	西南大学	8806
28	山东大学	11067	42	兰州大学	8771
29	西北工业大学	10655	43	河海大学	8387
30	安徽医科大学	10287	44	北京科技大学	8249
31	东南大学	10260	45	湖南大学	8244
32	南京航空航天大学	10060	46	天津医科大学	8234
33	南京中医药大学	9557	47	第二军医大学	8052
34	北京中医药大学	9515	48	西南交通大学	8031
35	北京航空航天大学	9392	49	合肥工业大学	7984
36	郑州大学	9252	50	重庆医科大学	7965

附表 37　2017 年 CSTPCD 统计科技论文被引次数居前 50 位的研究机构

排名	研究机构	被引次数	排名	研究机构	被引次数
1	中国科学院地理科学与资源研究所	10764	18	中国科学院大气物理研究所	2601
2	中国科学院半导体研究所	9638	19	中国科学院新疆生态与地理研究所	2555
3	中国中医科学院	8862	20	中国热带农业科学院	2509
4	中国疾病预防控制中心	7617	21	中国农业科学院作物科学研究所	2346
5	中国林业科学研究院	6026	22	中国环境科学研究院	2342
6	中国科学院地质与地球物理研究所	5589	22	中国科学院广州地球化学研究所	2342
7	中国水产科学研究院	4741	24	中国科学院南京地理与湖泊研究所	2319
8	中国科学院寒区旱区环境与工程研究所	4332	25	中国科学院沈阳应用生态研究所	2277
9	中国地质科学院矿产资源研究所	3922	26	中国气象科学研究院	2171
10	中国医学科学院肿瘤研究所	3850	27	中国工程物理研究院	2047
11	中国科学院生态环境研究中心	3772	28	中国科学院东北地理与农业生态研究所	2036
12	中国地质科学院地质研究所	3659	29	山东省农业科学院	1849
13	中国科学院长春光学精密机械与物理研究所	3527	30	中国地震局地质研究所	1821
14	中国科学院南京土壤研究所	3351	31	中国科学院海洋研究所	1793
15	军事医学科学院	2950	32	中国科学院武汉岩土力学研究所	1753
16	江苏省农业科学院	2846	33	中国水利水电科学研究院	1752
17	中国农业科学院农业资源与农业区划研究所	2802	34	中国科学院遥感与数字地球研究所	1744
			35	中国科学院植物研究所	1708

续表

排名	研究机构	被引次数	排名	研究机构	被引次数
36	北京市农林科学院	1694	45	中国地震局地球物理研究所	1338
37	中国科学院地球化学研究所	1668	46	中国科学院水利部成都山地灾害与环境研究所	1317
38	福建省农业科学院	1517	47	中国科学院亚热带农业生态研究所	1257
39	山西省农业科学院	1480	48	中国气象局兰州干旱气象研究所	1253
40	国家气象中心	1443	49	中国食品药品检定研究院	1245
41	中国医学科学院药用植物研究所	1392	50	中国农业科学院农业环境与可持续发展研究所	1184
42	云南省农业科学院	1386			
43	广东省农业科学院	1383			
44	中国科学院水利部水土保持研究所	1377			

附表 38　2017 年 CSTPCD 统计科技论文被引次数居前 50 位的医疗机构

排名	医疗机构	被引次数	排名	医疗机构	被引次数
1	解放军总医院	9248	25	第四军医大学西京医院	2775
2	北京协和医院	6583	26	新疆医科大学第一附属医院	2747
3	四川大学华西医院	6192	27	中国中医科学院广安门医院	2565
4	南京军区南京总医院	4281	28	中南大学湘雅医院	2563
5	北京大学第一医院	4213	29	上海交通大学医学院附属仁济医院	2537
6	北京大学第三医院	3806	30	首都医科大学附属北京友谊医院	2500
7	北京大学人民医院	3588	31	南京鼓楼医院	2420
8	中国医科大学附属盛京医院	3568	32	安徽省立医院	2386
9	上海交通大学医学院附属瑞金医院	3454	33	上海交通大学医学院附属新华医院	2320
10	南方医院	3310	34	中国医学科学院阜外心血管病医院	2308
11	华中科技大学同济医学院附属同济医院	3263	35	陆军总医院	2296
12	郑州大学第一附属医院	3207	36	中日友好医院	2262
13	首都医科大学宣武医院	3175	37	中南大学湘雅二医院	2226
14	武汉大学人民医院	3138	38	广西医科大学第一附属医院	2223
15	江苏省人民医院	3135	39	青岛大学附属医院	2222
16	第二军医大学附属长海医院	3131	40	首都医科大学附属北京朝阳医院	2196
17	上海市第六人民医院	2982	41	华中科技大学同济医学院附属协和医院	2193
18	复旦大学附属中山医院	2978	42	上海交通大学医学院附属第九人民医院	2152
19	首都医科大学附属北京安贞医院	2972	43	首都医科大学附属北京同仁医院	2110
20	重庆医科大学附属第一医院	2907	44	第二军医大学附属长征医院	2099
21	安徽医科大学第一附属医院	2876	45	第三军医大学西南医院	2060
22	中山大学附属第一医院	2837			
23	中国医科大学附属第一医院	2808			
24	复旦大学附属华山医院	2793			

续表

排名	医疗机构	被引次数	排名	医疗机构	被引次数
46	哈尔滨医科大学附属第二医院	2051	49	昆山市中医医院	1918
47	哈尔滨医科大学附属第一医院	1971	50	西安交通大学医学院第一附属医院	1873
48	北京医院	1943			

附表 39　2017 年 CSTPCD 收录的各类基金资助来源产出论文情况

排名	基金来源	论文篇数	所占比例
1	国家自然科学基金委员会基金项目	127313	39.49%
2	科技部基金项目	34767	10.78%
3	国内大学、研究机构和公益组织资助	18208	5.65%
4	江苏省基金项目	7139	2.21%
5	广东省基金项目	6750	2.09%
6	上海市基金项目	6230	1.93%
7	教育部基金项目	5262	1.63%
8	河北省基金项目	5237	1.62%
9	北京市基金项目	5168	1.60%
10	浙江省基金项目	5010	1.55%
11	国内企业资助	4937	1.53%
12	陕西省基金项目	4620	1.43%
13	河南省基金项目	4309	1.34%
14	四川省基金项目	4304	1.34%
15	山东省基金项目	3906	1.21%
16	湖北省基金项目	3252	1.01%
17	农业部基金项目	3009	0.93%
18	辽宁省基金项目	2935	0.91%
19	军队系统基金	2752	0.85%
20	国家社会科学基金	2703	0.84%
21	广西壮族自治区基金项目	2691	0.83%
22	湖南省基金项目	2612	0.81%
23	重庆市基金项目	2494	0.77%
24	安徽省基金项目	2381	0.74%
25	福建省基金项目	2376	0.74%
26	国家中医药管理局基金项目	2264	0.70%
27	贵州省基金项目	2233	0.69%
28	黑龙江省基金项目	2065	0.64%
29	吉林省基金项目	1976	0.61%
30	国土资源部基金项目	1965	0.61%
31	新疆区基金项目	1963	0.61%
32	山西省基金项目	1960	0.61%
33	天津市基金项目	1881	0.58%

续表

排名	基金来源	论文篇数	所占比例
34	云南省基金项目	1644	0.51%
35	江西省基金项目	1600	0.50%
36	中国科学院基金项目	1447	0.45%
37	甘肃省基金项目	1332	0.41%
38	海南省基金项目	1139	0.35%
39	其他部委基金项目	1135	0.35%
40	人力资源和社会保障部基金项目	1085	0.34%
41	内蒙古自治区基金项目	1047	0.32%
42	国家卫生计生委基金项目	751	0.23%
43	青海省基金项目	500	0.16%
44	宁夏回族自治区基金项目	489	0.15%
45	国家海洋局基金项目	422	0.13%
46	中国地震局基金项目	368	0.11%
47	水利部基金项目	367	0.11%
48	国家国防科技工业局基金项目	287	0.09%
49	国家林业局基金项目	277	0.09%
50	中国气象局基金项目	264	0.08%
51	交通运输部基金项目	250	0.08%
52	工业和信息化部基金项目	246	0.08%
53	中国工程院基金项目	233	0.07%
54	海外公益组织、基金机构、学术机构、研究机构资助	212	0.07%
55	住房和城乡建设部基金项目	153	0.05%
56	环境保护部基金项目	139	0.04%
57	西藏自治区基金项目	124	0.04%
58	国家发展和改革委员会基金项目	98	0.03%
59	中国科学技术协会基金项目	51	0.02%
60	国家食品药品监督管理局基金项目	36	0.01%
61	国家测绘局基金项目	15	0.00%
62	国家铁路局基金项目	5	0.00%
63	中国社会科学院基金项目	2	0.00%
63	海外个人资助	2	0.00%
65	海外公司和跨国公司资助	1	0.00%
	其他资助	19992	6.20%
	合计	322385	100.00%

附表 40　2017 年 CSTPCD 收录的各类基金资助产出论文的机构分布

机构类型	基金论文篇数	所占比例
高等院校	239215	74.20%
科研机构	40869	12.68%
医疗机构	24421	7.58%
管理部门及其他	9789	3.04%
公司企业	8091	2.51%
合计	322385	100.00%

附表 41　2017 年 CSTPCD 收录的各类基金资助产出论文的学科分布

序号	学科	基金论文篇数	所占比例	学科排名
1	数学	4368	1.35%	22
2	力学	1643	0.51%	32
3	信息、系统科学	314	0.10%	38
4	物理学	4503	1.40%	21
5	化学	7270	2.26%	16
6	天文学	374	0.12%	37
7	地学	12762	3.96%	6
8	生物学	10754	3.34%	8
9	预防医学与卫生学	7656	2.37%	13
10	基础医学	9349	2.90%	9
11	药物学	6798	2.11%	18
12	临床医学	61382	19.04%	1
13	中医学	16832	5.22%	5
14	军事医学与特种医学	1060	0.33%	34
15	农学	19700	6.11%	3
16	林学	3546	1.10%	25
17	畜牧、兽医	5769	1.79%	19
18	水产学	1764	0.55%	31
19	测绘科学技术	2443	0.76%	30
20	材料科学	5025	1.56%	20
21	工程与技术基础学科	2919	0.91%	27
22	矿山工程技术	4197	1.30%	23
23	能源科学技术	4099	1.27%	24
24	冶金、金属学	8417	2.61%	11
25	机械、仪表	7377	2.29%	14
26	动力与电气	2844	0.88%	28
27	核科学技术	660	0.20%	36
28	电子、通信与自动控制	18340	5.69%	4
29	计算技术	21959	6.81%	2
30	化工	7902	2.45%	12

序号	学科	基金论文篇数	所占比例	学科排名
31	轻工、纺织	1478	0.46%	33
32	食品	7325	2.27%	15
33	土木建筑	8855	2.75%	10
34	水利	2521	0.78%	29
35	交通运输	7218	2.24%	17
36	航空航天	3297	1.02%	26
37	安全科学技术	220	0.07%	39
38	环境科学	12153	3.77%	7
39	管理学	836	0.26%	35
40	其他	16456	5.10%	
	合计	322385	100.00%	

附表 42　2017 年 CSTPCD 收录的各类基金资助产出论文的地区分布

序号	地区	基金论文篇数	所占比例	排名
1	北京	42557	13.20%	1
2	天津	9188	2.85%	14
3	河北	10072	3.12%	12
4	山西	5623	1.74%	24
5	内蒙古	3107	0.96%	27
6	辽宁	12703	3.94%	9
7	吉林	5779	1.79%	23
8	黑龙江	8081	2.51%	16
9	上海	19123	5.93%	3
10	江苏	29240	9.07%	2
11	浙江	12262	3.80%	10
12	安徽	8232	2.55%	15
13	福建	6343	1.97%	18
14	江西	5185	1.61%	25
15	山东	13717	4.25%	8
16	河南	11885	3.69%	11
17	湖北	15892	4.93%	6
18	湖南	9927	3.08%	13
19	广东	18902	5.86%	4
20	广西	6321	1.96%	19
21	海南	2185	0.68%	28
22	重庆	7974	2.47%	17
23	四川	13971	4.33%	7
24	贵州	4891	1.52%	26
25	云南	5962	1.85%	21
26	西藏	253	0.08%	31

续表

序号	地区	基金论文篇数	所占比例	排名
27	陕西	18839	5.84%	5
28	甘肃	5798	1.80%	22
29	青海	925	0.29%	30
30	宁夏	1444	0.45%	29
31	新疆	5993	1.86%	20
32	不详	11	0.00%	
	合计	322385	100.00%	

附表 43　2017 年 CSTPCD 收录的基金论文数居前 50 位的高等院校

排名	高等院校	基金论文篇数	排名	高等院校	基金论文篇数
1	上海交通大学	3484	26	新疆医科大学	1402
2	首都医科大学	3140	27	昆明理工大学	1378
3	武汉大学	2759	28	南京大学	1346
4	四川大学	2358	29	西南交通大学	1327
5	中南大学	2315	30	安徽医科大学	1290
6	北京大学	2220	31	南京医科大学	1274
7	浙江大学	2175	32	贵州大学	1263
8	同济大学	2004	33	重庆大学	1235
9	吉林大学	1977	34	大连理工大学	1230
10	华中科技大学	1845	34	江苏大学	1230
11	复旦大学	1814	36	华北电力大学	1218
12	天津大学	1761	37	南昌大学	1209
13	中国矿业大学	1648	38	中国医科大学	1207
14	中山大学	1633	39	上海中医药大学	1185
15	中国石油大学	1619	40	山东大学	1182
16	华南理工大学	1570	41	太原理工大学	1171
17	北京中医药大学	1549	42	西南大学	1150
18	清华大学	1546	43	东南大学	1145
19	河海大学	1540	44	北京工业大学	1132
20	西安交通大学	1529	45	合肥工业大学	1126
21	南京航空航天大学	1484	46	东北大学	1122
22	郑州大学	1443	47	第四军医大学	1101
23	中国地质大学	1413	48	重庆医科大学	1099
24	西北农林科技大学	1408	49	哈尔滨工业大学	1088
25	江南大学	1404	50	哈尔滨医科大学	1070

注：含附属医院。

附表 44　2017 年 CSTPCD 收录的基金论文数居前 50 位的研究机构

排名	研究机构	基金论文篇数
1	中国林业科学研究院	674
2	中国水产科学研究院	617
3	中国热带农业科学院	537
4	中国农业科学院其他	481
5	中国疾病预防控制中心	456
6	中国科学院地理科学与资源研究所	422
7	江苏省农业科学院	410
8	中国中医科学院	408
9	中国工程物理研究院	374
10	山东省农业科学院	360
11	山西省农业科学院	356
12	福建省农业科学院	322
13	中国科学院合肥物质科学研究院	277
14	军事医学科学院	269
14	中国科学院长春光学精密机械与物理研究所	269
16	广西壮族自治区农业科学院	256
17	云南省农业科学院	250
18	中国石油天然气集团公司	243
19	中国地质科学院（院部）|中国地质科学院其他	230
20	中国石油化工集团公司	229
21	国家电网公司	228
22	广东省农业科学院	226
23	河南省农业科学院	218
24	中国医学科学院阜外心血管病医院	200
25	湖北省农业科学院	199
26	上海市农业科学研究院	193
26	中国核工业集团公司	193
26	中国水利水电科学研究院	193
29	中国航空工业集团公司	178
29	中国环境科学研究院	178
31	四川省农业科学院	177
31	中国医学科学院肿瘤研究所	177
33	四川省医学科学院	174
34	中国科学院生态环境研究中心	170
35	中国药品生物制品检定研究所	167
36	中国科学院海洋研究所	165
37	中国科学院新疆生态与地理研究所	161
38	新疆农业科学院	156

排名	研究机构	基金论文篇数
39	中国兵器工业集团公司	151
40	北京市农林科学院	150
41	中国科学院地质与地球物理研究所	143
42	河北省农林科学院	139
43	中国科学院水利部成都山地灾害与环境研究所	136
44	浙江省农业科学院	132
45	中国科学院大气物理研究所	124
46	安徽省农业科学院	122
46	南京水利科学研究院	122
48	中国农业科学院北京畜牧兽医研究所	117
49	山东省科学院	116
50	广西壮族自治区林业科学研究院	115

附表 45　2017 年 CSTPCD 收录的论文按作者合著关系的学科分布

学科	单一作者		同机构合著		同省合著		省际合著		国际合著		论文总篇数
	论文篇数	比例	论文篇数	比例	论文篇数	比例	论文篇数	比例	论文篇数	比例	
数学	795	17.0%	2404	51.3%	675	14.4%	738	15.7%	76	1.6%	4688
力学	102	5.3%	1231	64.0%	208	10.8%	336	17.5%	45	2.3%	1922
信息、系统科学	29	8.2%	206	58.0%	62	17.5%	52	14.6%	6	1.7%	355
物理学	208	4.2%	3044	61.6%	668	13.5%	856	17.3%	165	3.3%	4941
化学	306	3.5%	5562	64.4%	1526	17.7%	1120	13.0%	129	1.5%	8643
天文学	41	10.2%	168	41.7%	54	13.4%	108	26.8%	32	7.9%	403
地学	562	4.0%	6238	44.1%	2479	17.5%	4591	32.5%	272	1.9%	14142
生物学	267	2.3%	6704	58.3%	2367	20.6%	1910	16.6%	257	2.2%	11505
预防医学与卫生学	952	6.7%	8166	57.1%	3756	26.3%	1338	9.4%	94	0.7%	14306
基础医学	541	4.2%	7485	57.5%	3334	25.6%	1524	11.7%	143	1.1%	13027
药物学	747	5.8%	7306	57.2%	3135	24.5%	1487	11.6%	98	0.8%	12773
临床医学	9746	7.6%	81377	63.3%	27247	21.2%	9666	7.5%	488	0.4%	128524
中医学	1514	6.8%	10989	49.6%	7111	32.1%	2406	10.9%	139	0.6%	22159
军事医学与特种医学	104	4.8%	1319	60.8%	436	20.1%	287	13.2%	24	1.1%	2170
农学	561	2.6%	11381	53.7%	5619	26.5%	3433	16.2%	199	0.9%	21193
林学	147	3.9%	1981	52.2%	961	25.3%	670	17.7%	37	1.0%	3796
畜牧、兽医	82	1.3%	3492	54.9%	1626	25.6%	1123	17.7%	33	0.5%	6356
水产学	18	1.0%	1006	55.6%	395	21.8%	377	20.8%	13	0.7%	1809

续表

学科	单一作者		同机构合著		同省合著		省际合著		国际合著		论文总篇数
	论文篇数	比例	论文篇数	比例	论文篇数	比例	论文篇数	比例	论文篇数	比例	
测绘科学技术	175	5.8%	1473	49.2%	465	15.5%	861	28.8%	19	0.6%	2993
材料科学	220	3.7%	3469	58.9%	977	16.6%	1089	18.5%	132	2.2%	5887
工程与技术基础学科	164	4.3%	2472	65.1%	524	13.8%	587	15.5%	50	1.3%	3797
矿山工程技术	1173	18.2%	3101	48.2%	845	13.1%	1271	19.8%	43	0.7%	6433
能源科学技术	432	8.1%	2157	40.5%	842	15.8%	1859	34.9%	33	0.6%	5323
冶金、金属学	923	7.1%	7371	56.8%	2222	17.1%	2362	18.2%	100	0.8%	12978
机械、仪表	636	5.8%	6967	63.9%	1610	14.8%	1631	15.0%	59	0.5%	10903
动力与电气	118	3.3%	2227	61.7%	524	14.5%	691	19.1%	50	1.4%	3610
核科学技术	25	2.2%	744	64.1%	127	10.9%	249	21.5%	15	1.3%	1160
电子、通信与自动控制	1962	7.5%	14718	56.5%	4193	16.1%	4916	18.9%	269	1.0%	26058
计算技术	2405	8.5%	18066	63.8%	4119	14.5%	3465	12.2%	270	1.0%	28325
化工	885	7.1%	7744	62.3%	2044	16.4%	1672	13.5%	81	0.7%	12426
轻工、纺织	228	10.3%	1196	54.1%	392	17.7%	377	17.1%	17	0.8%	2210
食品	319	3.5%	5632	61.8%	1902	20.9%	1205	13.2%	62	0.7%	9120
土木建筑	1008	8.4%	6271	52.2%	2153	17.9%	2395	19.9%	187	1.6%	12014
水利	180	5.6%	1659	51.4%	581	18.0%	773	24.0%	32	1.0%	3225
交通运输	994	9.4%	5573	52.5%	1619	15.2%	2312	21.8%	119	1.1%	10617
航空航天	185	3.5%	3477	66.2%	636	12.1%	926	17.6%	27	0.5%	5251
安全科学技术	11	4.8%	116	50.9%	42	18.4%	58	25.4%	1	0.4%	228
环境科学	801	5.4%	8005	54.4%	3033	20.6%	2699	18.3%	190	1.3%	14728
管理学	72	7.9%	552	60.3%	152	16.6%	126	13.8%	13	1.4%	915
社会科学和其他	2697	12.7%	11332	53.4%	3805	17.9%	3081	14.5%	292	1.4%	21207
总计	32335	6.8%	274381	58.1%	94466	20.0%	66627	14.1%	4311	0.9%	472120

附表 46　2017 年 CSTPCD 收录的论文按作者合著关系的地区分布

地区	单一作者		同机构合著		同省合著		省际合著		国际合著		论文总篇数
	论文篇数	比例	论文篇数	比例	论文篇数	比例	论文篇数	比例	论文篇数	比例	
北京	4431	6.8%	37308	57.4%	11700	18.0%	10630	16.4%	917	1.4%	64986
天津	821	6.1%	7779	58.2%	2522	18.9%	2132	16.0%	110	0.8%	13364
河北	1049	6.4%	9171	55.6%	4021	24.4%	2202	13.4%	48	0.3%	16491
山西	679	8.5%	4658	58.6%	1329	16.7%	1230	15.5%	54	0.7%	7950

地区	单一作者		同机构合著		同省合著		省际合著		国际合著		论文总篇数
	论文篇数	比例	论文篇数	比例	论文篇数	比例	论文篇数	比例	论文篇数	比例	
内蒙古	443	9.8%	2384	52.7%	939	20.8%	737	16.3%	21	0.5%	4524
辽宁	1374	7.3%	11514	61.2%	3191	17.0%	2569	13.7%	154	0.8%	18802
吉林	272	3.4%	4836	60.4%	1617	20.2%	1211	15.1%	76	0.9%	8012
黑龙江	535	4.9%	6855	63.2%	1864	17.2%	1483	13.7%	103	1.0%	10840
上海	2073	7.2%	18054	62.4%	5167	17.9%	3223	11.1%	394	1.4%	28911
江苏	2579	6.1%	25596	60.3%	8379	19.7%	5467	12.9%	431	1.0%	42452
浙江	1060	5.8%	10193	55.7%	4514	24.7%	2333	12.7%	202	1.1%	18302
安徽	667	5.7%	7367	62.7%	2005	17.1%	1632	13.9%	80	0.7%	11751
福建	697	8.2%	4931	58.3%	1692	20.0%	1037	12.3%	95	1.1%	8452
江西	353	5.3%	3860	58.4%	1227	18.6%	1139	17.2%	35	0.5%	6614
山东	1429	6.7%	11051	52.1%	5280	24.9%	3286	15.5%	163	0.8%	21209
河南	1757	9.8%	9842	54.7%	3409	18.9%	2899	16.1%	101	0.6%	18008
湖北	1805	7.2%	15223	60.4%	4561	18.1%	3384	13.4%	215	0.9%	25188
湖南	609	4.7%	7652	58.5%	2696	20.6%	1986	15.2%	137	1.0%	13080
广东	1712	6.3%	15376	56.5%	6570	24.1%	3246	11.9%	312	1.1%	27216
广西	590	7.3%	4641	57.5%	1833	22.7%	967	12.0%	38	0.5%	8069
海南	202	6.4%	1852	58.8%	590	18.7%	488	15.5%	15	0.5%	3147
重庆	920	8.2%	6744	59.9%	1869	16.6%	1646	14.6%	78	0.7%	11257
四川	1865	8.4%	12884	58.1%	4275	19.3%	2977	13.4%	159	0.7%	22160
贵州	331	5.4%	3185	51.6%	1569	25.4%	1059	17.2%	25	0.4%	6169
云南	436	5.4%	4517	56.3%	2032	25.3%	986	12.3%	53	0.7%	8024
西藏	21	6.5%	146	45.5%	28	8.7%	124	38.6%	2	0.6%	321
陕西	2575	9.3%	16067	58.1%	5179	18.7%	3652	13.2%	189	0.7%	27662
甘肃	418	5.4%	4495	58.4%	1601	20.8%	1141	14.8%	40	0.5%	7695
青海	204	13.2%	771	49.7%	303	19.5%	270	17.4%	3	0.2%	1551
宁夏	81	4.1%	1062	53.7%	502	25.4%	329	16.6%	5	0.3%	1979
新疆	311	3.9%	4349	55.2%	2000	25.4%	1162	14.7%	56	0.7%	7878
其他	36	64.3%	18	32.1%	2	3.6%	0	0.0%	0	0.0%	56
总计	32335	6.8%	274381	58.1%	94466	20.0%	66627	14.1%	4311	0.9%	472120

附表 47　2017 年 CSTPCD 统计被引次数较多的基金资助项目情况

排名	基金资助项目	被引次数	所占比例
1	国家自然科学基金项目	327480	24.44%
2	其他部委基金项目	238453	17.79%
3	国家科技支撑计划	45935	3.43%
4	其他资助	44680	3.33%
5	国内大学、研究机构和公益组织资助	42171	3.15%
6	国家重点基础研究发展计划（973 计划）	41957	3.13%

排名	基金资助项目	被引次数	所占比例
7	国家高技术研究发展计划（863 计划）	29754	2.22%
8	国家科技重大专项	29151	2.18%
9	江苏省基金项目	18252	1.36%
10	广东省基金项目	17745	1.32%
11	国家社会科学基金	13779	1.03%
12	教育部其他基金项目	13692	1.02%
13	浙江省基金项目	13414	1.00%
14	上海市基金项目	12235	0.91%
15	北京市基金项目	11485	0.86%
16	科技基础性工作及社会公益研究专项	9838	0.73%
17	河北省基金项目	8990	0.67%
18	河南省基金项目	8379	0.63%
19	农业部基金项目	8360	0.62%
20	山东省基金项目	7469	0.56%
21	四川省基金项目	7215	0.54%
22	湖南省基金项目	7032	0.52%
23	中国科学院基金项目	7000	0.52%
24	广西壮族自治区基金项目	6840	0.51%
25	陕西省基金项目	6780	0.51%
26	辽宁省基金项目	5490	0.41%
27	科技部其他基金项目	5448	0.41%
28	安徽省基金项目	5441	0.41%
29	福建省基金项目	5383	0.40%
30	湖北省基金项目	5373	0.40%
31	重庆市基金项目	5049	0.38%
32	黑龙江省基金项目	4969	0.37%
33	国内企业资助	4894	0.37%
34	贵州省基金项目	4750	0.35%
35	高等学校博士学科点专项科研基金	4182	0.31%
36	军队系统基金	4174	0.31%
37	吉林省基金项目	4146	0.31%
38	天津市基金项目	3882	0.29%
39	国际科技合作计划	3772	0.28%
40	云南省基金项目	3765	0.28%
41	新疆维吾尔自治区基金项目	3656	0.27%
42	江西省基金项目	3282	0.24%
43	山西省基金项目	3238	0.24%
44	甘肃省基金项目	3159	0.24%
45	国家重点实验室	2960	0.22%
46	国土资源部其他基金项目	2414	0.18%

续表

排名	基金资助项目	被引次数	所占比例
47	国家中医药管理局基金项目	2406	0.18%
48	新世纪优秀人才支持计划	2195	0.16%
49	地质行业科学技术发展基金	2137	0.16%
50	国家林业局基金项目	1985	0.15%

附表 48　2017 年 CSTPCD 统计被引的各类基金资助论文次数按学科分布情况

学科	被引次数	所占比例	排名
数学	8151	0.61%	30
力学	7038	0.53%	32
信息、系统科学	4216	0.31%	35
物理学	10950	0.82%	26
化学	27161	2.03%	13
天文学	1468	0.11%	37
地学	101107	7.54%	3
生物学	58742	4.38%	8
预防医学与卫生学	29310	2.19%	11
基础医学	32866	2.45%	10
药物学	20800	1.55%	19
临床医学	170365	12.71%	1
中医学	63518	4.74%	7
军事医学与特种医学	3817	0.28%	36
农学	120903	9.02%	2
林学	19556	1.46%	20
畜牧、兽医	18894	1.41%	22
水产学	8884	0.66%	29
测绘科学技术	10600	0.79%	27
材料科学	15458	1.15%	23
工程与技术基础学科	6567	0.49%	33
矿山工程技术	19218	1.43%	21
能源科学技术	28108	2.10%	12
冶金、金属学	26892	2.01%	14
机械、仪表	23096	1.72%	16
动力与电气	13834	1.03%	24
核科学技术	986	0.07%	39
电子、通信与自动控制	85316	6.37%	4
计算技术	83832	6.26%	5
化工	22480	1.68%	17
轻工、纺织	7985	0.60%	31
食品	25491	1.90%	15

续表

学科	被引次数	所占比例	排名
土木建筑	36674	2.74%	9
水利	9404	0.70%	28
交通运输	22209	1.66%	18
航空航天	11287	0.84%	25
安全科学技术	1322	0.10%	38
环境科学	70672	5.27%	6
管理学	6018	0.45%	34
其他	105004	7.83%	
合计	1340199	100.00%	

附表 49　2017 年 CSTPCD 统计被引的各类基金资助论文次数按地区分布情况

地区	被引次数	所占比例	排名
北京	250374	18.68%	1
天津	33913	2.53%	14
河北	31098	2.32%	17
山西	16101	1.20%	25
内蒙古	9038	0.67%	27
辽宁	49159	3.67%	10
吉林	25960	1.94%	19
黑龙江	33116	2.47%	15
上海	76597	5.72%	3
江苏	129729	9.68%	2
浙江	54335	4.05%	8
安徽	31721	2.37%	16
福建	24156	1.80%	20
江西	18088	1.35%	24
山东	56201	4.19%	7
河南	37667	2.81%	12
湖北	60451	4.51%	6
湖南	47908	3.57%	11
广东	74756	5.58%	4
广西	18848	1.41%	23
海南	5970	0.45%	28
重庆	33936	2.53%	13
四川	52349	3.91%	9
贵州	14209	1.06%	26
云南	18985	1.42%	22
西藏	525	0.04%	31
陕西	74275	5.54%	5

续表

地区	被引次数	所占比例	排名
甘肃	28989	2.16%	18
青海	2811	0.21%	30
宁夏	4455	0.33%	29
新疆	20975	1.57%	21
其他	3504	0.26%	
合计	1340199	100.00%	

附表 50　2017 年 CSTPCD 收录的科技论文数居前 30 位的企业

排名	单位	论文篇数
1	中国交通建设集团有限公司	637
2	中国中铁股份有限公司	355
3	中国中车股份有限公司	331
4	中国航空工业集团公司	305
5	中国石油化工集团公司	277
6	中国煤炭科工集团	206
7	中国石油天然气集团公司	185
8	西安热工研究院	165
9	中国电建集团	133
10	中国海洋石油有限公司	114
10	中煤科工集团重庆研究院有限公司	114
12	中国南方电网有限责任公司	111
13	国家电网公司	110
14	南瑞集团公司	109
15	海洋石油工程股份有限公司	100
16	中国煤炭科工集团有限公司	94
17	中煤科工集团西安研究院有限公司	89
18	天地科技股份有限公司	87
19	攀钢集团	82
20	中海石油（中国）有限公司天津分公司	75
21	广东电网公司	72
21	煤炭科学技术研究院有限公司	72
23	中国核电工程有限公司	65
24	中国中铁二院工程集团有限责任公司	64
25	中海石油（中国）有限公司湛江分公司	63
26	青岛市海慈医疗集团	56
27	中国中钢集团公司	53
28	中海油田服务股份有限公司	51
29	南京南瑞继保电气有限公司	49
29	上海市政工程设计研究总院（集团）有限公司	49

附表 51　2017 年 SCI 收录中国数学领域科技论文数居前 20 位的机构排名

排名	单位	论文篇数
1	北京大学	123
2	山东大学	119
3	北京师范大学	113
4	中南大学	107
5	清华大学	104
5	华东师范大学	104
7	中国科学院数学与系统科学研究院	101
8	中国科学技术大学	100
8	上海大学	100
10	大连理工大学	95
11	西北工业大学	94
11	中国矿业大学	94
13	武汉大学	93
14	西南大学	92
15	西安交通大学	91
16	厦门大学	90
17	哈尔滨工业大学	89
18	华中科技大学	86
19	复旦大学	83
20	上海交通大学	82
20	南京大学	82

附表 52　2017 年 SCI 收录中国物理领域科技论文居前 20 位的机构排名

排名	单位	论文篇数
1	清华大学	748
2	华中科技大学	666
3	浙江大学	644
4	中国科学技术大学	635
5	西安交通大学	605
6	哈尔滨工业大学	543
7	北京大学	534
8	天津大学	514
9	南京大学	481
10	上海交通大学	467
11	吉林大学	427
12	北京航空航天大学	386
13	电子科技大学	378
14	山东大学	367
15	东南大学	358

排名	单位	论文篇数
16	中国科学院物理研究所	324
17	中国科学院合肥物质科学研究院	323
18	西安电子科技大学	319
19	四川大学	312
20	北京邮电大学	310
20	国防科学技术大学	310

附表53　2017年SCI收录中国化学领域科技论文数居前20位的机构排名

排名	单位	论文篇数
1	浙江大学	887
2	吉林大学	875
3	清华大学	830
4	四川大学	827
5	华南理工大学	731
6	苏州大学	728
7	天津大学	676
8	中国科学技术大学	652
9	北京大学	650
10	哈尔滨工业大学	639
11	华东理工大学	616
12	北京化工大学	559
13	南京大学	550
14	南开大学	527
15	复旦大学	518
16	中国科学院化学研究所	503
17	山东大学	501
18	华中科技大学	495
19	武汉大学	493
20	中国科学院长春应用化学研究所	486

附表54　2017年SCI收录中国天文领域科技论文数居前10位的机构排名

排名	单位	论文篇数
1	中国科学院国家天文台	126
2	中国科学院紫金山天文台	95
3	北京大学	91
4	中国科学院云南天文台	89
5	中国科学技术大学	85
6	中国科学院高能物理研究所	68

排名	单位	论文篇数
7	南京大学	65
8	北京师范大学	56
9	中国科学院上海天文台	47
10	山东大学	35
10	清华大学	35

附表 55　2017 年 SCI 收录中国地学领域科技论文数居前 20 位的机构排名

排名	单位	论文篇数
1	中国地质大学	889
2	武汉大学	496
3	中国石油大学	362
4	中国科学院地质与地球物理研究所	348
5	中国海洋大学	330
6	南京信息工程大学	314
7	南京大学	302
8	北京大学	275
9	中国科学院大气物理研究所	239
10	同济大学	233
11	北京师范大学	229
12	吉林大学	219
13	中国矿业大学	204
14	中国科学院地理科学与资源研究所	202
15	中国科学院遥感与数字地球研究所	193
16	清华大学	188
17	中山大学	178
18	中国地质科学院地质研究所	176
19	浙江大学	172
20	河海大学	165

附表 56　2017 年 SCI 收录中国生物领域科技论文数居前 20 位的机构排名

排名	单位	论文篇数
1	南京农业大学	668
2	浙江大学	650
3	西北农林科技大学	630
4	华中农业大学	522
5	中国农业大学	479
6	北京大学	441
7	中山大学	403

排名	单位	论文篇数
8	清华大学	375
8	山东大学	375
10	西南大学	343
11	复旦大学	341
12	上海交通大学	300
13	中国科学院上海生命科学研究院	299
14	吉林大学	295
15	四川农业大学	277
16	武汉大学	271
17	华南农业大学	269
18	江南大学	267
19	北京林业大学	265
20	四川大学	253

附表 57　2017 年 SCI 收录中国医学领域科技论文数居前 20 位的机构排名

排名	单位	论文篇数
1	上海交通大学	2848
2	中山大学	2388
3	复旦大学	2299
4	首都医科大学	2134
5	四川大学	2057
6	北京大学	2019
7	中国医学科学院；北京协和医学院	1992
8	浙江大学	1768
9	中南大学	1405
10	山东大学	1335
11	南京医科大学	1305
12	华中科技大学	1258
13	吉林大学	1178
14	南方医科大学	1007
15	武汉大学	971
16	苏州大学	958
17	西安交通大学	957
18	温州医学院	928
19	天津医科大学	919
20	中国医科大学	913

附表 58　2017 年 SCI 收录中国农学领域科技论文数居前 10 位的机构排名

排名	单位	论文篇数
1	中国农业大学	359
2	南京农业大学	257
3	西北农林科技大学	201
4	华中农业大学	187
5	四川农业大学	122
6	浙江大学	119
7	华南农业大学	110
8	山东农业大学	104
9	东北农业大学	87
10	中国农业科学院作物科学研究所	85

附表 59　2017 年 SCI 收录中国材料科学领域科技论文数居前 20 位的机构排名

排名	单位	论文篇数
1	哈尔滨工业大学	659
2	北京科技大学	536
3	清华大学	523
4	西北工业大学	514
5	中南大学	483
6	华南理工大学	476
7	西安交通大学	446
8	上海交通大学	435
9	北京航空航天大学	405
10	天津大学	401
11	东北大学	365
12	四川大学	336
13	吉林大学	333
14	华中科技大学	324
15	浙江大学	306
16	大连理工大学	302
17	武汉理工大学	301
18	重庆大学	290
19	山东大学	289
20	南京航空航天大学	265

附表 60　2017 年 SCI 收录中国环境科学领域科技论文数居前 20 位的机构排名

排名	单位	论文篇数
1	清华大学	301
2	中国科学院生态环境研究中心	282
3	浙江大学	258
4	南京大学	231
5	北京师范大学	229
6	同济大学	178
7	北京大学	176
8	中国地质大学	165
8	哈尔滨工业大学	165
10	中国科学院地理科学与资源研究所	152
11	河海大学	139
12	上海交通大学	137
13	山东大学	136
14	西北农林科技大学	133
15	华北电力大学	130
16	中国矿业大学	129
17	武汉大学	125
18	天津大学	115
19	湖南大学	102
20	厦门大学	101

附表 61　2017 年 SCI 收录的科技期刊数量较多的出版机构排名

排名	出版机构	收录期刊数
1	SCIENCE PRESS	30
2	SPRINGER	28
3	ELSEVIER SCIENCE	18
4	HIGHER EDUCATION PRESS	10
5	WILEY	7
6	OXFORD UNIV PRESS	6
7	TSINGHUA UNIV PRESS	5
7	ZHEJIANG UNIV	5
9	IOP PUBLISHING LTD	4
10	CHINESE PHYSICAL SOC	3
10	MEDKNOW PUBLICATIONS & MEDIA PVT LTD	3
10	NATURE PUBLISHING GROUP	3

附表 62　2017 年 SCI 收录中国科技论文数居前 50 位的城市

排名	城市	论文篇数	排名	城市	论文篇数
1	北京	52401	26	南昌	2878
2	上海	28119	27	太原	2853
3	南京	21005	28	徐州	2511
4	武汉	16456	29	无锡	2057
5	广州	16063	30	镇江	2015
6	西安	14819	31	咸阳	1823
7	成都	11868	32	宁波	1734
8	杭州	11727	33	温州	1634
9	天津	9707	34	南宁	1540
10	长沙	9032	35	石家庄	1472
11	哈尔滨	7972	36	乌鲁木齐	1311
12	重庆	7411	37	贵阳	1140
13	长春	7150	38	常州	1048
14	合肥	6877	39	扬州	1032
15	济南	6406	40	绵阳	1011
16	青岛	5963	41	新乡	991
17	沈阳	5853	42	烟台	952
18	大连	4989	43	保定	943
19	兰州	4116	44	秦皇岛	880
20	郑州	3808	45	桂林	862
21	苏州	3384	46	湘潭	817
22	深圳	3309	47	呼和浩特	800
23	福州	3201	48	开封	711
24	厦门	2973	49	洛阳	673
25	昆明	2899	50	泰安	659

附表 63　2017 年 Ei 收录的中国科技论文数居前 50 位的城市

排名	城市	论文篇数	排名	城市	论文篇数
1	北京	36065	12	重庆	5086
2	上海	15713	13	合肥	4914
3	南京	14176	14	长春	4668
4	西安	13654	15	大连	4055
5	武汉	11284	16	青岛	3995
6	成都	8314	17	沈阳	3982
7	广州	7733	18	济南	3415
8	天津	7434	19	兰州	2617
9	长沙	6977	20	郑州	2249
10	杭州	6956	21	深圳	2216
11	哈尔滨	6658	22	太原	2197

续表

排名	城市	论文篇数	排名	城市	论文篇数
23	厦门	1968	37	常州	785
24	福州	1867	38	湘潭	712
25	苏州	1865	39	贵阳	654
26	徐州	1790	40	乌鲁木齐	621
27	南昌	1772	41	桂林	617
28	镇江	1695	42	南宁	592
29	昆明	1456	43	呼和浩特	553
30	无锡	1379	44	新乡	521
31	宁波	1205	45	烟台	510
32	绵阳	1082	46	洛阳	474
33	秦皇岛	1009	47	扬州	432
34	保定	927	48	焦作	416
35	石家庄	809	49	吉林	407
36	咸阳	807	50	开封	369

附表64　2017年CPCI-S收录的中国科技论文数居前50位的城市

排名	城市	论文篇数	排名	城市	论文篇数
1	北京	14297	22	苏州	561
2	上海	5310	23	保定	535
3	西安	4443	24	兰州	502
4	南京	3742	25	厦门	491
5	武汉	3615	26	福州	486
6	广州	2364	27	昆明	412
7	成都	2360	28	太原	318
8	哈尔滨	2008	29	无锡	308
9	长沙	1854	30	石家庄	307
10	杭州	1831	31	贵阳	263
11	天津	1716	32	吉林	252
12	济南	1647	33	镇江	247
13	重庆	1346	34	洛阳	235
14	合肥	1342	35	徐州	216
15	深圳	1336	36	桂林	206
16	沈阳	1271	37	绵阳	203
17	大连	1199	38	宁波	186
18	长春	1167	39	烟台	185
19	青岛	920	40	秦皇岛	180
20	郑州	710	41	锦州	178
21	南昌	639	42	南宁	177

续表

排名	城市	论文篇数	排名	城市	论文篇数
43	威海	147	47	乌鲁木齐	111
44	呼和浩特	145	48	温州	108
45	常州	137	49	南通	103
46	海口	115	50	扬州	99